建筑五大员必备丛书

建筑安全员一本通

修订版

吴文平　主编

时代出版传媒股份有限公司
安徽科学技术出版社

图书在版编目(CIP)数据

建筑安全员一本通 / 吴文平主编. --2 版. --合肥：安徽科学技术出版社，2019.5(2023.4 重印)
(建筑五大员必备丛书)
ISBN 978-7-5337-7521-6

Ⅰ.①建…　Ⅱ.①吴…　Ⅲ.①建筑施工-安全管理-基本知识　Ⅳ.①TU714

中国版本图书馆 CIP 数据核字(2019)第 056217 号

建筑安全员一本通 修订版　　吴文平　主编

出 版 人：丁凌云　　选题策划：刘三珊　　责任编辑：王爱菊
责任校对：戚革惠　　责任印制：梁东兵　　装帧设计：冯　劲
出版发行：安徽科学技术出版社　　http://www.ahstp.net
(合肥市政务文化新区翡翠路 1118 号出版传媒广场，邮编：230071)
电话：(0551)63533330
印　　制：合肥创新印务有限公司　　电话：(0551)64321190
(如发现印装质量问题，影响阅读，请与印刷厂商联系调换)

开本：710×1010　1/16　　印张：14.5　　字数：261 千
版次：2019 年 5 月第 2 版　　2023 年 4 月第 8 次印刷　累计第 9 次印刷

ISBN 978-7-5337-7521-6　　定价：35.00 元

前　言

本丛书根据建筑工程项目管理的实际需要，以工程项目中“五大员”为对象进行编写，以期能在建筑技术不断发展的今天，为建筑工程施工“五大员”提供一套内容简明、通俗易懂、图文并茂，融新技术、新材料、新工艺与管理知识为一体的实用参考书。本丛书依据最新的规程、规范和实践经验，按管理知识、工艺技术、规范与标准的内容结构进行编写，突出实际操作，注意管理的可控性，力求贴近建筑工程施工“五大员”的实际工作需要。

本书结合当前建筑安全管理人员的实际工作需要进行编写，全书分为十二章。第一章为建筑施工安全基础知识，第二章为土方工程，第三章为基坑工程，第四章为模板工程，第五章为爆破工程，第六章为脚手架工程，第七章为砌筑工程，第八章为钢筋、混凝土和预应力工程，第九章为屋面及防水工程，第十章为建筑机械，第十一章为锅炉与压力容器，第十二章为施工现场临时用电。本书涵盖面广、实用性强、查用方便，可供不同类型建筑工程安全员参考使用，也可作为不同类型建筑工程管理人员的岗位培训教材。

本书是之前出版的《建筑安全员一本通》一书的修订版，新增了“施工项目安全管理措施”“施工安全检查、验收与评价”等内容，以期能更好地满足当前不断发展的建筑施工安全管理的需要。

由于编者水平有限，书中难免不足之处，敬请读者批评指正。

编　者

目　录

第一章 建筑施工安全基础知识

第一节 概 述

一、建筑业的产业特点

1. 产品固定，作业流动性大

建筑业的产品，位置固定，各种施工机械设备、材料及施工人员都必须围绕这个固定的产品，随着工程建设的进展，上下左右不停地流动。一项产品完成后，又得流向新的固定产品，作业流动性大。

2. 产品体量大，露天作业多

建筑产品多为高耸、固定的大体量产品，建筑施工生产大多只能在露天进行。

3. 形式多样，规则性差

建筑产品要适应各行各业的需要，外观和使用功能各不相同，形式和结构多变，加上产品所处地点不同，施工过程处于不同的外部条件。即使是同类工程、同种工艺和工序，其施工方法和施工情况也会有所差异和变化，规则性差，施工生产很难全部照搬以往的施工经验。

4. 施工周期长，人力、物力、财力投入量大

建筑产品的施工生产过程往往需要长期地、大量地投入人力、物力、财力。在有限的施工现场上集中大量的建筑材料、设备设施、施工机具，少则几个单位、多则几十个单位共同进行作业，施工生产过程需衔接配合，连续性强，立体交叉作业情况多。

5. 施工涉及面广、综合性强

建筑施工生产要求施工企业有序地在特定的条件下组织多队伍、多工种共同作业。从企业外部来说，施工生产活动通常需要与专业化单位和材料供应、运输、公用事业、市政、交通等方面进行配合和协调，加上施工生产本身就是在“先有用户”的情况下进行的，施工生产的进展在一定程度上依附于建设计划和用户，对国家、地区、用户的经济状况反应敏感，受建设资金和外部条件影响大。在一定程度上，施工生产的自主性、预见性、可控性比一般产业差。

6. 手工作业多，劳动条件差、强度大

建筑产品大多由较为笨重的材料和构件聚合而成。虽然随着现代施工技术的推广普及，机械化施工比重逐渐增大，但与其他产业相比，建筑施工湿作业多、手工作业多，劳动条件差，劳动强度仍然很大，笨重材料物件加工、施工机械配合作业的劳动强度高于其他一般产业。

7. 设施设备数量多且分布分散，管理难度大

建筑产品的施工现场大型临时设施多，露天的电气线路、装置多，塔吊、井架、脚手架等危险性较大的设备设施多，无型号、无专门标准、自制和组装的中小型机械类型及数量多，手持移动工具多，这些设施设备布局分散、使用广泛，管理难度大。

8. 人员及其素质不稳定

为有效地组织好施工生产，施工作业人员就不可避免地经常处于动态的调整过程。由于作业量的变化，为适应工期和工序搭接的需要，人员常常是进进出出，本身就很不稳定。加上目前建筑市场的施工作业人员，绝大多数是来自农村或偏远山区的外包工、临时工，文化程度低，又未受过专业训练，专业知识技能主要是通过工作实践逐步积累的，作业年限长短对人员素质影响明显。年限长的因劳动待遇等问题，流动量较大。大批新民工涌入建筑市场，一些单位的经营承包管理人员受利益的驱使，在管理和监督稍薄弱的情况下，非法转包和招聘一些不能胜任作业的人员，致使作业人员及其素质更加不稳定。

9. 施工现场安全受地理环境条件影响

施工现场安全会受到产品所处的地理、地质、水文和现场内外水、电、路等环境条件的影响。施工过程如对这些因素重视不够，措施不当，就可能引发事故。

10. 施工现场安全受季节、气候影响

施工现场安全受不同季节、不同气候的影响较大。各种较恶劣的气候条件对施工现场的安全都是很大的威胁。要采取针对不同季节、不同气候特点的劳动保护安全技术和管理措施。

由于上述特点的影响，建筑施工过程中经常会出现高处坠落、触电、机械伤害、坍塌、火灾、中毒、爆炸、车辆伤害等九类事故。目前，在各方面的共同努力下，建筑施工事故发生频率虽出现了下降的势头，安全生产取得了一定的成绩，但是，事故数量和频率仍高居各行业的前列，仅次于交通和煤炭业，是发生事故较多的行业。

二、建筑施工现场不安全因素分析

人身伤害、物件损失是事故潜在的不安全因素的先决条件，各种人身伤害事故均离不开物与人这两个因素。

人身伤害事故就是生产劳动中发生的意外的人身伤害事件。在人与物这两种因素中，人的因素是最根本的，因为物的不安全状态的背后，实质上隐含着人的因素。人的不安全行为和物的不安全状态是造成绝大部分事故的潜在的不安全因素的两个方面，通常也称作事故隐患。

通过分析大量事故发生的原因可以得知，单纯由于不安全状态或者单纯由于不安全行为导致的事故情况并不多,事故几乎都是由多种原因交织而成的,是人的不安全因素和物的不安全状态结合的结果。

(一)人的不安全因素

人的不安全因素,是指影响安全的人的因素,即能够使系统发生故障或发生性能不良的事件的人员个人的不安全因素及其违背设计和安全要求的错误行为。人的不安全因素可分为不安全因素和不安全行为两大类。

1. 不安全因素

个人的不安全因素是指人的心理、生理等不具有适应工作、作业岗位要求的影响安全的因素。个人不安全因素主要包括以下几个方面:

(1)心理上的不安全因素。是指人在心理上存在的影响安全的性格、气质和情绪(如急躁、懒散、粗心等)。

(2)生理上的不安全因素。生理上存在的不安全因素大致有5个方面:①视觉、听觉等感觉器官不能适应工作、作业岗位要求;②体能不能适应工作、作业岗位要求;③年龄不能适应工作、作业岗位要求;④有不适合工作、作业岗位要求的疾病;⑤疲劳和酒醉或刚睡过觉,感觉朦胧。

(3)能力上的不安全因素。能力上的不安全因素主要包括知识技能、应变能力、资格等不能适应工作和作业岗位要求的影响因素。

2. 不安全行为

人的不安全行为是指可能造成事故的人为错误,是人为地使系统发生故障或发生性能不良事件,是违背设计和操作规程的错误行为。

人的不安全行为,通俗地讲就是指能造成事故的人的失误。

1)不安全行为在施工现场的类型

按国标《企业职工伤亡事故分类标准》(GB 6441—1986),可分为以下13个大类:

(1)操作失误,忽视安全,忽视警告。

(2)造成安全装置失效。

(3)使用不安全设备。

(4)以手代替工具操作。

(5)物体存放不当。

(6)冒险进入危险场所。

(7)攀坐不安全位置。

(8)在起吊物下作业、停留。

(9)在机器运转时进行检查、维修、保养等工作。

(10)有分散注意力的行为。

(11)没有正确使用个人防护用品、用具。

(12)着不安全装束。

(13)对易燃易爆等危险物品处理错误。

2)产生不安全行为的主要原因

(1)系统、组织上的原因。

(2)思想上责任心的原因。

(3)工作上的原因。

3)产生不安全行为的工作上的主要原因

(1)工作知识的不足或工作方法不适当。

(2)技能不熟练或经验不充分。

(3)作业的速度不适当。

(4)工作不当,但又不听或不注意管理提示。

(二)物的不安全状态

物的不安全状态是指能导致事故发生的物质条件,包括机械设备等物质或环境所存在的不安全因素。通常,人们将此称为物的不安全状态或物的不安全条件,或直接称不安全状态。

1)物的不安全状态的内容

(1)物(包括机器、设备、工具、物质等)本身存在的缺陷。

(2)防护保险方面的缺陷。

(3)物的放置方法的缺陷。

(4)作业环境场所的缺陷。

(5)外部的和自然界的不安全状态。

(6)作业方法导致的物的不安全状态。

(7)保护器具信号、标志和个体防护用品的缺陷。

2)物的不安全状态的类型

(1)防护等装置缺乏或有缺陷。

(2)设备、设施、工具、附件有缺陷。

(3)个人防护用品用具缺少或有缺陷。

(4)生产(施工)场地环境不良。

(三)管理上的不安全因素

管理上的不安全因素,通常称管理上的缺陷,它是事故潜在的不安全因素,是事故发生的间接原因,共有以下几方面:

(1)技术上的缺陷。

(2)教育上的缺陷。

(3)生理上的缺陷。
(4)心理上的缺陷。
(5)管理工作上的缺陷。
(6)学校教育和社会、历史的原因造成的缺陷。

三、建筑施工现场伤亡事故的发生与预防

(一)发生事故主要原因

1. 事故发生的结构

发生事故的直接原因是物的不安全状态和人的不安全行为,间接原因是管理上的缺陷。事故发生的背景就是因为客观上存在着发生事故的条件,若能消除这些条件,事故是可以避免的。如已知的事故条件继续存在就会发生同类同种事故,尚且未知的事故条件也有存在的可能性,这是伤亡事故发生的一大特点。

2. 潜在危害性的存在

人类的任何活动都具有潜在的危害。危害性并非一定会发展成为事故,但由于某些意外情况,它会使发生事故的可能性增加。危害性中既存在着人的不安全行为,也存在着物质条件的缺陷。

在建筑施工中,不仅要知道潜在的危害,而且应了解存在危害性的劳动对象、生产工具、劳动产品、生产环境、工作过程、自然条件以及工人的劳动和行为。同时,应以这些情况为基础,及时高效率地预测并解决潜在的危害,在特定的生产条件下,消除不安全因素构成的危害和可能性。

(二)安全生产五条规律

1. 在一定的社会条件下进行安全生产

这条规律的实质是承认生产中的潜在危险,这为制定安全法规、制度、措施及实施创造了原则上的可能性,这一规律的作用受到社会基本经济规律的制约。在我国,安全生产和劳动保护是有组织、有系统的,应在有目的的活动中付诸实施。

2. 劳动条件适应人的特点

人适应环境的可能性具有一定限度,这条规律要求在策划、计划、组织劳动生产,构思新技术或设计新工艺和工序,以及解决其他任务时,必须树立以人为中心(即以人为本)的观点,必须以保证操作者能安全作业活动为出发点。要重点研究以人为主体的危险因素及其消除方法。

3. 不断地有计划地改善劳动条件

随着我国社会主义现代化建设和生产方式的完善,应努力消除和降低建筑施工中的不安全、不卫生因素。这一规律是我国在社会主义条件下有计划、按比例发展国民经济

的具体体现。从国家、地方、行业乃至一个企业、一个工地，劳动条件应逐渐改善并好转，而不能有所恶化、倒退。劳动条件得不到改善或恶化、倒退，甚至产生恶果，是我们国家的安全法规不允许的。

4. 物质技术基础与劳动条件适应

科学技术的进步可以从根本上改善劳动条件，但不能排除有新的、其他危险因素的出现，或者有扩大其有害影响的可能性，建筑施工中如不重视这一规律，将导致新技术实施效果的下降。这一规律的实质是劳动条件的改善在时间上要与物质技术基础的发展相适应。

5. 安全管理科学化

事故防止科学是一门以经验为基础建立起来的管理科学。经验是掌握客观事物所必需的，事故防止科学就是将个别的已经证明行之有效的经验加以科学总结而形成的一门知识体系。安全的科学管理，其目的是以个人或集体为一个系统，科学地探讨人的行为，排除妨碍完成安全生产任务的不安全因素，按计划地实现安全生产的目标。

安全生产的实现，必须建立在安全管理是科学的、有计划的、目标明确的、措施方法正确的基础之上。这一规律揭示，形成劳动安全计划指标是可能的，指标（目标）必须满足：现实对象明确，定量清楚，与客观条件相符，经济有效，可以整体检查，并能显示以确保安全为目的作用的整体性。

（三）伤亡事故预防原则

要实现安全生产、预防伤亡事故的发生，必须有全面的综合性措施。实现系统安全，预防事故发生和控制受害程度的具体原则大致如下。

（1）消除潜在危险。

（2）降低和控制潜在危险值。

（3）提高安全系数，增加安全余量。

（4）闭锁（自动防止故障的互锁原则）。

（5）代替作业者。

（6）屏障。

（7）距离防护。

（8）时间防护。

（9）薄弱环节（损失最小化原则）。

（10）警告和禁止信息。

（11）个人防护。

（12）不予接近。

（13）避难、生存和救护。

(四)伤亡事故预防措施

伤亡事故预防,就是要消除人和物的不安全因素,实现作业行为和作业条件安全化。

1. 消除人的不安全行为,实现作业行为安全化

(1)开展安全思想教育和安全规章制度教育。

(2)进行安全知识岗位培训,提高职工的安全技术素质。

(3)推广安全标准化管理操作和安全确认制度活动,严格按安全操作规程和程序进行各项作业。

(4)加强重点设备、人员作业的安全管理和监控,搞好均衡生产。

(5)注意劳逸结合,使作业人员保持充沛的精力,从而避免产生不安全行为。

2. 消除物的不安全状态,实现作业条件安全化

(1)采用新工艺、新技术、新设备,改善劳动条件。

(2)加强安全技术研究,采用安全防护装置,隔离危险部位。

(3)采用安全适用的个人防护用具。

(4)开展安全检查,及时发现和整改安全隐患。

(5)定期对作业条件(环境)进行安全评价,以便采取安全措施,保证符合作业的安全要求。

3. 实现安全措施必须加强安全管理

加强安全管理是实现安全措施的重要保证。建立、完善和严格执行安全生产规章制度,开展经常性的安全教育、岗位培训和安全竞赛活动,通过安全检查制定和落实防范措施等安全管理工作,是消除事故隐患、搞好事故预防的基础工作。建筑施工单位应当采取有力措施,加强安全施工管理,保障安全生产。

第二节　建筑施工安全管理组织

没有规章制度,就没有准绳,就无章可循;有了管理制度,但如果没有组织保证体系,制度就是一纸空文,没有任何意义。因此,建立以企业厂长(经理)为领导,总工程师为技术总负责,有各职能部门参加的,以项目经理(或主任、总工长)为第一责任人,以班组长和安全员为执行人的安全管理网络体系,是保障安全生产的重要组织手段。

一、施工安全管理组织

施工安全管理网络体系可以分为两大系统,一是以企业经理(厂长)为领导的、有各职能部门参加的安全生产管理系统;二是以项目经理(或主任、总工长)为第一责任人的工程项目安全生产管理系统。两大组织系统分别如图 1－1、图 1－2 所示。

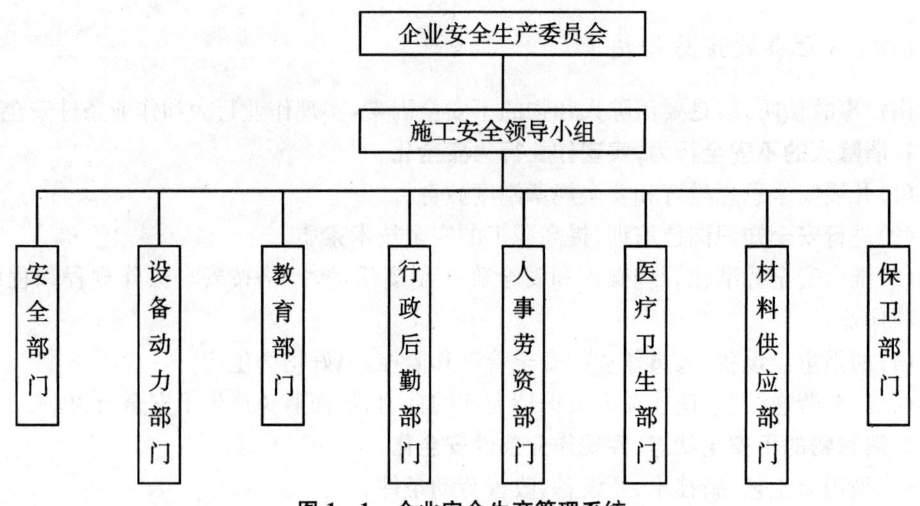

图1-1　企业安全生产管理系统

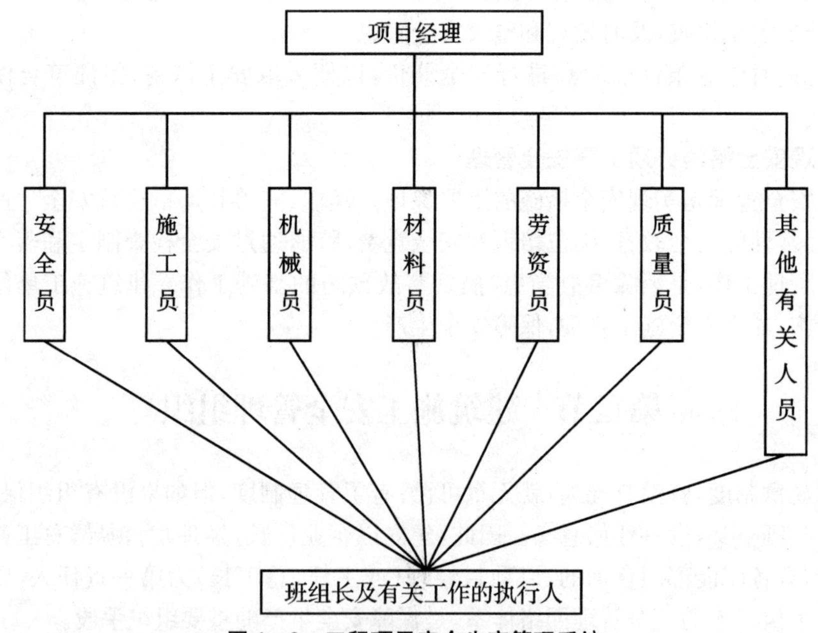

图1-2　工程项目安全生产管理系统

二、安全生产管理责任制

(一)安全生产委员会暨安全领导小组安全管理职责

(1)认真贯彻执行国家有关安全生产的法律、法令、法规、条例及操作规程等,并根据国家有关规定,主持制定本企业安全生产管理制度,组织编制安全技术措施。

(2)建立和完善基层安全管理组织体系,选拔业务好、责任心强的同志担任各级安全管理工作。

(3)定期组织安全教育培训,使各级干部和广大职工了解国家有关政策,掌握操作规程,并自觉按照操作规程办事。

(4)定期组织安全检查和总结评比,发现事故苗头及时遏制,对安全工作做得好的工地和个人给予表彰和奖励。

(5)负责对伤亡事故的调查和处理,主持安全事故分析会,总结经验教训,对于出现问题的环节,积极采取补救措施,把事故消灭在萌芽状态。

安全领导小组由企业经理、主管安全工作的副经理、安全部门负责人等组成,代替安全委员会行使日常管理职能,是安全生产委员会的执行机构,负责安全委员会的重大决策以及日常安全检查工作的贯彻落实,负责伤亡事故的调查和处理。

(二)职能部门安全管理职责

1. 安全部门安全管理职责

(1)企业的安全科、室是专职进行安全管理的职能部门,由安全生产委员会和安全领导小组领导,负责安全生产的宣传教育和管理工作。

(2)组织制订修改企业安全生产管理制度,参加审查施工组织设计和编制安全技术措施计划,并对执行情况进行监督检查。

(3)深入基层,指导下级安全员的工作,掌握安全生产情况,调查研究,组织评比,总结推广先进经验。

(4)定期组织安全检查,发现事故隐患限期整改,及时向上级领导汇报安全生产情况。

(5)抓好专、兼职安全员的业务培训工作,协同有关部门共同做好新职工与特殊工种职工的安全技术培训、考核、复审、发证工作。

(6)参加工伤事故的调查、处理和分析研究,做好工伤事故的统计上报工作,做好事故档案的管理工作。

(7)制止违章指挥和违章作业,遇到严重违章并出现险情时,有权决定暂停生产,并报上级处理。在必要的情况下,有权越级上报。

2. 设备(动力)部门安全管理职责

(1)认真贯彻执行国家关于机械、电气及起重、锅炉、压力容器等设备的安全操作规程,并根据国家有关规定制定本单位安全运行制度,负责该制度的检查落实。

(2)各类机械设备必须配齐安全保护装置,按规定严格执行维修保养制度,对易损零部件定期更换,确保机械设备安全运转。

(3)负责机械、电气及起重、锅炉、压力容器等设备的安全管理;按照安全技术规范的要求,定期检查安全防护装置及一切附件,保证全部设备处于良好状态。

(4)新购置的机械、锅炉、压力容器等,必须符合安全技术要求。负责组织投产使用前的鉴定验收。在新设备(包括自制设备)使用前要按照国家有关规定制定安全操作规程,并严格按操作规程办事。操作新设备的职工,上岗前要进行岗位培训。

(5)负责组织对机械、电气、起重设备的操作人员及锅炉、压力容器的运行人员进行定期培训,并组织考核,成绩合格者,按有关规定发给技能培训合格证,杜绝无证上岗。

(6)参与机电设备事故的调查处理,在调查研究的基础上提出技术与管理方面的改进措施。对违章作业人员要严肃处理。

3. 教育部门安全管理职责

(1)举办的各种技能培训班必须安排相关的安全教育课程。通过职工教育渠道,广泛开展安全生产宣传教育,普及安全知识,增强职工的安全意识。

(2)将安全技术教育纳入职工培训计划,定期举办安全技术培训班,通过理论学习和现场演练,使施工人员能自觉地遵守安全生产规章制度,按操作规程办事。教育部门有责任配合有关部门做好新工人入场、老工人换岗及临时工、合同工、农民工、机械操作工、特种作业人员的培训、考核、发证工作。

4. 行政(后勤)部门安全管理职责

(1)后勤部门岗位多、人员杂,是安全问题多发区。行政(后勤)部门领导要经常对本单位职工进行安全教育,转变那种只有工地才有安全问题的错误观念,使后勤部门职工都能增强安全意识,自觉做好安全工作。

(2)对行政(后勤)部门管理的机电设备、炊事机具、取暖设备,要指定专人负责,定期检查维修,保证安全。

(3)夏季要向工地足额供应符合卫生要求的清凉饮料,做好防暑降温工作;保证饭菜质量,防止食物中毒。冬季要做好防寒保暖工作。

(4)督促有关部门做好劳动保护用品、防暑降温用品以及防寒保暖材料的采购、保管、加工、发放工作。

(5)会同保卫部门定期组织对宿舍、食堂、仓库的安全工作大检查。防止垮塌、爆炸、食物中毒和交通事故的发生。食堂和仓库要重点预防火患。

5. 人事劳资部门安全管理职责

(1)负责新职工招聘、体格检查与职工干部的教育,会同有关部门共同做好新职工入场安全教育。

(2)负责对实习培训人员、临时工、合同工的安全教育、考核发证工作,未经考核或考核不及格者不予分配工作。

(3)负责对劳保用品发放标准的执行情况进行监督检查,并根据上级有关规定,修改或制定劳保用品发放标准实施细则。

(4)负责审查认证外来工程队的安全技术资质证书,审查不合格者不予签订劳动承包合同书。

(5)会同安全部门做好特殊作业人员的安全技术培训工作,维持特殊作业人员的稳定,对不适宜从事特殊作业的人员负责另行安排工作。合理安排劳动组合,严格控制加班加点。加强女工劳动保护,禁止使用童工。

(6)加强职工劳动纪律教育,对严重违反劳动纪律的职工及违章指挥的干部,经说服教育仍屡教不改者,应提出处理意见。参加重大伤亡事故的调查,对工伤者提出鉴定意见和善后处理意见。

6. 医疗卫生部门安全管理职责

(1)定期深入施工现场,对职工进行安全卫生教育。定期聘请卫生技术部门对施工现场进行测毒、测尘工作,提出预防措施,降低职业病发生率。

(2)定期组织从事有毒、有害、高温、高空作业人员以及新职工进行健康检查,做好职业病作业人员的治疗工作和建档、建卡工作。

(3)普及现场急救知识,做好食品卫生的质量检查和炊事人员、清凉饮料制作人员的体检工作。

(4)发生工伤事故后,积极采取抢救、治疗措施,并向事故调查部门提供工伤人员伤残程度鉴定报告。

7. 材料供应部门安全管理职责

(1)供应施工现场、车间需用的有出厂合格证明的各种防护用品、机具和附件等。发放时必须保证符合安全要求,回收后必须检修。

(2)建立严格的危险品的发放管理制度并认真执行。

(3)对施工现场提供的一切机电设备都要符合安全要求。复杂的、容易发生事故的设备、机具购买时应与厂家订立安全协议,并要求厂家派人定期检查。

(4)施工现场安全设施所用材料应纳入计划,及时供应。超过使用期限、老化的设施也应纳入计划,及时更换。

8. 保卫部门安全管理职责

(1)协同有关部门对职工进行安全防火教育,开展群众性安全生产活动。

(2)主动配合有关部门开展安全大检查,狠查事故苗头,消除事故隐患。

(3)重点抓好防火、防爆、防毒工作。对已发生的重大事故,协同有关部门组织抢救,查明性质;对性质不明的事故要参与调查,一查到底;对破坏和破坏嫌疑事故,要协助公安部门调查处理。

三、施工现场安全员职责

安全生产工作关系到整个工程的顺利进行和职工的安危与健康,任何工作上的失职和疏忽,都有可能导致重大安全事故的发生,所以安全员的责任重大。

1. 安全员职责

(1)施工现场安全员是协助项目经理履行安全生产职责的专职助理,其主要职责是协助项目经理做好安全管理工作，指导班组开展安全生产。

(2)认真贯彻落实安全生产责任制，执行各项安全生产规章制度，会同有关部门搞好安全生产宣传教育和培训，组织安全工作检查评比，总结推广安全工作先进经验。组织好施工现场的安全竞赛或“百日(千日)无事故活动”。

(3)忠于职守，坚持原则，督促一线施工人员严格按照安全操作规程办事，认真做好安全技术交底，对违反操作规程的行为应予以及时制止。

(4)参与编制施工方案和安全技术防范措施，定时进行安全巡查，发现事故隐患及时纠正。如遇紧急情况，可当机立断，要求立即停止生产，及时向上级报告情况。有权拒绝违章指挥。

(5)参与伤亡事故的调查处理，做好工伤事故统计、分析和报告，协助有关部门提出预防措施。根据施工现场实际情况，定期向安全管理部门和有关领导提出改善安全生产和改进安全管理的建议。

2. 安全员应知应会

(1)熟悉安全生产方针政策，了解国家及行业有关安全生产的法律、法规、条例、操作规程、安全技术要求等。熟悉工程所在地建筑管理部门的有关规定。

(2)熟悉施工现场各项安全生产制度，有较强的事业心和责任感，敢于坚持原则，秉公执法。

(3)懂技术，有一定的专业知识和操作技能，熟悉施工现场各道工序的技术要求，熟悉生产流程，了解各工种、工序之间的衔接，善于协调各工种、工序之间的关系。

(4)有施工现场工作经验，定期分析工地安全技术资料，善于总结经验和教训，有洞察力和预见性，能及时发现事故苗头并提出遏制、改进措施。

(5)有现场组织能力，有分析问题和解决问题的能力，胆大心细，对突发事件能够沉着应对。

(6)有一定的防火防爆知识和技能，能够熟练使用工地上配备的消防器材。清楚防尘防毒基本知识，会使用防护设施和劳保用品。

(7)对工地上经常使用的机械设备、电气设备的性能和工作原理有一定的了解，发现问题能够正确处理。

(8)对起重、吊装、脚手架、爆破等容易发生事故的工种或工序有一定程度的了解，清楚脚手架的负荷计算、架子的架设和拆除程序、土方开挖坡度计算和架设支撑、电气设备接零接地的一般要求等。

(9)大工程和特殊工程施工现场安全员应掌握建筑力学、结构力学、建筑施工技术等学科的一般知识。

3. 安全员日常工作

(1)编制安全计划。安全员在每月、季、年度末，要编制下一月、季、年度安全计划。根据施工特点和季节特点，提出每月、每季度和每年度安全工作重点。针对存在的问题，提出改进措施和重点注意事项。在特殊情况下，还要提出每旬的安全工作要点。

(2)开展安全宣传工作。利用工地的宣传栏、围墙以及有线广播等一切方式，大张旗鼓地开展安全宣传工作。要做好整体规划，围墙上刷醒目的安全标语和警示口号，宣传栏上宣传有关安全的法规、条例和操作规程，有线广播公布评比结果、表扬注重安全的好人好事、批评违反操作规程的现象。总之，安全问题要年年讲、月月讲、天天讲，要宣传得家喻户晓、深入人心，形成人人重视安全工作的好风气。

(3)每日巡查现场。每日巡查现场是安全员的日常工作，每日巡查一定要认真、仔细，不能流于形式。巡查的内容为：安全计划的落实情况，安全技术措施的执行情况，安全防护设施是否齐备、是否完好，劳动保护用品的使用情况。对于巡查中发现的不安全因素，及时采取补救措施，排除险情。纠正施工中的违章指挥和违章作业，配合技术人员及时解决施工过程中暴露出来的安全技术方面的问题，发现事故隐患及时向上级报告。

(4)班前安全技术交底。每天开工前，安全员要进行安全技术交底，强调每个岗位的安全技术要求，各道工序的安全注意事项，上一班遗留下来的、本班应引起重视的、容易引起安全事故的问题以及特殊工种之间的配合，等等。安全员每日班前讲话，是防止施工现场安全事故发生的一项有效措施。

(5)防火防爆。每周一到两次检查防火防爆设施是否完好，能否正常使用；冬季是否有防冻措施；检查电气设备和线路是否完好，有无漏电或短路；易燃易爆物品是否有专人管理，管理制度是否落实；施工现场明火管理制度是否健全；电、气焊作业面及厨房、茶炊具应远离易燃易爆品仓库，防止火星飞出引起爆炸事故或火灾；在易燃易爆物品存放地是否备有足够的灭火器材；建立严禁吸烟制度，必要时应建立吸烟室。

(6)季节施工安全工作重点。冬期、雨季是建筑工程施工中事故多发季节，冬期施工要做好保温、防冻、防滑工作，下雪天要及时组织人员清理现场，脚手架和高大设备要增加防滑措施。高处作业和深坑作业及雨季、冬期容易发生坠落和坍塌，要经常检查安全网和支撑架。雨季每天检查电动工具、露天设备、电闸箱的防雨、防潮措施和漏电装置是否齐备，检查电线接头是否有胶布脱落或渗水现象，防止漏电。雷雨季节施工现场高大设施如起重机、脚手架、龙门吊等要做好防雷保护。较大较空旷的施工现场要有避雷设施。高温季节应加强施工现场的通风和降温措施，施工现场一定要有茶水亭、茶水桶及杯子并配备消毒设备。

四、施工项目安全管理措施

(一)施工项目安全立法措施

项目经理部必须执行国家、行业、地区相关安全法规、标准，并以此制定本项目的安全管理制度，主要包括以下几个方面：

1. 行政管理方面

(1)安全生产责任制度。

(2)安全生产例会制度。

(3)安全生产教育培训制度。

(4)安全生产检查制度。

(5)伤亡事故管理制度。

(6)劳保用品发放及使用管理制度。

(7)安全生产奖惩制度。

(8)施工现场安全管理制度。

(9)安全技术措施计划管理制度。

(10)建筑起重机械安全监督管理制度。

(11)特种作业人员持证上岗制度。

(12)专项施工方案专家论证审查制度。

(13)危及施工安全的工艺、设备、材料淘汰制度。

(14)场区交通安全管理制度。

(15)施工现场消防安全责任制度。

(16)意外伤害保险制度。

(17)建筑施工企业安全生产许可制度。

(18)建筑施工企业三类人员考核任职制度。

(19)生产安全事故应急救援制度。

(20)生产安全事故报告制度等。

2. 技术管理方面

(1)关于施工现场安全技术要求的规定。

(2)各专业工种安全技术操作规程。

(3)设备维护检修制度等。

(二)施工项目安全管理组织措施

施工项目安全管理组织措施包括建立施工项目安全组织系统——项目安全管理委员会,建立施工项目安全责任系统,建立各项安全生产责任制度等。

1. 建立施工项目安全管理委员会组织系统

建立施工项目安全组织系统——项目安全管理委员会,其主要职责是:项目安全管理,组织编制安全生产计划,决定资源配置;规定从事项目安全管理、操作、检查人员的职责、权限和相互关系;对安全生产管理体系实施监督、检查和评价;纠正和预防措施的验证。

项目安全管理委员会的构成如图 1-3 所示。

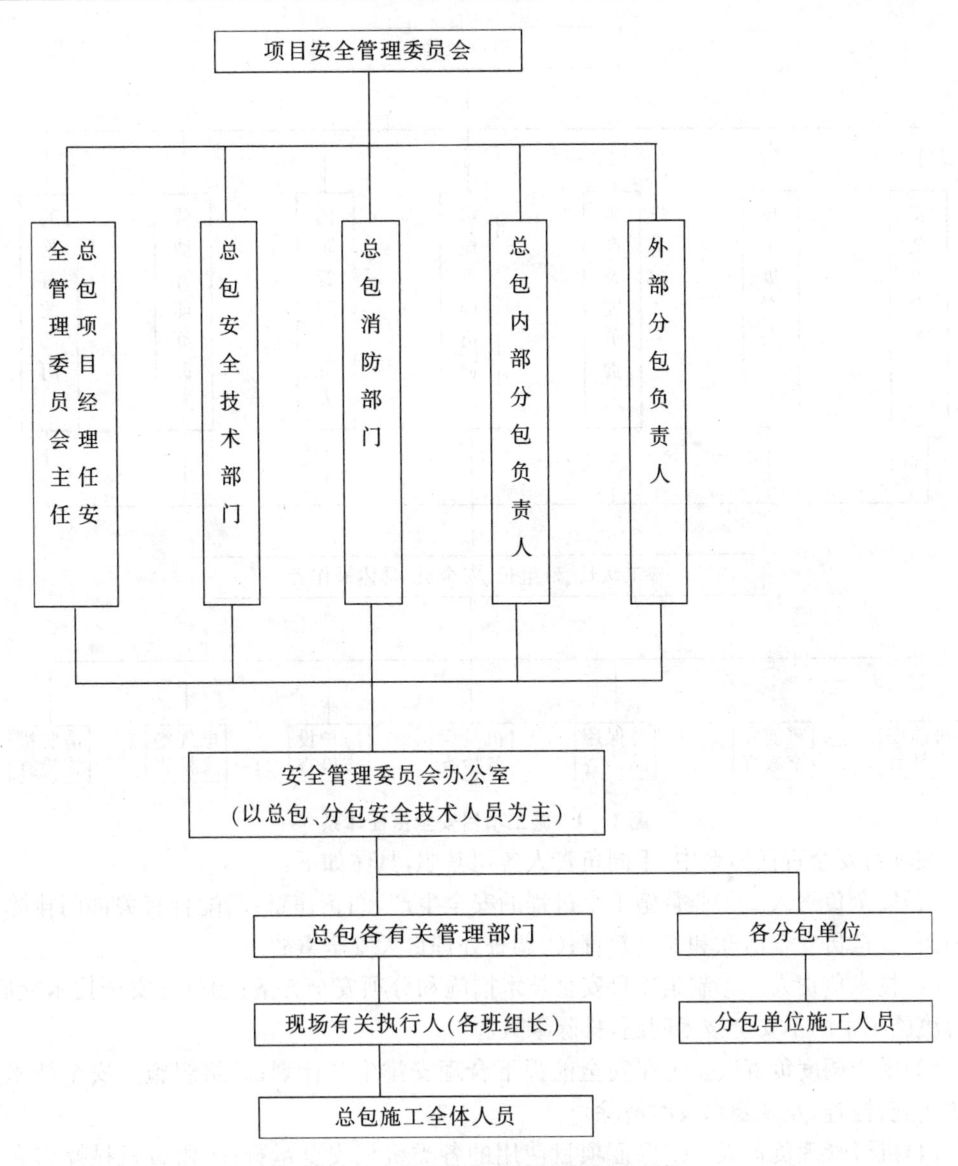

图 1－3 项目安全管理委员组织系统

2. 建立施工项目安全责任体系

建立与项目安全组织系统相配套的各专业、部门、生产岗位的安全责任体系，其构成如图 1－4 所示。

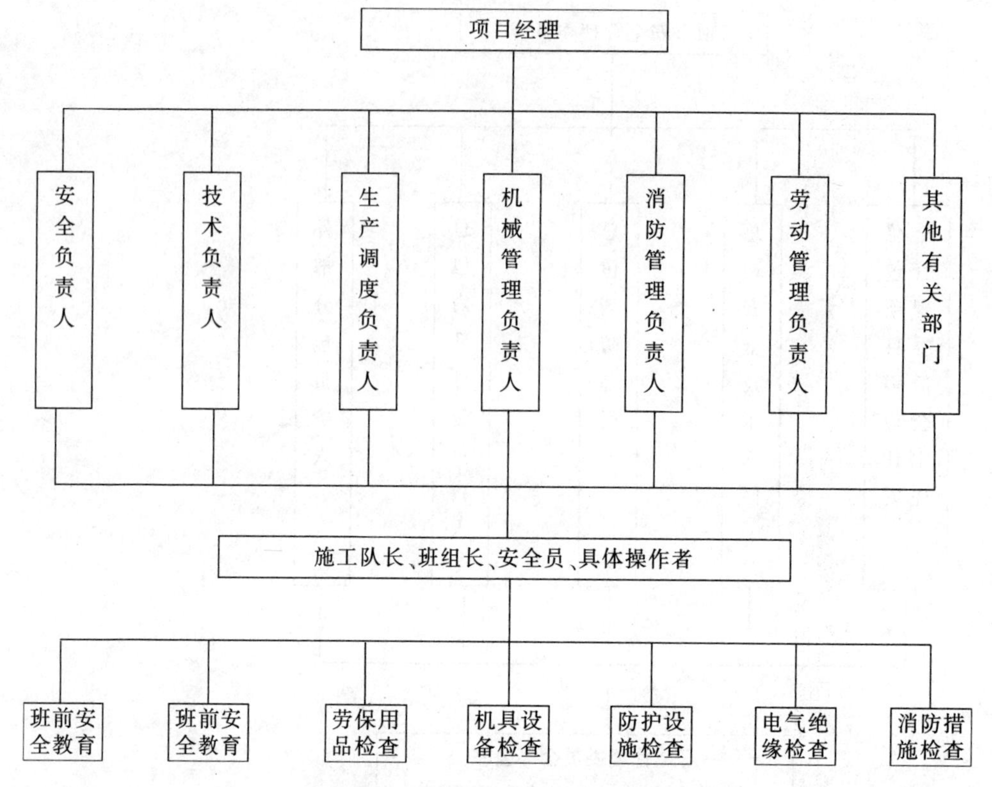

图1-4 施工项目安全责任体系

在项目安全责任体系中，不同负责人各司其职，具体如下：

(1)安全负责人。①监督施工全过程的安全生产，纠正违章；②配合有关部门排除安全障碍；③全员安全活动和安全教育；④调查处理重大安全事故。

(2)技术负责人。①制定项目安全技术措施和分项安全方案；②负责安全技术交底；③解决施工中的不安全技术问题，排除事故源。

(3)生产调度负责人。①在安全前提下合理安排生产计划；②组织施工安全技术措施的实施、检查，发现隐患及时清除。

(4)机械管理负责人。①保证项目使用的各类机械安全运行；②监督机械操作人员持证遵章作业；③配备各类机械的防护设施。

(5)消防管理负责人。①保证防火设备设施齐全、有效；②消除火灾隐患；③组织现场消防队的日常消防工作。

(6)劳动管理负责人。①保证进场施工人员技术素质；②控制加班加点，保证劳逸结合；③提供必需劳保用具用品，保证质量。

(7)其他有关部门。①财务部门保证安全措施项目的经费；②卫生部门负责工业卫生和环境保护工作，预防、治疗职业病。

3. 建立各项安全生产责任制度

安全生产责任制是指企业对项目经理部各级领导、各部门、各类人员所规定的在他们各自职责范围内对安全生产应负责任的制度。

安全生产责任制应根据“管生产必须管安全”“安全生产人人有责”的原则，明确各级领导、各职能部门和各类人员在施工生产活动中应负的安全责任，制度内容应充分体现责、权、利相统一的原则。各类管理人员和各职能部门的安全生产责任制内容如表 1－1 和表 1－2 所示。

项目经理部应根据安全生产责任制的要求，把安全责任目标分解到岗、落实到人。安全生产责任制必须经项目经理批准后实施。

表 1－1　施工项目管理人员安全生产责任

管理人员	主 要 职 责
项目经理	·是项目安全生产委员会主任，为施工项目安全生产第一责任人，对项目施工的安全生产负有全面领导责任和经济责任 ·认真贯彻执行国家、行业、地区的安全生产方针、政策、法规和各项规章制度 ·制定和执行本企业(项目)安全生产管理制度 ·建立项目安全生产管理组织机构并配备干部 ·严格执行安全技术措施审批和施工安全技术措施交底制度 ·严格执行安全考核指标和安全生产奖惩办法，主持安全评比、检查、考核工作 ·定期组织安全生产检查和分析，针对可能存在的安全隐患制定相应的预防措施 ·组织全体职业的安全教育和培训，学习安全生产法律、法规、制度和安全纪律，讲解安全事故案例，对生产安全和职工的安全健康负责 ·当发生安全事故时，项目经理必须按国务院安全行政主管部门安全事故处理的有关规定和程序及时上报和处置，并制定防止同类事故再次发生的措施
项目工程师	·对项目的劳动保护和安全技术工作负总的技术责任 ·在编制施工组织设计时，制定和组织落实专项的施工安全技术措施 ·向施工人员进行安全技术交底和安全教育
安全员	·落实安全设施的设置，检查是否符合施工平面图的布置、是否满足安全生产的要求 ·对施工全过程的安全进行监督，纠正违章作业，配合有关部门排除安全隐患 ·组织安全宣传教育和全员安全活动，监督劳保用品质量和正确使用 ·指导和督促班组搞好安全生产
作业队长	·向作业人员进行安全技术措施交底，组织实施安全技术措施 ·对施工现场安全防护装置和设施进行检查验收 ·对作业人员进行安全操作规程培训，提高作业人员的安全意识，避免产生安全隐患 ·发生重大或恶性工伤事故时，应保护现场，立即上报并参与事故调查处理
班组长	·安排施工生产任务时，向本工种作业人员进行安全措施交底 ·严格执行本工种安全技术操作规程，拒绝违章指挥 ·作业前应对本次作业使用的机具、设备、防护用具及作业环境进行安全检查，检查安全标牌的设置是否符合规定、标识方法和内容是否正确完整，以消除安全隐患 ·组织班组开展安全活动，召开上岗前安全生产会，每周应进行安全讲评

续表

管理人员	主 要 职 责
操作人员	·认真学习并严格执行安全技术操作规程，不违章作业，特种作业人员需经培训后持证上岗 ·自觉遵守安全生产规章制度，执行安全技术交底和有关安全生产的规定 ·服从安全监督人员的指导，积极参加安全活动 ·爱护安全设施，正确使用防护用具 ·对不安全作业提出意见，拒绝违章指挥。下列情况下，操作者不得作业，在领导违章指挥时有拒绝权： ＊没有有效的安全技术措施，未经技术交底 ＊设备安全保护装置不安全或不齐全 ＊没有规定的劳动保护设施和劳动保护用品 ＊发现事故隐患未及时排除 ＊非本岗位操作人员、未经培训或考试不合格人员 ＊对施工作业过程中危及生命安全和人身健康的行为，作业人员有权抵制、检举和控告
承包人对分包人	·承包人对项目安全管理全面负责，分包人向承包人负责 ·承包人应在开工前审查分包人安全施工资质和安全生产保证体系，不得将工程分包给不具备安全生产条件的分包人 ·在分包合同中应明确分包人安全生产的责任和义务 ·对分包人提出安全要求，并认真监督、检查 ·对违反安全规定冒险蛮干的分包人，应令其停工整改 ·承包人应负责统计分包人的伤亡事故，按规定上报，并按分包合同约定协助处理分包人的伤亡事故
分包人	·分包人应认真履行分包合同中规定的安全生产责任和义务 ·分包人对自己的施工现场安全负责，并应注意保护环境 ·遵守承包人的有关安全生产制度，服从承包人对施工现场的安全管理 ·及时向承包人报告伤亡事故并参与调查，处理善后事宜

表 1-2　施工项目职能部门安全生产责任

职能部门	主 要 职 责
项目经理部	·积极贯彻执行安全生产方针、法律法规和各项安全规章制度，并监督执行情况 ·建立项目安全管理体系、安全生产责任制，制定安全工作计划和方针，根据项目特点、安全法规和标准的要求，确定本项目安全生产目标及目标体系，制定安全施工组织设计和安全技术措施 ·根据施工中人的不安全行为、物的不安全状态、作业环境的不安全因素和管理缺陷进行相应的安全控制，消除安全隐患，保证施工安全，保护周围环境 ·建立安全生产教育培训制度，做好安全生产宣传、教育和管理工作，对参加特种作业人员进行培训、考核，签发合格证书，杜绝未经施工安全生产教育的人员上岗作业

续表

职能部门	主 要 职 责
项目经理部	·确定并提供充分的资源，确保安全生产管理体系的有效运行和安全管理目标的实现。资源主要包括以下几个方面： ＊配备与施工安全相适应并经培训考核合格、持证的管理、操作和检查人员 ＊配备施工安全技术和防护设施、施工机械安全装置、用电和消防设施、必要的安全监测工具以及专属安全技术措施经费等 ＊对自行(包括分包单位)采购的安全设施所需的材料、设备及防护用品进行控制，对供应商的能力、业绩进行评价、审核，并做记录保存，对采购的产品进行检验，签订合同，须上报项目经理审批，保证符合安全生产规定要求 ＊对分包单位的资质等级、安全许可证和授权委托书进行验证，对其能力和业绩及务工人员的安全意识和持证状况进行确认；安排专人对分包单位施工全过程的安全生产进行监控，并做好记录和资料积累 ＊对施工过程中可能影响安全生产的因素进行控制，对施工过程、行为及设施进行检查、检验或验证，并做好记录；确保施工项目按安全生产的规章制度、操作规程和程序要求进行；对特殊关键施工过程，要落实监控人员、监控方式和措施并进行重点监控，必要时实施旁站监控 ＊对存在隐患的安全设施、过程和行为进行控制，并及时做出妥善处理，处理责任人 ＊鉴定专控劳动保护用品并监督其使用 ＊由专人负责建立安全记录，按规定进行标识、编目、立卷和保管 ＊为从事危险作业人员办理人身意外伤害保险
生产计划部门	·安排生产计划时，须纳入安全计划、安全技术措施内容，合理安排，同时应有时间保证 ·检查月、旬生产计划，同时检查安全措施的执行情况，发现隐患，及时处理 ·在排除生产障碍时，应贯彻“安全第一”的思想，同时消除安全隐患；遇到生产与安全发生矛盾时，生产必须服从安全，不得冒险违章作业 ·将改善劳动条件的工程项目纳入生产计划，优先安排 ·加强对现场的场容场貌管理，做到安全生产，文明施工
安全管理部门	·严格按照国家有关安全技术规程、标准编制审批项目安全施工组织设计等技术文件，将安全措施贯彻于施工组织设计、施工方案中 ·负责制定改善劳动条件、减轻劳动强度和噪声、治理尘毒等技术措施 ·对施工生产中的有关安全问题负责，解决其中的疑难问题，从技术措施上保证安全生产 ·负责对新工艺、新技术、新设备、新方法制定相应的安全措施和安全操作规程 ·负责编制安全技术教育计划，对员工进行安全技术教育 ·组织安全检查，对查出的隐患提出技术改进措施，并监督执行 ·组织伤亡事故和重大未遂事故的调查，对事故隐患原因提出技术改进措施

续表

职能部门	主要职责
机械动力部门	·负责制定保证机电、起重、锅炉、压力容器等设备安全运行的措施 ·定期检查安全防护装置及附件是否齐全、灵敏、有效,并督促操作人员进行日常维护 ·对严重危及员工安全的机械设备,会同施工技术部门提出技术改进措施并加以实施 ·检查新购进机械设备的安全防护装置,要求其必须齐全、有效,出厂合格证和技术资料必须完整,使用前还应制定相关安全操作规程 ·负责对机电、起重设备的操作人员,以及锅炉、压力容器的运行人员进行定期培训、考核,并签发作业合格证书,严禁无证上岗 ·认真贯彻执行机械、电气、起重设备、锅炉、压力容器的安全规程和安全运行制度,对违章作业造成的事故应认真调查分析
物资供应部门	·施工生产使用的一切机具和附件等,采购时必须附有出厂合格证明,发放时必须符合安全要求,回收后必须检修 ·负责采购、保管、发放、回收劳动保护用品,并了解使用情况 ·采购的劳动保护用品,必须符合规格标准 ·对批准的安全设施所用的材料应纳入计划,及时供应
财务部门	·按国家有关规定要求和实际需要,提取安全技术措施经费和其他劳保用品费用,专款专用 ·负责员工安全教育培训经费的拨付工作
保卫消防部门	·会同有关部门对员工进行安全生产和防火教育 ·主动配合有关部门开展安全检查,消除事故苗头和隐患,重点抓好防火、防爆、防毒工作 ·对已发生的重大事故,会同有关部门组织抢救,并参与调查,查明性质,对破坏和破坏嫌疑事故负责追查处理

(三)施工安全技术措施

施工安全技术措施是指在施工项目生产活动中,针对工程特点、施工现场环境、施工方法、劳动组织、作业使用的机械、动力设备、变配电设施、架设工具,以及各项安全防护设施等制定的条款,是为保护环境、防止工伤事故和职业病危害,在技术上采取的预防措施。

施工安全技术措施应具有超前性、针对性、可靠性和可操作性。施工安全技术措施的主要内容如表1-3和表1-4所示。

表1-3　施工准备阶段安全技术措施

	内　容
技术准备	·了解工程设计对安全施工的要求 ·调查工程的自然环境(水文、地质、气候、洪水、雷击等)和施工环境(粉尘、噪声、地下设施、管道和电缆的分布及走向等)对施工安全的影响及施工对周围环境安全的影响 ·改扩建工程施工与建设单位使用、生产发生交叉,可能造成双方伤害时,双方应签订安全施工协议,做好施工与生产的协调工作,明确双方责任,共同遵守安全事项 ·在施工组织设计中,编制切实可行、行之有效的安全技术措施,并严格履行审批手续,送安全部门备案
物资准备	·及时供应质量合格的安全防护用品(安全帽、安全带、安全网等),满足施工需要 ·保证特殊工种(电工、焊工、爆破工、起重工等)使用工具器械质量合格、技术性能良好 ·施工机具、设备(起重机、卷扬机、电锯、平面刨、电气设备等)、车辆等需要经安全技术性能检测,鉴定合格,防护装置齐全,制动装置可靠,方可进厂使用 ·施工周转材料(脚手杆、扣件、跳板等)须认真挑选,不符合安全要求的禁止使用
施工现场准备	·按施工总平面图要求做好现场施工准备 ·现场各种临时设施、库房,特别是炸药库、油库的布置,易燃易爆品存放都必须符合安全规定和消防要求,须经公安消防部门批准 ·电气线路、配电设备符合安全要求,有安全用电防护措施 ·场内道路通畅,设交通标志,危险地带设危险信号及禁止通行标志,保证行人、车辆通行安全 ·现场周围和陡坡、沟坑处设围栏、防护板,现场入口处设“无关人员禁止入内”的警示标志 ·塔吊等起重设备安置要与输电线路、永久或临设工程间保持足够的安全距离,避免碰撞,以保证搭设脚手架、安全网的施工距离 ·现场应设消火栓,且应有足够的有效的灭火器材和设施
施工队伍准备	·总包单位及分包单位都应持有有关建设行政主管部门颁发的“建筑施工企业安全生产许可证” ·新工人(包括农民工)、特殊工种工人须经岗位技术培训和安全教育,合格后持证上岗 ·高险难作业工人须经身体检查合格,具有安全生产资格,方可施工作业 ·特殊工种作业人员,须持有“特种作业操作证”方可上岗

表1-4　施工阶段安全技术措施

	内　容
一般工程	·单项工程、单位工程均有安全技术措施,分部分项工程有安全技术具体措施,施工前由技术负责人向参加施工的有关人员进行安全技术交底,并应逐级签发和保存“安全交底任务单” ·安全技术与施工生产技术统一,各项安全技术措施必须在相应的工序施工前落实 ·根据基坑、基槽、地下室开挖深度及土质类别选择开挖方法,确定边坡的坡度,采取防止塌方的护坡支撑方案 ·脚手架、吊篮等选用及设计搭设方案和安全防护措施 ·高处作业的上下安全通道

续表

	内　容
一般工程	·安全网(平网、立网)的架设要求、范围(保护区域)以及架设层次和段落 ·对施工电梯、井架(龙门架)等垂直运输设备的位置、搭设要求,以及其稳定性、安全装置等要求 ·施工洞口的防护方法和主体交叉施工作业区的隔离措施 ·场内运输道路及人行通道的布置 ·在建工程与周围人行通道及民房的防护隔离措施 ·操作者严格遵守相应的操作规程,实行标准化作业 ·针对采用的新工艺、新技术、新设备、新结构制定专门的施工安全技术措施 ·在明火作业(焊接、切割、熬沥青等)现场有防火、防爆措施 ·考虑不同季节的气候对施工生产带来的不安全因素可能造成的各种突发性事故,从防护上、技术上、管理上制定预防自然灾害的专门安全技术措施 ·夏季进行作业,应有防暑降温措施 ·雨季进行作业,应有防触电、防雷、防沉陷坍塌、防台风和防洪排水等措施 ·冬季进行作业,应有防风、防火、防冻、防滑和防煤气中毒等措施
特殊工程	·对于结构复杂、危险性大的特殊工程,应编制单项的安全技术措施,如爆破、大型吊装、沉箱、沉井、烟囱、水塔、特殊架设作业,高层脚手架、井架等必须编制单项安全技术措施 ·安全技术措施中应注明设计依据,并附有计算、详图和文字说明
拆除工程	·详细调查拆除工程结构特点、结构强度、电线线路、管道设施等现状,制定可靠的安全技术方案 ·拆除建筑物之前,在建筑物周围划定危险警戒区域,设立安全围栏,禁止无关人员进入作业现场 ·拆除工作开始前,先切断被拆除建筑物线、水、热、气的通道 ·拆除工作应自上而下顺序进行,禁止数层同时拆除,必要时要对底层或下部结构进行加固 ·栏杆、楼梯、平台应与主体拆除程度配合进行,不能先行拆除 ·拆除作业工人应站在脚手架或稳固的结构部分上操作,拆除承重梁、柱之前应拆除其承重的全部结构,并防止其他部分坍塌 ·拆下的材料要及时清理运走,不得在旧楼板上集中堆放,以免超负荷 ·拆除建筑物内需要保留的部分或设备,要事先搭好防护棚 ·一般不采用推倒方法拆除建筑物。必须采用推倒方法时,应采取特殊安全措施

(四)安全教育

1. 安全教育内容

建筑施工安全教育内容如表 1－5 所示。

表 1-5　安全教育内容

类别	内　容
安全思想教育	·安全生产重要意义的认识,增加关心人、保护人的责任感 ·党和国家安全生产劳动保护方针、政策 ·安全与生产的辩证关系 ·职业道德
安全纪律教育	·企业的规章制度、劳动纪律、职工守则 ·安全生产奖惩条例
安全知识教育	·施工生产一般流程,主要施工方法 ·施工生产危险区域及其安全防护基本知识和安全生产注意事项 ·工种、岗位安全生产知识和注意事项 ·典型事故案例介绍与分析 ·消防器材使用和个人防护用品使用知识 ·事故、灾害的预防措施及紧急情况下的自救知识和现场保护、抢救知识
安全技能教育	·本岗位、工种的专业安全技能知识 ·安全生产技术、劳动卫生和安全操作规程
安全法制教育	·安全生产法律法规、行政法规 ·生产责任制度及奖罚条例

2. 安全教育制度

建筑施工安全教育制度如表 1-6 所示。

表 1-6　安全教育制度

类别	参加人员	内　容
新工人安全教育	新参加工作的合同工、临时工、学徒工、农民工、实习生、代培人员等	·进行安全生产、法律法规教育,主要学习《宪法》《刑法》《建筑法》《消防法》等有关条款,国务院《关于加强安全生产工作的通知》《建筑安装工程安全技术规程》等有关内容,行政主管部门发布的有关安全生产的规章制度,本企业的规章制度及安全注意事项 ·事故发生的一般规律及典型事故案例 ·预防事故的基本知识及急救措施 ·项目经理部重点教育以下几点: * 施工安全生产基本知识 * 本项目工程特点、施工条件、安全生产状况及安全生产制度 * 防护用品发放标准及防护用具使用基本知识 * 施工现场中危险部位及防范措施 * 防火、防毒、防尘、防塌方、防爆知识及紧急情况下安全处置和安全疏散知识 ·班组长应主持班组的安全教育 * 本班组、工种(特殊作业)作业特点和安全技术操作规程

续表

类别	参加人员	内　容
新工人安全教育	新参加工作的合同工、临时工、学徒工、农民工、实习生、代培人员等	*班组安全活动制度及纪律和安全基本知识 *爱护和正确使用安全防护装置(设施)及个人防护用品 *本岗位易发生事故的不安全因素及防范措施 *本岗位的作业环境及使用的机械设备、工具的安全要求
特种作业人员安全教育	从事电气、锅炉司炉、压力容器、起重机械、焊接、爆破、车辆驾驶、轮机操作、船舶驾驶、登高架设、瓦斯检验等工种的操作人员以及从事尘毒危害作业人员	·必须经国家规定的有关部门进行安全教育和安全技术培训,并经考核合格取得操作证者,方准独立作业,所持证件资格须按国家有关规定定期复审 ·一般的安全知识、安全技术教育 ·重点进行本工种、本岗位安全知识及安全生产技能的教育 ·重点进行尘毒危害的识别、防治知识、防治技术等方面的安全教育
变换工种安全教育	改变工种或调换工作岗位的人员及从事新操作法的人员	·改变工种安全教育时间不少于4小时,考核合格方可上岗 ·新工作岗位的工作性质、职责和安全知识 ·各种机具设备及安全防护设施的性能和作用 ·新工种、新操作法安全技术操作规程 ·新岗位容易发生事故及有毒有害地方的注意事项和预防措施
各级干部安全教育	组织指挥生产的领导:项目经理、总工程师、技术负责人、施工队长、有关职能部门负责人	·定期轮训,提高安全意识、安全管理水平和政策水平 ·熟悉掌握安全生产知识、安全技术业务知识、安全法规制度等 ·熟悉本岗位的安全生产责任职责 ·处理及调查工伤事故的规定、程序

(五)安全检查与验收

1. 安全检查的形式与内容

安全检查的形式与内容,如表1-7所示。

表1-7　安全检查形式和内容

检查形式	检查内容及检查时间	参加部门或人员
定期安全检查	总公司(主管局)每半年一次,普遍检查; 工程公司(处)每季一次,普遍检查; 工程队(车间)每月一次,普遍检查; 元旦、春节、五一、十一前,普遍检查	由各级主管施工的领导、工长、班组长主持,安全技术部门或安全员组织,施工技术、劳动、机械动力、保卫、供应、行政等部门参加,工会、共青团配合
季节性安全检查	防传染病检查,一般在春季; 防暑降温、防风、防汛、防雷、防触电、防倒塌、防淹溺检查,一般在夏季; 防火检查,一般在防火期、全年; 防寒、防冰冻检查,一般在冬季	由各级主管施工的领导、工长、班组长主持,安全技术部门或安全员组织、施工技术、劳动、机械动力、保卫、供应、行政等部门参加,工会、共青团配合

续表

检查形式	检查内容及检查时间	参加部门或人员
临时性安全检查	施工高峰期、机构和人员重大变动期、职工大批探亲前后、分散施工离开基地之前、工伤事故和险肇事故发生后，上级临时安排的检查	基本同上，或由安全技术部门主持
专业性安全检查	压力容器、焊接工具、起重设备、电气设备、高空作业、吊装、深坑、支模、拆除、爆破、车辆、易燃易爆、尘毒、噪声、辐射、污染等	由安全技术部门主持，安全管理人员及有关人员参加
群众性安全检查	安全技术操作、安全防护装置、安全防护用品、违章作业、违章指挥、安全隐患、安全纪律	由工长、班组长、安全员组成
安全管理检查	规划、制度、措施、责任制、原始记录、台账、图表、资料、表报、总结、分析、档案等以及安全网点和安全管理小组活动	由安全技术部门组织进行

2. 安全检查方法

建筑施工中常用安全问卷检查表法进行安全检查，即检查人员亲临现场，查看、量测、现场操作、化验、分析，逐项检查，并做检查记录，存档。安全问卷检查表分公司、项目经理部安全检查表和班组安全检查表两种，如表 1－8、表 1－9 所示。

表 1－8　公司、项目经理部安全检查表

检查项目	检查内容	检查方法或要求	检查结果
安全生产制度	(1)安全生产管理制度是否健全并认真执行了?	制度健全，切实可行，进行了层层贯彻，各级主要领导人员和安全技术人员知道其主要条款	
	(2)安全生产责任制度是否落实?	各级安全生产责任制落实到单位和部门，岗位安全生产责任制落实到人	
	(3)安全生产的“五同时”执行得如何?	在计划、布置、检查、总结、评比生产的同时，计划、布置、检查、总结、评比安全生产工作	
	(4)安全生产计划编制、执行得如何?	计划编制切实、可行、完整、及时，贯彻认真，执行有力	
	(5)安全生产管理机构是否健全，人员配备是否适当?	有领导、执行、监督机构，有群众性的安全网点活动，安全生产管理人员不缺员，未被抽出做其他工作	
安全教育	(6)新工人入厂三级教育是否坚持了?	有教育计划、有内容、有记录、有考试或考核	
	(7)特殊工种的安全教育坚持得如何?	有安排、有记录、有考试，合格者发操作证，不合格者进行了补课教育或停止操作	
	(8)改变工种和采用新技术等人员的安全教育情况怎样?	教育及时，有记录、有考核	

续表

检查项目	检查内容	检查方法或要求	检查结果
安全教育	(9)对工人日常教育进行得怎样?	有安排、有记录	
	(10)各级领导干部和业务员是怎样进行安全教育的?	有安排、有记录	
安全技术	(11)有无完善的安全技术操作规程?	操作规程完善、具体、实用,不漏项、不漏岗、不漏人	
	(12)安全技术措施计划是否完善、及时?	单项、单位、分部分项工程都有安全技术措施计划,进行了安全技术交底	
	(13)主要安全设施是否可靠?	道路、管道、电气线路、材料堆放、临时设施等安全可靠	
	(14)各种机具、机电设备是否安全可靠?	安全防护装置齐全、灵敏,闸阀、开关、插头、插座、手柄等均安全、不漏电,有避雷装置、有接地接零,起重设备有限位装置,保险设施齐全完好等	
	(15)防尘、防毒、防爆、防暑、防冻等措施妥否?	均达到了安全技术要求	
	(16)防火措施当否?	有消防组织,有完备的消防工具和设施,水源方便,道路畅通	
	(17)安全帽、安全带、安全网及其他防护用品和设施当否?	性能可靠、佩戴或搭设均符合要求	
安全检查	(18)安全检查制度是否坚持执行了?	按规定进行安全检查,有活动记录	
	(19)是否有违纪、违章现象?	发现违纪、违章,及时纠正或进行处理,奖罚分明	
	(20)隐患处理得如何?	发现隐患,及时采取措施,并有信息反馈	
	(21)交通安全管理得怎样?	无交通事故,无违章、违纪、受罚现象	
安全业务工作	(22)记录、台账、资料、报表等管理得怎样?	齐全、完整、可靠	
	(23)安全事故报告及时否?	按"三不放过"原则处理事故,报告及时,无瞒报、谎报、拖报现象	
	(24)事故预测和分析工作是否开展了?	进行了事故预测,做了事故一般分析和深入分析,运用了先进方法和工具	
	(25)竞赛、评比、总结等工作有无进行?	按工作规划进行	

表1-9　班组安全检查表

检查项目	检查内容	检查方法或要求	检查结果
作业前检查	(1)班前安全生产会开了没有?	查安排、看记录,了解未参加人员缺席原因	
	(2)每周一次的安全活动坚持了没有?	同上,并有安全技术交底卡	
	(3)安全网点活动开展得怎样?	有安排、有分工、有内容、有检查、有记录、有小结	
	(4)岗位安全生产责任制是否落实?	知道责任制的主要内容,明确相互之间的配合关系,没有失职现象	
	(5)本工种安全技术操作规程掌握如何?	熟悉本工种安全技术操作规程,理解内容实质	
	(6)作业环境和作业位置是否清楚,并符合安全要求?	知道作业环境和作业地点,知道安全注意事项,环境和地点整洁,符合文明施工要求	
	(7)机具、设施准备得如何?	机具设备齐全可靠,摆放合理,使用方便,安全装置符合要求	
	(8)个人防护用品穿戴好了吗?	齐全、可靠,符合要求	
	(9)主要安全设施是否可靠?	进行了自检,没有发现任何隐患;或有个别隐患,已经处理了	
	(10)有无其他特殊问题?	参加作业人员身体、情绪正常,没有发现穿高跟鞋、拖鞋、裙子等现象	
作业中检查	(11)有无违反安全纪律现象?	密切配合,不互相出难题;不能只顾自己,不顾他人;不互相打闹;不隐瞒隐患强行作业;有问题及时报告;等等	
	(12)有无违章作业现象?	不乱摸乱动机具、设备,不乱触乱碰电气开关,不乱挪乱拿消防器材,不在易燃易爆物品附近吸烟,不乱丢抛料具和物件,不随意脱去个人防护用品,不私自拆除防护设施,不为图省事而省略某些操作等	
	(13)有无违章指挥现象?	查清违章指挥出自何处何人,是执行了还是抵制了,抵制后又是怎样解决的,等等	
	(14)有无不懂、不会操作的现象?	查清作业人和作业内容	
	(15)有无故意违反技术操作的现象?	查清作业人和作业内容	
	(16)作业人员的特异反应如何?	对作业内容有无不适应的现象,作业人员身体、精神状态是否失常,是怎样处理的	
作业后检查	(17)材料、物资整理没有?	清理有用品,清除无用品,堆放整齐	
	(18)料具和设备整顿没有?	归位还原,保持整洁。如放置在现场,则要加强保护	
	(19)清扫工作做得怎样?	作业场地清扫干净,秩序井然,无零散物件;道路、路口畅通,照明良好;库上锁,门关严	
	(20)其他问题解决得如何?	如下班后人数清点没有,事故处理情况怎样,本班作业的主要问题是否报告和反映了,等等	

3. 安全检查评分方法

《建筑施工安全检查标准》(JGJ59—2011)标准共分3章27条,其中包括1个检查评分汇总表、13个分项检查评分表,检查内容共有168个项目535条。最后以汇总表的总得分及保证项目达标与否,作为对被检查施工现场安全生产情况的评价依据。评价分为“优良”“合格”“不合格”三个等级。

4. 施工安全验收制度

坚持“验收合格才能使用”原则进行施工安全验收,所有验收都必须进行记录并办理书面确认手续,否则无效。施工安全验收程序如表1-10所示。

表1-10　施工安全验收程序

验收范围	验收程序
脚手架杆件、扣件、安全网,安全帽、安全带、护目镜、防护面罩、绝缘手套、绝缘鞋等个人防护用品	·应有出厂合格证明或验收合格的凭据 ·由项目经理、技术负责人、施工队长共同验收
各类脚手架、堆料架、井字架、龙门架、支搭的安全网和立网等	·由项目经理或技术负责人申报支搭方案并牵头,会同工程和安全主管部门进行检查验收
临时电气工程设施	·由安全主管部门牵头,会同电气工程师、项目经理、方案制定人、安全员进行检查验收
起重机械、施工用电梯	·由安装单位和工地负责人牵头,会同有关部门检查验收
中小型机械设备	·由工地负责人和工长牵头,会同相关人员进行检查验收

5. 隐患处理

(1)检查中发现的安全隐患应进行登记,作为整改的备查依据并进行安全动态分析。

(2)发现隐患应立即发出隐患整改通知单。对即发性事故隐患,检查人员应责令被查单位立即停工整改。

(3)对于违章指挥、违章作业行业,检查人员可以当场指出、立即纠正。

(4)受检单位领导对查出的安全隐患应立即研究制定整改方案。应定人、定期限、定措施完成整改工作。

(5)整改完成后要及时通知有关部门派员进行复查验证,合格后可销案。

五、建筑施工安全警示标志

建筑施工项目应当在有较大危险因素的生产经营场所和有关设施、设备上,设置明显的安全警示标志,如施工现场入口处、施工起重机械、临时用电设施、脚手架、出入通道口、楼梯口、电梯井口、孔洞口、桥梁口、隧道口、基坑边沿、爆破物及有害危险气体和液体存放处等危险部位,设置明显的安全警示标志。设置的安全警示标志必须符合国家标准。

建筑施工安全标志主要分为禁止标志、警告标志、指令标志、提示标志4种类型。

(1)禁止标志。是禁止人们不安全行为的图形标志,如图1-5所示。

图 1-5 禁止标志

(2)警告标志。是提醒人员对周围环境引起注意,以避免可能发生的危险的图形标志,如图 1-6 所示。

图 1-6 警告标志

(3)指令标志。是强制人们做出某种动作或采取防范措施的图形标志,如图 1-7 所示。

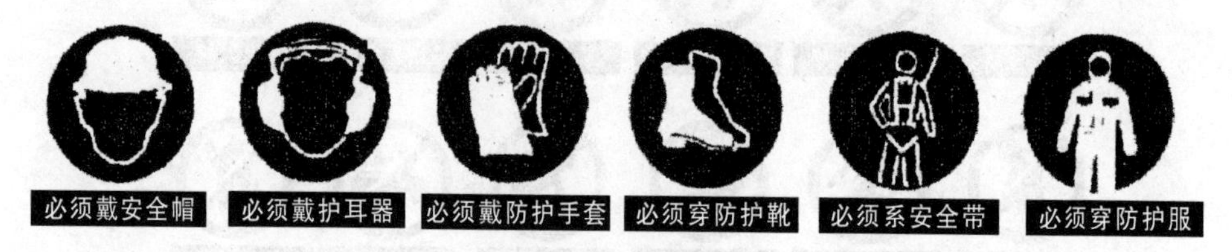

图 1-7　指令标志

(4)提示标志。是向人们提供某种信息的图形标志,如图 1-8 所示。

图 1-8　提示标志

第二章　土 方 工 程

第一节　土 方 鉴 别

一、土方基本性能与分类

(一)土方基本性能

1. 土方基本物理性能指标

土方基本物理性能指标如表 2－1 所示。

表 2－1　土方基本物理性能指标

指标名称	符号	单位	物理意义	表达式	附　注
密度	ρ	t/m^3	单位体积土方质量，又称“质量密度”	$\rho=\frac{m}{V}$	由试验方法(一般用环刀法)直接测定
重度	γ	kN/m^3	单位体积土方所受的重力，又称“重力密度”	$\gamma=\frac{W}{V}$或$\gamma=\rho g$	由试验方法测定后计算求得
相对密度	d_s	—	土粒单位体积的质量与4℃时蒸馏水的密度之比	$d_s=\frac{m_s}{V_s\rho_w}$	由试验方法(用比重瓶法)测定
干密度	ρ_d	t/m^3	干燥状态下，土方单位体积的重量	$\rho_d=\frac{m_s}{V}$	由试验方法测定后计算求得
干重度	γ_d	kN/m^3	干燥状态下，土方单位体积所受的重力	$\gamma_d=\frac{W_s}{V}$	由试验方法直接测定
含水率	ω		土中水的质量与颗粒质量之比	$\omega=\frac{m_w}{m_s}\times100\%$	由试验方法(烘干法)测定
饱和密度	ρ_{sat}	t/m^3	土中孔隙完全被水充满时土方密度	$\rho_{sat}=\frac{m_s+V_v\cdot\rho_w}{V}$	由计算求得
饱和重度	γ_{sat}	kN/m^3	土中孔隙完全被水充满时的重度	$\gamma_{sat}=\rho_{sat}\cdot g$	
有效重度	γ'	kN/m^3	在地下水位以下，土体受到水的浮力作用时土方重度，又称“浮重度”	$\gamma'=\gamma_{sat}-\gamma_w$	
孔隙比	e	—	土中孔隙体积与土粒体积之比	$e=\frac{V_v}{V_s}$	
孔隙率	n	—	土中孔隙体积与土方体积之比	$n=\frac{V_v}{V}\times100\%$	
饱和度	S_r	—	土中水的体积与孔隙体积之比	$S_r=\frac{V_w}{V_v}\times100\%$	

注：W——土方总重力(量)；W_s——土方固体颗粒的重力(量)；ρ_w——蒸馏水的密度，一般取 $\rho_w=1\ t/m^3$；γ_w——水的重度，近似取 $\gamma_w=10\ kN/m^3$；g——重力加速度，一般取 $g=10\ m/s^2$。

2. 黏性土、沙土性质指标

黏性土可塑性指标包括塑限、液限、塑性指数、液性指标、含水比等。其中，塑限是指土由固态变到塑性状态时的分界含水量，液限是指土由塑性状态变到流动状态时的分界含水量，塑性指数是指液限与塑限之差，液性指标是指土方天然含水量与塑限之差对塑性指数之比，含水比是指土方天然含水量与液限的比值。

沙土密实度性质指标包括最大干密度和最小干密度。其中，最大干密度是指土方在最紧密状态下的干质量，最小干密度是指土方在最松散状态下的干质量。

3. 土方力学性质指标

1)压缩系数

土方压缩性通常用压缩系数(或压缩模量)来表示，其值由原状土方压缩试验确定。压缩系数按下式计算：

$$a=1\,000\times\frac{e_1-e_2}{p_1-p_2} \tag{2-1}$$

式中，a——土方压缩系数(MPa^{-1})；

p_1、p_2——固结压力(kPa)；

e_1、e_2——对应 p_1、p_2的孔隙比；

1 000——单位换算系数。

在评价地基压缩性时，一般按 p_1为 1 000 kPa、p_2为 2 000 kPa、相应的压缩系数值取 a_{1-2}来划分低、中、高压缩性，并应按以下规定进行评价：

当 $a_{1-2}<0.1\,MPa^{-1}$时，为低压缩性土；

当 $0.1\,MPa^{-1}\leqslant a_{1-2}<0.5\,MPa^{-1}$时，为中压缩性土；

当 $a_{1-2}\geqslant 0.5\,MPa^{-1}$时，为高压缩性土。

2)压缩模量

工程上常用室内试验求压缩模量 E_s，并将其作为土方压缩性指标。压缩模量按下式计算：

$$E_s=\frac{1+e_0}{a} \tag{2-2}$$

式中，E_s——土方压缩模量(MPa)；

e_0——土方天然(自重压力下)孔隙比；

a——从土方自重应力至土方自重加附加应力段的压缩系数(MPa^{-1})。

如表 2-2 所示为用压缩模量划分压缩性等级和评价土方压缩性规定。

表 2-2　地基土按 E_s值划分压缩性等级的规定

室内压缩模量 E_s(MPa)	压缩等级	室内压缩模量 E_s(MPa)	压缩等级
<2	特高压缩性	7.6~11	中压缩性
2~4	高压缩性	11.1~15	中低压缩性
4.1~7.5	中高压缩性	>15	低压缩性

3)抗剪强度

土方抗剪强度是指土在外力作用下抵抗剪切滑动的极限强度，一般用室内直剪、原位直剪、三轴剪切试验、十字板剪切试验、野外标准贯入、动力触探、静力触探等试验方法进行测定。土方抗剪强度是评价边坡稳定性、地基承载力和计算土方压力的重要指标。

(1)土方抗剪强度可按下式计算：

$$\tau_f=\sigma \cdot tgf+c \tag{2-3}$$

式中，τ_f——土方抗剪强度(kPa)；

σ——作用于剪切面上的法向应力(kPa)；

f——土方内摩擦角，剪切试验中土方法向应力与剪应力曲线的切线倾斜角；

c——土方黏聚力(kPa)，剪切试验中土方法向应力为零时的抗剪强度，砂类土 $c=0$。

(2)土方内摩擦角 f 和黏聚力 c 的求法：同一土样切取不少于4个环刀进行不同垂直压力作用下的剪力试验后，用相同的比例尺在坐标纸上绘出抗剪强度 τ 与法向应力 σ 的相关直线，直线交 τ 值直线的截距即为土方黏聚力 c，直线的倾斜角即为土方内摩擦角 f。土方抗剪强度与法向应力关系曲线如图2-1所示。

(二)土方基本分类

按不同的性质指标，土方基本上可分为岩石、碎石土、沙土、黏性土等几类。

(1)岩石。岩石按其坚硬程度可分为硬质岩(坚硬岩、较硬岩)、软质岩(较软岩、软岩)、极软岩。

(2)碎石土。碎石土按颗粒形状可分为漂石、块石、卵石、碎瓦、圆砾、角砾。碎石土按密实度可分为松散、稍密、中密、密实。碎石土分类如表2-3所示。

(3)沙土。沙土按颗粒级配分为砾沙、粗沙、中沙、细沙、粉沙。沙土按密实度可分为松散、稍密、中密、密实。

(4)黏性土。黏性土按塑性指数可分为黏土、粉质黏土，如表2-4所示；按液性指数可分为坚硬、硬塑、可塑、软塑、流塑，如表2-5所示。

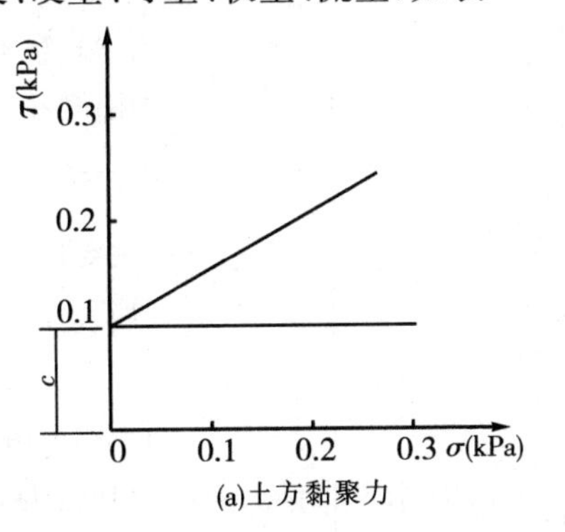

(a)土方黏聚力

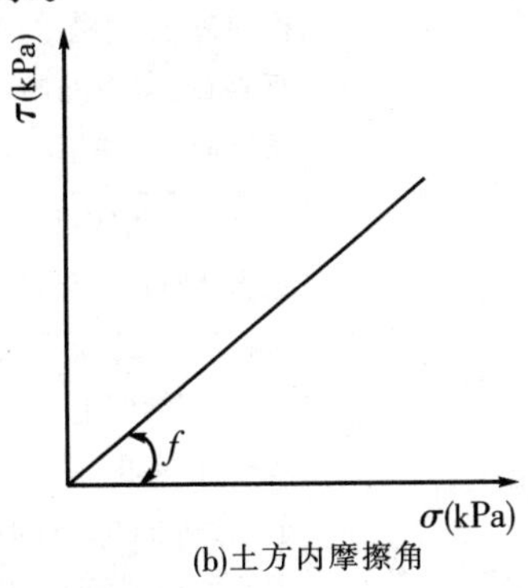

(b)土方内摩擦角

图2-1　土方抗剪强度与法向应力的关系曲线

表 2-3　碎石土分类

名称	颗粒形状	颗粒级配
漂　石	圆形及亚圆形	粒径大于 200 mm 的颗粒超过全重的 50%
块　石	棱角形	
卵　石	圆形及亚圆形	粒径大于 20 mm 的颗粒超过全重的 50%
碎　石	棱角形	
圆　砾	圆形及亚圆形	粒径大于 2 mm 的颗粒超过全重的 50%
角　砾	棱角形	

注:分类时应根据粒组含量由大到小以最先符合者确定。

表 2-4　黏性土方按塑性指数 I_p 分类

黏性土方分类名称	黏　土	粉质黏土
塑性指数 I_p	$I_p>17$	$10<I_p\leqslant 17$

注:塑性指数由相应 76 g 圆锥体沉入土样中深度为 10 mm 时测定的液限计算而得。

表 2-5　黏性土方状态按液性指数 I_L 分类

状态	坚硬	硬　塑	可塑	软　塑	流　塑
液性指数 I_L	$I_L\leqslant 0$	$0<I_L\leqslant 0.25$	$0.25<I_L\leqslant 0.75$	$0.75<I_L\leqslant 1$	$I_L>1$

二、土方工程分类与性质

(一)土方工程分类

土方工程分类如表 2-6 所示。

表 2-6　土方工程分类

土方分类	土方级别	土方名称	坚实系数 f	密度 $\rho/(\mathrm{t\cdot m^{-3}})$	开挖方法及工具
一类土(松软土)	Ⅰ	沙土,粉土,冲积沙土层,疏松的种植土,淤泥(泥炭)	0.5～0.6	0.6～1.1	用锹、锄头挖掘,少许用脚蹬
二类土(普通土)	Ⅱ	粉质黏土,潮湿的黄土,夹有碎石、卵石的砂,粉土混卵(碎)石,种植土,填土	0.6～0.8	1.1～1.6	用锹、锄头挖掘,少许用镐翻松
三类土(坚土)	Ⅲ	软及中等密实黏土,重粉质黏土、砾石土,干黄土、含有碎石卵石的黄土,粉质黏土,压实的填土	0.8～1.0	1.7～1.9	主要用镐,少许用锹、锄头挖掘,部分用撬棍
四类土(沙砾坚土)	Ⅳ	坚硬密实的黏性土或黄土,含碎石卵石的中等密实的黏土或黄土,粗卵石,天然级配砂石,软泥灰岩	1.0～1.5	1.9	整个先用镐、撬棍,后用锹挖掘,部分用楔子及大锤

续表

土方分类	土方级别	土方名称	坚实系数 f	密度 $\rho/(t\cdot m^{-3})$	开挖方法及工具
五类土（软石）	Ⅴ—Ⅵ	硬质黏土，中密的页岩、泥灰岩、白垩土，胶结不紧的砾岩，软石灰及贝壳石灰石	1.5～4.0	1.1～2.7	用镐或撬棍、大锤挖掘，部分使用爆破方法
六类土（次坚石）	Ⅶ—Ⅸ	泥岩、砂岩、砾岩；坚实的页岩、泥灰岩，密实的石灰岩；风化花岗岩、片麻岩及正长岩	4.0～10.0	2.2～2.9	用爆破方法开挖，部分用风镐
七类土（坚石）	Ⅹ—Ⅻ	大理石，辉绿岩，玢岩，粗、中粒花岗岩，坚实的白云岩、砂岩、砾岩、片麻岩、石灰岩，微风化安山岩，玄武岩	10.0～18.0	2.5～3.1	用爆破方法开挖
八类土（特坚石）	ⅩⅣ—ⅩⅥ	安山岩，玄武岩，花岗片麻岩，坚实的细粒花岗岩、闪长岩、石英岩、辉长岩、辉绿岩、玢岩、角闪岩	18.0～25.0 或以上	2.7～3.3	

注：①土方级别相当于一般16级土石分类级别。

②坚实系数 f 相当于普氏岩石强度系数。

（二）土方工程性质

1. 土方可松性

土方可松性是指土方经挖掘以后，组织破坏、体积增加的性质，以后虽经回填压实，仍不能恢复成原来的体积。土方可松性程度一般以可松性系数表示，如表2-7所示。土方可松性是挖填土方时，计算土方机械生产率、回填土方量、运输机具数量，以及进行场地平整规划竖向设计、土方平衡调配的重要参数。

表2-7 不同土方可松性参考值

土方类别	体积增加百分比		可松性系数	
	最 初	最 终	K_p	K_p'
一类（种植土除外）	8%～17%	1%～2.5%	1.08～1.17	1.01～1.03
一类（植物性土、泥炭）	20%～30%	3%～4%	1.20～1.30	1.03～1.04
二 类	14%～28%	1.5%～5%	1.14～1.28	1.02～1.05
三 类	24%～30%	4%～7%	1.24～1.30	1.04～1.07
四类（泥灰岩、蛋白石除外）	26%～32%	6%～9%	1.26～1.32	1.06～1.09
四类（泥灰岩、蛋白石）	33%～37%	11%～15%	1.33～1.37	1.11～1.15
五至七类	30%～45%	10%～20%	1.30～1.45	1.10～1.20
八 类	45%～50%	20%～30%	1.45～1.50	1.20～1.30

注：最初体积增加百分比 $=\frac{V_2-V_1}{V_1}\times100\%$，最终体积增加百分比 $=\frac{V_3-V_1}{V_1}\times100\%$；$K_p$——最初可松性系数，

$K_p=\frac{V_2}{V_1}$；$K_p{}'$——最终可松性系数，$K_p{}'=\frac{V_3}{V_1}$；V_1——开挖前土方自然体积；V_2——开挖后土方松散体积；V_3——运至填方处压实后土方体积。

2. 土方压缩性

取土回填或移挖作填，松土经运输、填压以后，均会压缩。一般土方压缩性以土方压缩率表示，如表 2－8 所示。一般可按填方截面增加 10%～20%方数考虑。

表 2－8　土方压缩率 *P* 的参考值

土方类别	土方名称	土方压缩率	每立方米松散土压实后的体积
一、二类土	种植土	20%	0.80
	一般土	10%	0.90
	沙　土	5%	0.95
三类土	天然湿度黄土	12%～17%	0.85
	一般土	5%	0.95
	干燥紧实黄土	5%～7%	0.94

3. 土方休止角

土方休止角(安息角)是指在某一状态下的土体可以稳定的坡度。不同土方休止角参考值如表 2－9 所示。

表 2－9　土方休止角参考值

土方名称	干　土		湿润土		潮湿土	
	角度(°)	高∶宽	角度(°)	高∶宽	角度(°)	高∶宽
砾　石	40	1∶1.25	40	1∶1.25	35	1∶1.50
卵　石	35	1∶1.50	45	1∶1.00	25	1∶2.75
粗　沙	30	1∶1.75	35	1∶1.50	27	1∶2.00
中　沙	28	1∶2.00	35	1∶1.50	25	1∶2.25
细　沙	25	1∶2.25	30	1∶1.75	20	1∶2.75
重黏土	45	1∶1.00	35	1∶1.50	15	1∶3.75
粉质黏土、轻黏土	50	1∶1.75	40	1∶1.25	30	1∶1.75
粉　土	40	1∶1.25	30	1∶1.75	20	1∶2.75
腐殖土	40	1∶1.25	35	1∶1.50	25	1∶2.25
填方的土	35	1∶1.50	45	1∶1.00	27	1∶2.00

三、土方现场鉴别

1. 碎石土方现场鉴别

碎石土方现场鉴别方法如表 2－10 所示。

表 2-10　碎石土方现场鉴别方法

密实度	骨架颗粒含量和排列	可挖性	可钻性
密实	骨架颗粒含量大于总重的70%，呈交错排列，连续接触	锹镐挖掘困难，用撬棍方能松动，井壁一般较稳定	钻进极困难。冲击钻探时，钻杆、吊锤跳动剧烈，孔壁较稳定
中密	骨架颗粒含量等于总重的60%～70%，呈交错排列，大部分接触	锹镐可挖掘，井壁有掉块现象，井壁取出大颗粒处，能保持颗粒凹面形状	钻进较困难。冲击钻探时，钻杆、吊锤跳动不剧烈，孔壁有坍塌现象
稍密	骨架颗粒含量等于总重的55%～60%，排列混乱，大部分接触	锹可以挖掘，井壁易坍塌，从井壁取出大颗粒后沙土即坍落	钻进较容易。冲击钻探时，钻杆稍有跳动，孔壁易坍塌
松散	骨架颗粒含量小于总重的55%，排列十分混乱，绝大部分不接触	锹易挖掘，井壁极易坍塌	钻进很容易。冲击钻探时，钻杆无跳动，孔壁极易坍塌

注：①骨架颗粒系指与表 2-3 中相对应粒径的颗粒。
②碎石土方密度应按表列各项要求综合确定。

2. 黏性土方现场鉴别

黏性土方现场鉴别方法如表 2-11 所示。

表 2-11　黏性土方现场鉴别方法

土方名称	湿润时用刀切	湿土用手捻摸时的感觉	土方状态		湿土搓条情况
			干土	湿土	
黏土	切面光滑，有黏刀阻力	有滑腻感，感觉不到有沙粒，水分较大，很黏手	土块坚硬，用锤才能打碎	易黏着物体，干燥后不易剥去	塑性大，能搓成直径小于 0.5 mm 的长条（长度不短于手掌），手持一端不易断裂
粉质黏土	稍有光滑面，切面平整	稍有滑腻感，有黏滞感，感觉到有少量沙粒	土块用力可压碎	能黏着物体，干燥后较易剥去	有塑性，能搓成直径为 2～3 mm 的土条
粉土	无光滑面，切面稍粗糙	有轻微黏滞感或无黏滞感，感觉到沙粒较多、粗糙	土块用手捏或抛扔时易碎	不易黏着物体，干燥后一碰就掉	塑性好，能搓成直径为 2～3 mm 的短条
沙土	无光滑面，切面粗糙	无黏滞感，感觉到全是沙粒、粗糙	松散	不能黏着物体	无塑性，不能搓成土条

3. 人工填土、淤泥、黄土及泥炭的现场鉴别

人工填土、淤泥、黄土及泥炭的现场鉴别方法如表 2-12 所示。

表 2-12　人工填土、淤泥、黄土及泥炭的现场鉴别方法

土方名称	观察颜色	夹杂物质	形状(构造)	浸入水中的现象	湿土搓条情况	干燥后强度
人工填土	无固定颜色	碎瓦碎块、垃圾、炉灰等	夹杂物显露于外,构造无规律	大部分变为稀软淤泥,其余部分为碎瓦、炉渣,在水中单独出现	一般能搓成直径3 mm土条,但易断;遇有杂质甚多时,不能搓条	干燥后部分杂质脱落,故无定形,稍微施加压力即行破碎
淤　　泥	灰黑色(有臭味)	池沼中有半腐朽的细小动植物遗体,如草根、小螺壳等	夹杂物经仔细观察可以发现,构造常呈层状,但有时不明显	外观无显著变化,在水面出现气泡	一般淤泥质土接近于粉土,故能搓成直径3 mm土条(长至少30 mm),容易断裂	干燥后体积显著收缩,强度不大,锤击时呈粉末状,用手指能捻碎
黄　　土	黄褐两色的混合色	有白色粉末出现在纹理之中	夹杂物质常清晰显现,构造上有垂直大孔(肉眼可见)	即行崩散而分成散的颗粒集团,在水面上出现很多白色液体	搓条情况与正常的粉质黏土类似	一般黄土相当于粉质黏土,干燥后的强度很高,手指不易捻碎
泥　　炭(腐殖土)	深灰或黑色	有半腐朽的动植物遗体,其含量超过60%	夹杂物有时可见,构造无规律	极易崩碎,变为稀软淤泥,其余部分悬浮于水中	一般能搓成直径1～3 mm土条,但残渣甚多时,仅能搓成直径3 mm以上土条	干燥后大量收缩,部分杂质脱落,故有时无定形

第二节　土方开挖

一、作业前

(1)土方开挖前,必须制定合理的施工方案,方案必须符合基坑支护结构设计的工况,不得任意改变。

(2)需设置支撑的基坑,土方开挖作业面及工作路线的设计,应尽量创造条件使系统的支撑结构能尽快形成受力体系,处于工作状态。

(3)土方开挖前,必须保证一定时间的预抽水。一般轻型井点不少于7～10 d,喷射井点或自控真空管井不少于20 d。

(4)降水过程中作业必须与坑外水位观测井的监测相互配合,以指导降水施工。

(5)土方开挖前,必须摸清基坑下各类管线的排列、深度及其他地质情况,并根据情况制定相应的应急措施和方案。

(6)土方开挖前,应对基坑周围的环境条件进行认真检查,不得在危险岩石或建筑物下作业。

(7)开挖机械不得在输电线路下工作;在输电线路一侧工作时,机械与架空输电线的最近距离应符合安全操作规程要求。

(8)开挖前,应检查机械离合器、钢丝绳等部件,经空车运转正常后,方可作业。

二、作业时

(1)人工挖土时,前后操作人员之间距离不得小于3m,堆土应在1m以外,且高度不得超过1.5m。

(2)挖土时,应注意土壤的稳定性,发现有裂缝及倾坍时,人员应立即离开并及时处理。

(3)挖土中发现管道、电缆及其他埋设物时,应停止开挖,并及时报告,不得擅自处理。

(4)开挖机械应停在坚实的基础上,如基础较差,应采取走道板等加固措施;挖土机不得在与挖空的基坑平行线2m内停、驶。

(5)机械操作中进铲不应过深,提升不应过猛。

(6)机械挖基坑时,如坑底无地下水且坑深在5m以内,则两边可不加支撑。基坑(槽)、管沟边坡坡度应符合如表2-13所示的规定。

表2-13　深度在5m内的基坑(槽)、管沟边坡的最陡坡度(不加支撑)

土方类别	边坡坡度(高∶宽)		
	坡顶无荷载	坡顶有静载	坡顶有动载
中密的沙土	1∶1.00	1∶1.25	1∶1.50
中密的碎石类土(充填物为沙土)	1∶0.75	1∶1.00	1∶1.25
硬塑的粉土	1∶0.67	1∶0.75	1∶1.00
中密的碎石类土(充填物为黏性土)	1∶0.50	1∶0.67	1∶0.75
硬塑的粉质黏土、黏土	1∶0.33	1∶0.25	1∶0.67
老黄土	1∶0.10	1∶0.25	1∶0.33
软土(经井点降水后)	1∶1.00	—	—

注:①静载指堆土或材料等,动载指机械挖土或汽车运输作业等。静载或动载距挖方边缘的距离应保证边坡和直立壁的稳定,堆土或材料应距挖方边缘0.8m以外,高度不超过1.5m。

②当有成熟施工经验时,可不受本表规定限制。

(7)机械挖土深度超过5m,或发现有地下水,或土质发生特殊变化时,应先根据土壤的性能计算其稳定性,再确定边坡坡度。

永久性挖方边坡坡度应按设计要求放坡。对使用时间较长的临时性挖方,在边坡整体稳定情况下,若地质条件良好、土质较均匀,高度在10m以内的,其边坡坡度应符合如表2-14所示的规定。

表 2－14　使用时间较长、高 10 m 以内的临时性挖方边坡坡度值

土的类别		边坡坡度(高∶宽)
沙土(不包括细沙、粉沙)		1∶1.25～1∶1.5
一般黏性土	坚　硬	1∶0.75～1∶1
	硬　塑	1∶1～1∶1.5
碎石类土	充填坚硬、硬塑黏性土	1∶1.05～1∶1
	充填沙土	1∶1～1∶1.5

注:①使用时间较长的临时性挖方是指使用时间超过一年的临时道路、临时工程的挖方。

②挖方经过不同类别的土(岩)层或深度超过 10 m 时,其边坡可做成折线形或台阶形。

③有成熟施工经验时,可不受本表规定限制。

(8)作业区内的各种管线,要查明其走向,用明显标记标示;机械在离电缆周围 1 m 内严禁作业,应用人工挖掘。

(9)配合机械作业的清底、平地、修坡人员,应在机械回转半径以外作业。如必须在回转半径内作业时,必须停止机械操作并制动,机上、机下人员应随时联系,确保安全。

(10)运土车辆不宜靠近基坑平行行驶,防止塌方翻车。

(11)卸土应在车辆停稳后进行,禁止铲斗从汽车驾驶室上越过。

(12)车辆进出道路下如有地下管道,必须铺设厚钢板,或浇捣混凝土加固。

(13)机械开挖,挖土机间距应大于 10 m,挖土应自上而下,逐层进行,严禁先挖坡脚。

(14)开挖基坑时,必须设有切实可行的排水措施,避免积水影响基坑土壤结构。

(15)挖土机械不得在施工中碰撞支撑,避免引起支撑破坏或拉损。

(16)挖出的土方,应严格按设计方案堆放,不得堆于基坑外侧,避免堆积超荷引起土体位移、板桩位移或支撑破坏。

(17)清坡、清底人员必须根据设计标高清底,不得超挖。如不小心超挖,则不得将松土回填。

(18)基坑四周必须设 1.5 m 高护栏,要设置一定数量的临时上下施工专用爬梯。

(19)夜间施工,应有足够的照明,在深坑、陡坡等危险地段应设红灯标志,防止发生伤亡事故。

(20)土方开挖应避免在雨季施工。必须时,应注意以下几点:①应全面检查原有排水系统,进行疏浚或加固,必要时增加排水措施,傍山沿河地区还应制定防汛措施;②开挖基坑或管沟时,应在四周垒填土埂,并应特别注意边坡和直立壁的稳定;③不宜靠近房屋墙壁和围墙堆土,防止发生倒塌事故;④根据实际情况,必要时,可放缓边坡,或增设支撑。

(21)土方开挖应避免在冬季进行,如必须进行,则应专门制定保证工程质量的安全技术措施。

(22)雨季和冬季施工,应对现场的运输道路采取防滑措施,以保证安全运输。

(23)每日或雨后,必须检查土壁及支撑稳定情况,确认安全后,方可继续作业。

(24)操作人员不得将土和其他物件堆在支撑上,不得在支撑下行走或站立。

第三章　基 坑 工 程

第一节　支护结构施工

一、钢板桩施工

1. 施工前的准备工作

(1)检验与矫正钢板桩。对钢板桩进行材质检验和外观检验，焊接钢板桩尚需进行焊接部位的检验。进行外观检验时，对不符合形状要求的钢板桩进行矫正，以减少打桩过程中的困难。其中，外观检验包括表面缺陷、长度、宽度、高度、厚度、端头矩形比、平直度和锁口形状等内容，钢板桩矫正包括表面缺陷修补、端部平面矫正、桩体挠曲与扭曲矫正、桩体局部变形矫正和锁口变形矫正等。

(2)选择打桩机，安装导架。为保证沉桩轴线位置的正确和桩的竖直，控制桩的打入精度，防止板桩的屈曲变形和提高桩的贯入能力，一般都需要设置一定刚度的、坚固的导架，亦称“施工围檩”。导架通常由导梁和导桩等组成，它的形式在平面上有单面和双面之分，在高度上有单层和双层之分。一般常用的是单层双面导架。

2. 钢板桩打设和拆除

(1)打入方式选择。单独打入法是指从板墙的一角开始，逐块(或两块为一组)打设，直至工程结束。单独打入法的优点是施工简便、迅速，不需要其他辅助支架；缺点是易使板桩向一侧倾斜，且误差积累后不易纠正。因此，单独打入法只适于板桩墙要求不高且板桩长度较小(如小于 10 m)的情况。屏风式打入法是指先将 10～20 根钢板桩成排插入导架内，呈屏风状，然后再分批施打。施打时先将屏风墙两端的钢板桩打至设计标高或一定深度，成为定位板桩，然后在中间按顺序分 1/3、1/2 板桩高度呈阶梯状打入。屏风式打入法的优点是可以减少倾斜误差积累，防止过大的倾斜，易于实现封闭合拢，能保证板桩墙的施工质量；缺点是插桩的自立高度较大，要注意插桩的稳定和施工安全。

(2)钢板桩的打设。打桩时，开始打设的第一、二块钢板桩的打入位置和方向要确保精度，它可以起样板导向作用，一般每打入 1 m 应测量一次。钢板桩的转角和封闭合拢施工可采用异形板桩、连接件法、骑缝搭接法和轴线调整法等。为确保安全施工，要注意观察和保护作业范围内的重要管线、高压电缆等。

(3)钢板桩拔除。在进行基坑回填土时，要拔除钢板桩，以便修整后重复使用。拔除前要研究钢板桩拔除顺序、拔除时间及桩孔处理方法。针对克服板桩的阻力，结合所用拔桩机械，钢板桩的拔桩方法有静力拔桩、振动拔桩和冲击拔桩等。拔除作业时，要注意观察和保护作业范围内的重要管线、高压电缆等。

二、水泥土桩墙施工

水泥土桩墙施工可采用喷浆式深层搅拌法（湿法）、喷粉式深层搅拌法（干法）、高压喷射注浆法（也称“高压旋喷法”）等3种工艺。在水泥土桩墙中用湿法工艺施工时，注浆量较易控制，成桩质量较为稳定，桩体均匀性好。

水泥土桩墙的构造要求：水泥土桩墙采用格栅布置时，水泥土方置换率对于淤泥不宜小于0.8，淤泥质土不宜小于0.7，一般黏性土及沙土不宜小于0.6；格栅长宽比不宜大于2。水泥土桩与桩之间的搭接宽度应根据挡土及截水要求确定：考虑截水作用时，桩的有效搭接宽度不宜小于150 mm；当不考虑截水作用时，搭接宽度不宜小于100 mm；当变形不能满足要求时，宜采用基坑内侧土体加固或水泥土墙插筋加混凝土面板及加大嵌固深度等措施。

墙体宽度b和插入深度h_d，根据坑深、土层分布及其物理力学性能、周围环境情况、地面荷载等计算确定。在软土地区，当基坑开挖深度$h \leqslant 5$ m时，可按经验取$(0.6 \sim 0.8)h$，$h_d=(0.8 \sim 1.2)h$。墙体宽度以500 mm进位，即$b=2.7$ m、3.2 m、3.7 m、4.2 m等。插入深度前后排可稍有不同。

水泥土桩墙的稳定及抗渗性能取决于水泥土方强度及搅拌的均匀性，因此，水泥土桩墙施工应选择合适的水泥土配合比及搅拌工艺。

1. 深层搅拌水泥土墙（湿法）施工

搅拌桩成桩工艺可采用“一次喷浆、二次搅拌”或“二次喷浆、三次搅拌”，具体主要依据水泥掺入比及土质情况而定。一般水泥掺量较小、土质较松时，可用前者，反之可用后者。深层搅拌水泥土墙（湿法）施工工艺如下。

（1）就位。深层搅拌机开行到达指定桩位，对中。

（2）预搅下沉。深层搅拌机运转正常后，启动搅拌机电机。放松起重机钢丝绳，使搅拌机沿导向架切土搅拌下沉，下沉速度控制在0.8 m/min左右，可由电机的电流监测表控制。

（3）制备水泥浆。深层搅拌机预搅下沉到一定深度后，开始拌制水泥浆，待压浆时倾入集料斗中。

（4）提升喷浆搅拌。深层搅拌机下沉到达设计深度后，开启灰浆泵，将水泥浆压入地基土中，此后边喷浆边旋转边提升深层搅拌机，直至设计桩顶标高。施工时注意喷浆速率应与提升速度相协调。搅拌提升速度一般应控制在0.5 m/min。

（5）沉钻复搅。再次沉钻进行复搅，复搅下沉速度可控制在0.5～0.8 m/min。如果水泥掺入比较大或因土质较密在提升时不能将应喷入土中的水泥浆全部喷完，可在重复下沉搅拌时予以补喷，即采用“二次喷浆、三次搅拌”工艺。

(6)重复提升搅拌。边旋转边提升,重复搅拌至桩顶标高,并将钻头提出地面,以便移机施工新桩体。至此完成一根桩的施工。

(7)移位。开行深层搅拌机至新的桩位,重复上述(1)~(6)步骤,进行下一根桩的施工。

(8)清洗。当施工段成桩完成后,应及时清洗搅拌机。清洗时,应向集料斗中注入适量清水,开启灰浆泵,将全部管道中的残存水泥浆冲洗干净,并将附于搅拌头上的土清洗干净。

施工时,连续的水泥土墙中相邻桩施工的时间间隔一般不应超过 24 h。因故停歇时间超过 24 h,应采取补桩或在后施工桩中增加水泥掺量(可增加 20%~30%)及注浆等措施。前后排桩施工应错位成跳步式,以便发生停歇时,前后施工桩体成错位搭接形式,有利于墙体稳定并有止水效果。

2. 加筋水泥土桩法(SMW 工法)施工

加筋水泥土桩法(SMW 工法)工艺流程如图 3-1 所示。

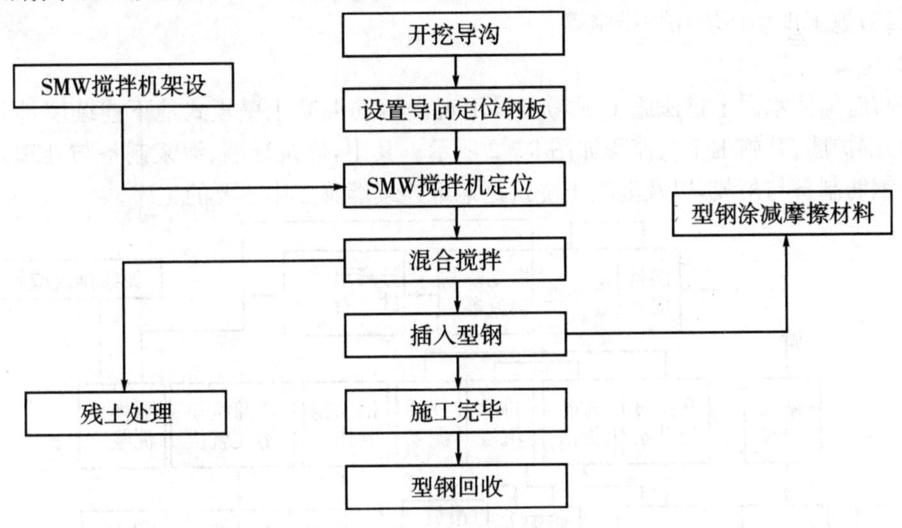

图 3-1 SMW 工法工艺流程

3. 地下连续墙施工

1)施工前的准备工作

施工之前,必须对施工现场情况和工程地质、水文地质情况进行认真调查研究,制定地下连续墙施工方案,确保安全施工,以利于施工的顺利进行。

地下连续墙专项施工方案,应在详细研究了工程规模、质量与施工安全要求、工程地质和水文地质资料、现场周围环境、是否存在施工障碍、是否有施工作业条件等之后,编制专项施工方案。地下连续墙专项施工方案,一般应包括下述内容:

(1)工程规模和特点,工程地质、水文地质和周围环境情况,以及其他与施工有关条件的说明。

(2)施工平面图布置,包括挖掘机械运行路线,挖掘机械和混凝土浇灌机架布置,出土运输路线和堆土处,泥浆制备和处理设备,钢筋笼加工及堆放场地,混凝土搅拌站或混凝土运输路线,其他必要的临时设施,等等。

(3)挖掘机械等施工设备的选择。

(4)导墙设计、单元槽段划分及其施工顺序。

(5)地下连续墙预埋件,以及地下连续墙与内部结构连接的设计和施工详图。

(6)护壁泥浆的配合比、泥浆循环管路布置、泥浆处理和管理、废泥浆和土渣的处理。

(7)钢筋笼加工详图,钢筋笼加工、运输和吊放所用设备及方法。

(8)混凝土配合比设计,混凝土供应和浇筑的方法。

(9)动力供应和供水、排水设施。

(10)工程施工进度、材料及劳动力等计划。

(11)安全技术与管理措施、质量管理措施等。

(12)施工监测项目,如槽壁垂直度和宽度变化、槽侧地面和建(构)筑物沉降等。

(13)施工现场环境保护措施等。

2)施工工艺

现在,加筋水泥土桩法施工现场多采用现浇钢筋混凝土壁板式地下连续墙,同时作为临时围护墙,其施工工艺流程如图 3-2 所示。其中,修筑导墙、泥浆制备与处理、深槽挖掘、钢筋制备与吊装,以及混凝土浇筑是地下连续墙施工中主要的工序。

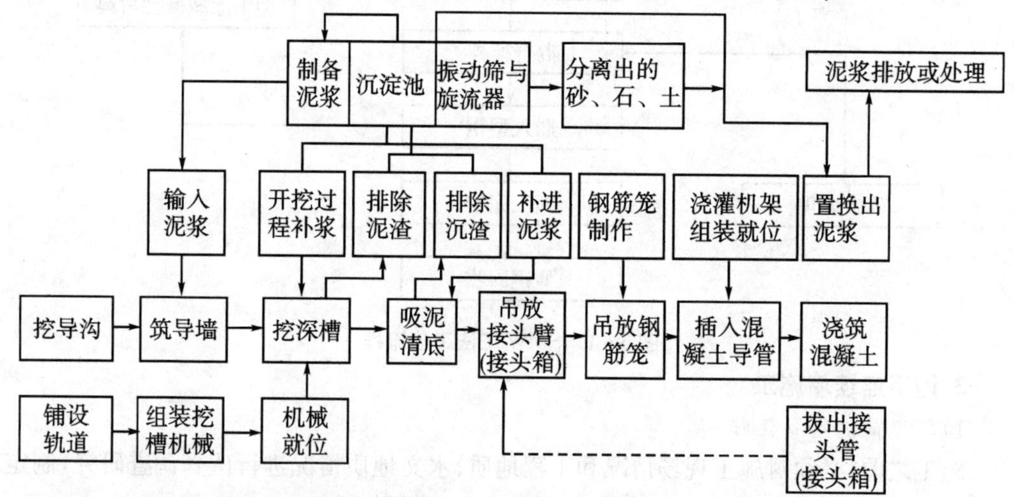

图 3-2 现浇钢筋混凝土壁板式地下连续墙施工工艺流程

地下连续墙施工工序要求主要有以下几个方面:

(1)导墙。应具有必要的强度、刚度和精度,且一定要满足挖槽机械的施工要求。

(2)泥浆护壁。在挖槽过程中,泥浆的作用是护壁、携渣、冷却机具和切土滑润。因此,要保证泥浆的正确使用。

(3)挖槽。单元槽段的最小长度不得小于一个挖掘段。一般来说,单元槽段愈长愈好,这样可以减少槽段的接头数量,增加地下墙的整体性。但因同时要考虑挖槽时槽壁的稳定性等,所以,在确定其长度时还要综合考虑下列因素:地质条件、地面荷载、起重机起重能力、混凝土方供应能力、地下连续墙与内部结构的布置等。一般单元槽段长度取3~8m。

(4)钢筋笼加工和吊放。钢筋笼制作要根据地下连续墙墙体配筋图和单元槽段的划分进行,宜按单元槽段做成一个整体。应制定钢筋笼的起吊、运输和吊放施工方案,不允许在此过程中产生不能恢复的变形。钢筋笼的起吊应用横吊梁或吊梁。

(5)混凝土浇筑。在用导管法进行混凝土浇筑的过程中,因导管下口总是埋在混凝土内1.5m以上,所以,导管不能做横向运动,以防止沉渣和泥浆混入混凝土内。同时,不能使混凝土溢出料斗流入导沟,否则会使混凝土质量恶化,反过来又会给混凝土方浇筑带来不良影响。

3)施工安全

(1)防止槽壁塌方。地下连续墙施工时若发生塌方,一方面塌方的土体会混入混凝土内,造成墙体塌陷,甚至会使墙体内外贯通,成为产生管涌的通道;另一方面可能造成埋住挖槽机的危险,也可能引起地面沉陷而使挖槽机械倾覆,对邻近的建筑物和地下管线造成破坏。因此,防止槽壁塌方与保持槽壁的稳定性是地下连续墙施工中十分重要的问题。

影响槽壁稳定的因素主要是泥浆、地质(地下水位、地基土质)及施工等方面。

泥浆方面。泥浆质量和泥浆液面的高低对槽壁是否稳定有很大影响。泥浆液面愈高,所需泥浆的相对密度愈小,即槽壁失稳的可能性愈小。因此,泥浆液面一定要高出地下水位一定高度,一般为0.5~1.0m。

地下水位方面。地下水位的相对高度对槽壁稳定性的影响很大,同时也影响着泥浆相对密度的大小。地下水位即使有较小的变化,对槽壁的稳定亦有显著影响,如降水使地下水位急剧上升,地面水再绕过导墙流入槽段,这样就使泥浆作用于地下水的压力减小,极易发生槽壁塌方。因此,采用泥浆护壁开挖深度大的地下连续墙时,要重视地下水位,必要时可部分或全部降低地下水位,或提高槽段内泥浆液位。

地基土质方面。地基土方好坏直接影响槽壁稳定性。土方内摩擦角愈小,所需泥浆的相对密度愈大。在施工地下连续墙时要根据不同的土质选用不同的泥浆配合比。

施工工艺方面。单元槽段的长短影响槽壁的稳定性,这是因为单元槽段的长度决定了基槽的长深比,而长深比影响土拱作用的发挥和土压力的大小。

此外,机械振动、地面荷载、附近动荷载等也影响槽壁的稳定性。

(2)防止槽壁坍塌的处理方法。防止槽壁坍塌的处理方法主要有:当遇软弱土层或流沙层时,应慢速钻进;当护壁泥浆选择不当,泥浆密度不够,泥浆水质不合要求,泥浆配制不合要求、易于沉淀、起不到护壁作用时,应适当加大泥浆密度,或根据土质情况选用合适泥浆,并通过试验确定泥浆密度;当地下水位过高或孔内出现承压水时,应控制槽段液面高于地下水位0.5m以上;当在松软砂层中钻进、进尺过快或空转时间太长时,应控制进尺,不要过快或空转过久;当成槽后搁置时间过长、泥浆沉淀时,应在槽段成孔后,及时放钢筋笼并浇灌混凝土;当槽内泥浆液面降低或降水使地下水位急剧上升时,应根据钻进情况,随时调整泥浆密度和液面标高;当槽段过长或地面附加载荷过大时,应控制单元槽段一般不超过两个槽段,控制地面载荷不要过大;当严重塌方时,应及时将挖槽机械提至地面,防止挖槽机械被埋入地下,以后可填入优质黏土,待沉积密实后重新下钻;当局部坍塌时,可加大泥浆密度,已塌土体可用钻机搅成碎块抽出。

4. 逆作法施工与施工安全

1)逆作法的工艺原理、分类及特点

逆作法,也称“逆筑法”,其工艺原理是:在土方开挖之前,首先沿建筑物地下室轴线(适于两墙合一情况)或建筑物周围(地下连续墙只用作支护结构)浇筑地下连续墙,作为地下室的边墙或基坑支护结构的围护墙;同时,在建筑物内部的有关位置(多为地下室结构的柱子或隔墙处,根据需要经计算确定)浇筑或打下中间支承柱,也称“中柱桩”。然后开挖土方至地下一层顶面底面标高处,浇筑该层的楼盖结构(留有部分工作孔),这样已完成的地下一层顶面楼盖结构即用作周围地下连续墙刚度很大的支撑。其次,人和设备可通过工作孔逐层向下施工各层地下室结构;同时,由于地下一层的顶面楼盖结构已完成,为进行上部结构施工创造了条件,因此,在向下施工各层地下室结构时可同时向上逐层施工地上结构,这样上、下同时进行施工,直至工程结束。

逆作法施工,根据地下一层的顶板结构是封闭的还是敞开的,可分为封闭式逆作法、敞开式逆作法、半逆作法(亦称“局部逆作法”)。

(1)封闭式逆作法。在地下一层的顶板结构完成后,上部结构和地下结构可以同时进行施工。

(2)敞开式逆作法。上部结构和地下结构不能同时进行施工,只是地下结构自上而下地逆向逐层施工。

(3)半逆作法。开挖基坑时,先放坡开挖基坑中心部位的土体,靠近围护墙处留土以平衡坑外的土压力,待基坑中心部位开挖至坑底后,由下而上顺作施工基坑中心部位地下结构至地下一层顶,同时浇筑留土处和基坑中心部位地下一层的顶板,用作围护墙的水平支撑,最后进行周边地下结构的逆作施工,上部结构亦可同时施工。半逆作法多用于地下结构面积较大的工程。

逆作法施工特点:缩短工程施工的总工期;基坑变形小,减少深基坑施工对周围环境的影响;简化基坑的支护结构,有明显的经济效益;施工期间楼面恒载和施工荷载等通过中间支承柱传入基坑底部、压缩土体,可减少土方开挖后的基坑隆起。同时,中间支承柱作为底板的支点,使底板内力减小,且无抗浮问题存在,使底板设计更趋合理。

逆作法施工的不足:挖土在顶部封闭状态下进行,基坑中还分布有一定数量的中间支承柱和降水用井点管，使挖土方难度增大；有时需增设一些垂直运输土方和材料设备的专用设备；在地下封闭的工作面内施工，应特别注意施工安全。

2)逆作法施工前的准备工作

(1)选择合理的逆作施工形式。选择合理的逆作施工形式应通过对工期、技术、经济等综合比较来确定。当地下室结构复杂、工期要求不紧、技术力量相对不足时，应考虑选用敞开式逆作法或半逆作法。对于工期要求短，或经过技术、经济综合比较，在技术可行的条件下应优先选用封闭式逆作法。

(2)编制专项施工方案。在编制专项施工方案时，应根据逆作法的特点进行。其主要内容包括：选择逆作施工形式，布置施工孔洞，布置上人口，布置通风口，确定降水方法，拟定中间支承柱施工方法、土方开挖方法以及地下结构混凝土浇筑方法，制定质量措施、施工安全技术与管理措施等。

3)逆作法施工主要工序

(1)中间支承柱(中柱桩)施工。由于中间支承柱上部多为钢柱，下部为混凝土柱，所以，多用灌注桩方法进行施工。是否采用成孔方法视作业区土质和地下水位而定。同时，对中间支承柱的施工质量要求应高于常规施工。

(2)降低地下水位。在软土地区进行逆作法施工，降低地下水位是必不可少的，实际施工多采用深井泵或加真空的深井泵降低地下水位。深井数量要合理有效，不能过多亦不能过少。若深井数量过多且间隔较小，既造成工程费用高，也给挖土带来困难；若深井数量过少，则降水效果差，或不能完全覆盖整个基坑，会使坑底土质松软，不利于在坑底土体上浇筑楼盖。

(3)地下室土方开挖。在确定出土口之后，要在出土口上设置提升设备，用来提升地下挖的集中运输至出土口处的土方，并将其装车外运。挖土时，要在地下室各层楼板浇筑完成后，再在地下室楼板底下逐层挖土。各层的地下挖土，应先从出土口处开始，待形成初始挖土工作面后，再向四周扩展。

(4)地下室结构施工。地下室结构的浇筑应尽可能利用土模浇筑梁楼盖结构。施工缝处的浇筑方法，常用的有直接法、充填法和注浆法等三种。直接法，在施工缝下部继续浇筑混凝土时，仍然浇筑相同的混凝土，有时添加一些铝粉以减少收缩；充填法，在施工缝处留出充填接缝，待混凝土面处理后，再于接缝处充填膨胀混凝土或无浮浆混凝土；注浆法，在施工缝处留出缝隙，待后浇混凝土硬化后用压力压入水泥浆充填。

(5)施工中结构沉降控制。结构沉降控制是逆作法施工的关键问题之一。在逆作法施工过程中，应在中间支承柱和地下连续墙上设置沉降观测点，采用二次闭合测量并进行观测数据的处理，以提高数据的真实性。利用沉降的观测数据和模拟计算沉降数据的对比，可以观察出施工期间地下连续墙和各中间支承柱的沉降发展趋势，需要时可采取有效的技术措施控制沉降差。

4)逆作法施工安全

(1)通风安全。在地下室封闭状态下开挖土方时，因不能形成自然通风，故需要进行机械通风。通风口分为送风口和排风口，一般情况下以出土口作为排风口，在地下室楼板上另预留孔洞作为通风管道入口。随着地下挖土工作的推进，当露出送风口时，及时安装大功率风机，启动风机向地下施工操作面送风，清新空气由各送风口流入，经地下施工操作面从排风口(出土口)流出，形成空气流通，保证作业人员施工安全。

在封闭状态下挖土，劳动力比较密集，换气量要大于一般隧道和公共建筑作业时的换气量。机械通风的送风口应使风吹向施工操作面，送风口距离施工操作面一般不宜大于10 m，否则应接长风管；取风口与排风口的距离应大于20 m，且应高出地面2 m左右，以保证送入新鲜空气。

(2)用电和照明安全。地下封闭环境的施工用电，必须考虑潮湿或地下水的影响，其动力、照明线路应是专用的防水线路，并利用楼面结构，在楼板混凝土中预埋电线管，再与操作面的防水电箱连接。电箱与各使用的电气设备的线路应采用双绝缘电线，并架空在楼板底下。

(3)地下土方开挖施工安全。按设计要求合理确定土方开挖和运输方式。采用机械下坑开挖时，严禁机械碰撞立柱；设置临时施工栈桥和平台时，应进行专门的设计。土方开挖应严格按照“分层开挖，严禁超挖”的原则。

5. 土钉墙施工与施工安全

1)施工前的准备工作

(1)了解工程质量要求和施工监测内容与要求，如基坑支护尺寸的允许误差、支护坡顶的允许最大变形，以及对邻近建筑物、道路、管线等设施安全影响的允许程度等。

(2)土钉墙支护施工宜在排除地下水的条件下进行。

(3)确定基坑开挖线、轴线定位点、水准基点、变形观测点等，并加以妥善保护。

(4)制定基坑支护施工方案，周密安排支护施工与基坑土方开挖、出土等工序的关系，使支护与开挖密切配合，做到连续快速施工。

(5)准备好所需材料，主要包括：土钉钢筋使用前调直、除锈、除油；优先选用强度等级为32.5的普通硅酸盐水泥；采用干净的中粗砂，含水率应小于5%；使用速凝剂，应做与水泥的相容性试验及水泥浆凝结效果试验。

(6)准备好所需施工机具，主要包括成孔机、注浆泵、混凝土喷射机、空压机、混凝土搅拌机、输料管、供水设施等。

2)施工工艺

当采用现场浇筑时，可采用“先锚后喷”或“先喷后锚”等工艺，基坑开挖自上而下分段分层进行。其施工顺序为：喷射第一层混凝土—钻孔安放钢筋—注入水泥浆—安装拉筋连接件—绑扎钢筋网—喷射第二层混凝土。喷射作业分段进行，同一分段内喷射顺序自下而上，一次喷射厚度不小于40 mm，钢筋网与拉筋连接牢固，上下段钢筋网搭接长度不大于30 mm，上层拉筋注浆及混凝土面层达到设计强度70%后，方可挖下层土。当地下水位高于坑底面时，应采取降水(或截水)措施。

3)施工安全

(1)基坑开挖。基坑开挖应按设计要求严格分层分段开挖,在完成上一层作业面土钉与喷射混凝土面层达到设计强度的70%以前,不得进行下一土层的开挖。

为防止基坑边坡的裸露土体塌陷,对于易塌的土体可采取下列措施:①对修整后的边坡,立即喷上一层薄的砂浆或混凝土,凝结后再进行钻孔;②在作业面上先构筑钢筋网喷射混凝土面层,而后再进行钻孔和设置土钉;③在水平方向上分小段间隔开挖;④先将作业深度上的边壁做成斜坡,待钻孔并设置土钉后再清坡;⑤在开挖前,沿开挖面垂直击入钢筋或钢管,或注浆加固土体。

(2)排水设施的设置。基坑四周地表应加以修整,构筑明沟排水,严防地表水再向下渗流;可将喷射混凝土面层延伸到基坑周围地表构成喷射混凝土护顶,并在土钉墙平面范围内地表做防水地面,如图3-3所示,防止地表水渗入土钉加固范围的土体中。

若基坑边壁有透水层或渗水土层,则混凝土面层上要做泄水孔,也可在喷射混凝土面层施工前预先沿土坡壁面每隔一定距离设置一条竖向排水带,即用带状皱纹滤水材料夹在土壁与面层之间形成定向导流带,使土坡中渗出的水有组织地导流到坑底后集中排除。为了排除积聚在基坑内的渗水和雨水,应在坑底设置排水沟和集水井。

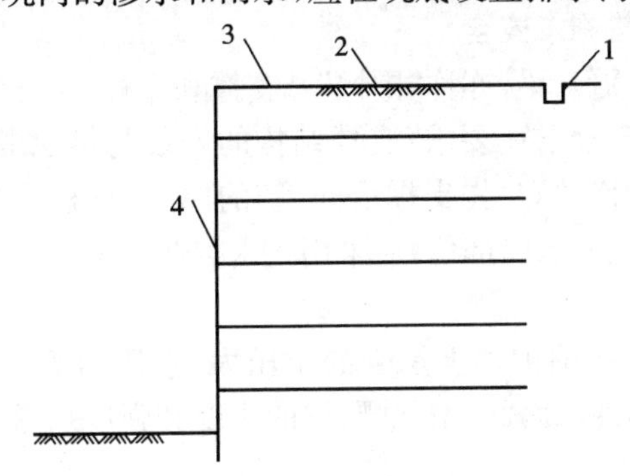

图3-3　地面防水

1—排水沟;2—防水地面;3—喷射混凝土护顶;4—喷射混凝土面层

6. 锚杆施工与施工安全

锚杆由锚头、拉杆及锚固体三部分组成。锚头是与桩及拉杆连接的部分;拉杆是锚杆的中心受拉部分,一般拉杆设置时向下倾斜一定角度,拉杆全长以土体的主动滑动面为界,分为锚固段(滑动面以内)和非锚固段(滑动面以外);锚固体是指锚杆尾端的锚固部分,通过锚固体与土之间的相互作用,将力传给地层。根据力的传递方式,锚固体可分为摩擦型、承压型及组合型。目前多采用摩擦型锚杆。

1)施工前的准备工作

(1)了解施工地区的土层分布和各土层的物理力学特性,这有利于确定锚杆的布置和选择钻孔方法等。了解地下水位及其随时间的变化情况,以及地下水中化学物质的成分和含量,以便研究确定对锚杆腐蚀的可能性和应采取的防腐措施。

(2)查明锚杆施工地区的地下管线、构筑物等的位置和情况,以便研究锚杆施工对其可能产生的影响。

(3)研究锚杆施工对邻近建筑物等的影响,同时,也应研究附近的施工对锚杆施工带来的影响等。

(4)编制锚杆施工专项方案。

2)锚杆专项施工方案

锚杆专项施工方案应包括:确定施工顺序,保证供水、排水和动力的需要计划,制定机械进场、正常使用和保养维修制度,安排好劳动组织和施工进度计划,质量管理措施,安全技术与管理措施等。

3)锚杆施工

锚杆施工,包括钻孔、安放拉杆、灌浆和张拉锚杆。灌浆方法包括一次灌浆法和二次灌浆法。锚杆二次灌浆法施工时,浆液中第一次灌浆体向锚固体与土方接触面之间扩散,使锚固体直径扩大,增加径向压应力,由于挤压作用,使锚固体周围的土受到压缩,孔隙比减小,含水量减少,也提高了土方内摩擦角,因此,二次灌浆法可以显著提高锚杆的承载能力。

7. 内支撑体系施工与施工安全

内支撑体系包括腰(冠)、梁(亦称"围檩")、支撑和立柱。

内支撑体系施工应符合下述要求:支撑结构的安装与拆除顺序,应同基坑支护结构的计算工况一致;必须严格遵守"先支撑后开挖"的原则;立柱穿过主体结构底板及支撑结构穿越主体结构地下室外墙的部位,应采用止水构造措施。

1)钢支撑施工

腰(冠)、梁的作用是将围护墙上承受的土压力、水压力等外荷载传递到支撑上,同时,加强围护墙体的整体性。因此,增强腰、梁的刚度和强度对整个支护结构体系有重要意义。

钢支撑的端头与冠梁或腰梁的连接应符合以下规定:

(1)支撑端头应设置厚度不小于10 mm的钢板作为封头端板,端板与支撑杆件满焊,焊缝厚度及长度能承受全部支撑力或与支撑等强度,必要时,增设加劲肋板,肋板数量、尺寸应满足支撑端头局部稳定和传递支撑力的要求。

(2)支撑端面与支撑轴线不垂直时,可在冠梁或腰梁上设置预埋铁件或采取其他构造措施以承受支撑与冠梁或腰梁之间的剪力。

钢支撑预加压力的施工,应在支撑安装完毕后,及时检查各节点的连接状况,经确认符合要求后方可施加预压力。预压力的施加应在支撑的两端同步对称进行。预压力应分级施加、重复进行,加至设计值时,应再次检查各连接点的情况,必要时应对节点进行加固,待额定压力稳定后锁定。

2)混凝土(钢筋混凝土)支撑施工

腰梁与支撑整体浇筑,在平面内形成整体。位于围护墙顶部的冠梁,多与围护墙体整浇，位于桩身处的腰梁通过桩身预埋筋和吊筋加以固定。混凝土腰梁的截面宽度应不小于支撑截面高度。腰梁截面水平面高度由计算确定，一般不小于1/8腰梁水平面计算跨度。腰梁与围护墙之间不留间隙，完全密贴。

支撑受力钢筋在腰梁内锚固长度应不小于30 d。要待支撑混凝土强度达到不小于80%设计强度时，才允许开挖支撑以下的土方。支撑和腰梁浇筑的底模（模板或细石混凝土薄层等），挖土开始后要及时去除，以防坠落伤人。如要换撑，亦需待底板、楼板的混凝土强度达到不小于设计强度的80%以后才允许进行。

第二节 基坑工程监测

一、基坑工程监测项目及要求

基坑工程监测是基坑工程设计的必要部分。工程实践表明，基坑支护结构的设计与施工实际情况是有差异的。由于工程地质土层的复杂性和离散性，使得勘查所得数据往往难以准确代表全部土质的实际，加上设计人员在设计计算时选用的有关参数和假设各有差异，施工工况与设计工况不完全相符，因此就造成了设计结果与施工实际有差异，此时监测信息就显示出其重要性。基坑工程必须进行监测。

1. 基坑工程监测的目的

(1)收集施工过程中的信息，确保基坑工程的安全和质量。

(2)收集施工过程中的信息，对基坑周围环境进行有效的保护。

(3)根据监测成果，检查设计所采取的各种假设和参数的正确性，为改进设计、提高工程整体水平提供依据。

2. 基坑工程监测大纲

监测单位应按设计要求制定监测大纲，其内容应包括以下几点：

(1)按设计要求确定的监测项目。

(2)各测点布置的平面、立面图。

(3)各监测项目所使用的仪器设备型号及其精度要求，以及观测方法。

(4)各监测项目按提供信息的需要确定观测频率（即 x 次/天，或次/x 天）。

(5)根据施工的不同进度，明确各项目监测的起止日期，或按整体进度的节点确定起止点。注意收集正确的初始数据。

(6)各监测项目的报警值。

3. 基坑工程监测项目

(1)围护墙顶水平位移。用经纬仪和前视固定点形成测量基线，测量墙顶各测点和基线距离变化情况，精度为1 mm。

(2)孔隙水压力。用埋设孔隙水压力计的方法监测，精度不低于1 kPa。

(3)土体侧向变形。用测斜仪测试,精度为1 mm。放坡开挖时监测土坡稳定性,有支护开挖时监测墙后土体水平位移和土体稳定性。

(4)墙体变形。在墙体内预埋测斜管,用测斜仪监测墙体是否变形,精度为1 mm。

(5)围护墙体土压力。用预埋在围护墙后和墙前入土段围护墙上的土压力计测试,精度不低于1/100(F·S),分辨率不低于5 kPa。

(6)支撑轴力。用安装在支撑端部的轴力计测试,精度不低于1/100(F·S)。

(7)坑底隆起。埋设分层沉降管,用沉降仪监测不同深度土体在开挖过程中的隆起变形情况,精度不低于1 mm。

(8)地下水位测量。用设置水位管的方法测量,水位计标尺的最小读数为1 mm。

(9)锚杆拉力。在锚杆上安装钢筋拉力计,精度不低于1/100(F·S)。

(10)基坑周边地面建筑的沉降和倾斜度。用经纬仪和水准仪测量,沉降测量精度不低于1 mm。

(11)基坑周围地下管线的垂直和水平位移监测。通常在管线接头位置安装测量点,用经纬仪和水准仪测量,精度不低于1 mm。

(12)围护墙顶和立柱沉降监测。用水准仪监测,精度不低于1 mm。

4. 监测资料的收集和传递要求

(1)使用正规的监测记录表格,数据应及时计算整理,并由记录人、校核人签字后上报工程现场监理和有关单位。

(2)监测记录必须有相应的工况描述。

(3)对监测值的发展及变化情况应有评述,当接近报警值时应及时通报现场监理,提请有关单位关注。

(4)工程结束时应有完整的监测报告,报告应包括全部监测项目、监测值全过程的发展和变化情况、监测期相应的工况、监测最终结果及评述。

二、基坑工程的其他安全问题

1. 基坑周边的安全

基坑周边安全除在支护结构设计时应充分考虑外,施工中也要特别注意。尤其是处于闹市区的工程,这类工程的开发商为追求较高的效益,尽量利用建设基地开发地下空间,使基坑周边留给施工用的空地较少,建筑材料(如钢筋等)的进场堆放非常困难,这时更要注意基坑周边的堆载,千万不能超过基坑工程设计时所考虑的允许附加荷载,大型机械设备若要行至坑边或停放在坑边必须征得基坑工程设计者的同意,否则是不允许的。

深度超过2 m的基坑周边还应设置不低于1.2 m高的固定防护栏杆。

2. 行人支撑上的护栏设置

由于工程建设规模越来越大,基坑面积也越来越大。为图方便,不少操作者或行人往往在支撑上行走。若支撑上无任何防护措施，则容易发生事故。因此，应合理选择部分支撑，采取一定的防护措施，作为坑内架空便道。其他支撑上一律不得行人，并采取措施将其封堵。

3. 基坑内扶梯的合理设置

为方便施工，保证施工人员的安全，有利于特殊情况下采取应急措施，基坑内必须合理设置上、下行人扶梯或其他形式的通道，其平面应考虑不同位置的作业人员上下方便。扶梯结构应尽可能是平稳的踏步式，这种形式有利于作业人员随身携带工具或少量材料。

4. 大体积混凝土施工措施中的防火安全

由于高层或超高层建筑基础底板厚度多数大于1.0m，使基础底板施工多属于大体积混凝土施工。为避免大体积混凝土产生温差裂缝，在所采取的技术措施中，有一项措施就是用蓄热法将混凝土表面与中心的温差控制在25℃范围内，也就是通常采用的混凝土表面先铺盖一层塑料薄膜，再覆盖2～3层干草包。此时，要特别注意对大面积干草包的防火工作，不得用碘钨灯烘烤混凝土表面，同时周围严禁烟火，并配备一定数量的灭火器材。

5. 钢筋混凝土支撑爆破时的安全措施

在基坑工程支护结构设计中，不少设计采用钢筋混凝土支撑。钢筋混凝土支撑固然有它的优越性，但它的最大缺点是形成有效受力体系速度较慢且拆除时费时费工。因而不少工程的钢筋混凝土支撑采用爆破的方法拆除。钢筋混凝土支撑的爆破施工必须由取得消防主管部门批准的资质的企业承担，其爆破拆除方案必须经消防主管部门审批。爆破施工除应按有关规定执行外，施工现场还应采取一定的防护措施，这些措施主要有：

(1)支撑量大时，要合理分块分批施爆，以减少一次爆破时使用的药量，减小噪声和振动。

(2)在所要爆破的支撑范围内搭设防护棚。

(3)在所要爆破的支撑三面覆盖若干层湿草包或湿麻袋。

(4)必要时应在基坑周边搭设防护挡板。

(5)选择适当的爆破时间，减轻其噪声对周围居民或过往行人的影响。

第四章　模　板　工　程

第一节　模板工程设计

一、制订模板施工方案

施工前，应制订模板工程施工方案，其内容主要有以下几个方面：

（1）绘制配板设计图、连接件和支承系统布置图，以及细部结构、异型模板和特殊部位详图。

（2）根据结构构造形式和施工条件，对模板和支承系统等进行力学验算。

（3）制订模板及配件的周转使用计划，编制模板和配件的规格、品种与数量明细表。

（4）制定模板安装及拆模工艺，以及安全技术与管理措施。

二、模板设计的原则

（1）实用性。主要应保证混凝土结构的质量，具体要求是：接缝严密、不漏浆，保证构件的形状尺寸和相互位置的正确，模板构造简单，支拆方便。

（2）安全性。保证在施工过程中，不变形，不破坏，不倒塌。

（3）经济性。针对工程结构的具体情况，因地制宜，就地取材，在确保工期、质量的前提下，尽量减少一次性投入，增加模板周转，减少支拆用工，实现文明施工。

三、模板设计的内容

模板设计的内容主要包括选型、选材、配板、荷载计算、结构设计和绘制模板施工图等。各项设计的内容和详尽程度，可根据工程的具体情况和施工条件确定。

四、荷载

计算模板及其支架的荷载，分为荷载标准值和荷载设计值，后者应以荷载标准值乘以相应的荷载分项系数求得。

1. 荷载标准值

（1）模板及其支架自重标准值，应根据设计图纸确定。模板及支架自重标准值，如表4－1所示。

（2）新浇混凝土自重标准值，应根据设计图纸确定。对普通混凝土，可采用24 kN/m³；

对其他混凝土可根据实际重力密度确定。

表 4-1 模板及支架自重标准值 （单位:kN/m^3）

模板构件的名称	木模板	组合钢模板	钢框胶合板模板
平板的模板及小楞	0.30	0.50	0.40
楼板模板(其中包括梁的模板)	0.50	0.75	0.60
楼板模板及其支架(楼层高度为4m以下)	0.75	1.10	0.95

(3)钢筋自重标准值，按设计图纸计算确定。一般可按每立方米混凝土含量计算：框架梁取1.5kN/m^3，楼板取1.1kN/m^3。

(4)施工人员及设备荷载标准值。计算模板及直接支承模板的小楞时，对均布荷载取2.5kN/m^2，另应以集中荷载2.5kN再进行验算，比较两者所得的弯矩值，按其中较大者采用；计算直接支承小楞结构构件时，均布活荷载取1.5kN/m^2；计算支架立柱及其他支承结构构件时，均布活荷载取1.10kN/m^2。

此外，对大型浇筑设备，如上料平台、混凝土输送泵等，按实际情况计算。混凝土堆集料高度超过100mm以上者，按实际高度计算。模板单块宽度小于150mm时，集中荷载可分布在相邻的两块板上。

(5)振捣混凝土时产生的荷载标准值。对水平面模板可采用2.0kN/m^2，对垂直面模板可采用4.0kN/m^2(作用范围在新浇筑混凝土侧压力的有效压头高度以内)。

(6)新浇筑混凝土对模板侧面的压力标准值。

采用内部振捣器时，可按以下两式计算，并取其较小值：

$$F=0.22\gamma_c t_0 \beta_1 \beta_2 V^{\frac{1}{2}} \tag{4-1}$$

$$F=\gamma_c H \tag{4-2}$$

式中，F——新浇筑混凝土对模板的最大侧压荷载(kN/m^2)。

γ_c——混凝土的重力密度(kN/m^3)。

t_0——新浇筑混凝土的初凝时间(h)，可按实测确定；当缺乏试验资料时，可采用$t_0=200/(T+15)$计算[T为混凝土的温度(℃)]。

V——混凝土板的浇筑速度(m/h)。

H——混凝土侧压力计算位置处至新浇筑混凝土顶面的总高度(m)。

β_1——外加剂影响修正系数，不掺外加剂时取1.0，掺具有缓凝作用的外加剂时取1.2。

β_2——混凝土坍落度影响修正系数，当坍落度小于30mm时，取0.85；50～90mm时，取1.0；110～150mm时，取1.15。

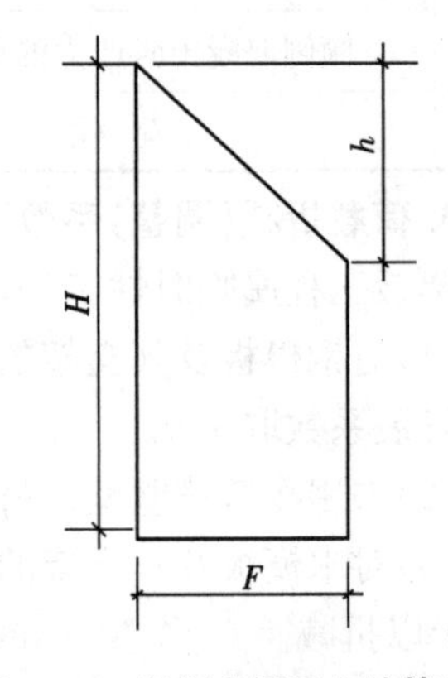

图 4-1 混凝土侧压力计算分布

图中，h为有效压头高度，$h=F/\gamma_c$(m)。

混凝土侧压力的计算分布如图4-1所示。

(7)倾倒混凝土时产生的荷载标准值。倾倒混凝土时对垂直面模板产生的水平荷载标准值,可按如表 4-2 所示选用。

表 4-2　倾倒混凝土时产生的水平荷载标准值　　(单位:kN/m^2)

向模板内供料方法	水平荷载
溜槽、串筒或导管	2
容积为小于 0.2m^3的运输器具	2
容积为 0.2~0.8m^3的运输器具	4
容积为大于 0.8m^3的运输器具	6

注:作用范围在有效压头高度以内。

(8)风荷载按现行《工业与民用建筑结构荷载规范》中的有关规定计算。

除上述几项荷载外,当水平模板支撑结构的上部继续浇筑混凝土时,还应考虑由上部传递下来的荷载。

2. 荷载设计值

计算模板及其支架的荷载设计值,应为荷载标准值乘以相应的荷载分项系数。模板及支架荷载分项系数如表 4-3 所示。

表 4-3　模板及支架荷载分项系数

<table>
<tr><th>项 次</th><th>荷 载 类 别</th><th>编 号</th><th>分项系数 γ_i</th></tr>
<tr><td>1</td><td>模板及支架自重</td><td>G_{1K}</td><td rowspan="4">永久荷载的分项系数:
(1)当其效应对结构不利时:对由可变荷载效应控制的组合,应取 1.2;对由永久荷载效应控制的组合,应取 1.35;
(2)当其效应对结构有利时:一般情况下应取 1;对结构的倾覆、滑移验算,应取 0.9</td></tr>
<tr><td>2</td><td>新浇筑混凝土自重</td><td>G_{2K}</td></tr>
<tr><td>3</td><td>钢筋自重</td><td>G_{3K}</td></tr>
<tr><td>4</td><td>新浇筑混凝土对模板侧面的压力</td><td>G_{4K}</td></tr>
<tr><td>5</td><td>施工人员及施工设备荷载</td><td>Q_{1K}</td><td rowspan="3">可变荷载的分项系数:
一般情况下应取 1;
对于标准值大于 4 kN/m^2的活荷载应取 1.3</td></tr>
<tr><td>6</td><td>振捣混凝土时产生的荷载</td><td>Q_{2K}</td></tr>
<tr><td>7</td><td>倾倒混凝土时产生的荷载</td><td>Q_{3K}</td></tr>
<tr><td>8</td><td>风 荷 载</td><td>ω_K</td><td>1.4</td></tr>
</table>

3. 荷载折减(调整)系数

模板工程属临时性工程,荷载设计值应折减,具体是:

(1)对钢模板及其支架的设计,其荷载设计值可乘以系数 0.95 予以折减,但其载面塑性发展系数取 1.0。

(2)采用冷弯薄壁型钢材时,荷载设计值不予折减,系数为 1.0。

(3)对木模板及其支架的设计,当木材含水率小于 25%时,其荷载设计值可乘以系数 0.9 予以折减。

(4)在风荷载作用下,验算模板及其支架的稳定性时,其基本风压值可乘以系数 0.8 予以折减。

五、荷载组合

荷载组合如表 4－4 所示。

表 4－4　荷载组合

项 次	项　　目	荷 载 组 合	
		计算承载能力	验算刚度
1	平板及薄壳的模板及支架	$G_{1K}+G_{2K}+G_{3K}+Q_{1K}$	$G_{1K}+G_{2K}+G_{3K}$
2	梁和拱模板的底板及支架	$G_{1K}+G_{2K}+G_{3K}+Q_{2K}$	$G_{1K}+G_{2K}+G_{3K}$
3	梁、拱、柱（边长≤300 mm）、墙（厚度≤100 mm）的侧面模板	$G_{4K}+Q_{2K}$	G_{4K}
4	大体积结构、柱（边长＞300 mm）、墙（厚度＞100 mm）的侧面模板	$G_{4K}+Q_{3K}$	G_{4K}

注：计算承载能力应采用荷载设计值，验算刚度应采用荷载标准值。

六、挠度及长细比的规定

模板结构除必须保证足够的承载能力外，还应保证有足够的刚度。因此，应验算模板及其支架的挠度，其最大变形值不得超过下列允许值：

（1）对结构表面外露（不做装修）模板，为模板构件计算跨度的 1/400。

（2）对结构表面隐蔽（做装修）的模板，为模板构件计算跨度的 1/250。

（3）支架的压缩变形值或弹性挠度，为相应的结构计算跨度的 1/1 000。

（4）根据《组合钢模板技术规范》（GB 50214—2001）规定：①模板结构允许挠度按如表 4－5 所示执行；②当验算模板及支架在自重和风荷载使用下的抗倾覆稳定性时，其抗倾倒系数不小于 1.15。

表 4－5　模板结构允许挠度

名　　称	允许挠度（mm）
钢模板的面板	1.5
单块钢模板	1.5
钢　　楞	$L/500$
柱　　箍	$B/500$
桁　　架	$L/1000$
支承系统累计	4.0

注：L 为计算跨度，B 为柱宽。

（5）根据《钢框胶合板模板技术规程》（JGJ 96—95）规定。①模板面板各跨的挠度计算值不宜大于面板相应跨度的 1/300，且不宜大于 1 mm；②钢楞各跨的挠度计算值不宜大于钢楞相应跨度的 1/1 000，且不宜大于 1 mm。

七、模板设计要求

1. 模板的配板设计要求

(1)要保证构件的形状尺寸及相互位置的正确。

(2)要使模板具有足够的强度、刚度和稳定性,能够承受新浇混凝土的重量和侧压力以及各种施工荷载。

(3)力求构造简单,装拆方便,不妨碍钢筋绑扎,保证混凝土浇筑时不漏浆。

(4)配制的模板,应优先选用通用、大块模板,使其种类和块数最少,小模镶拼量最少。

(5)模板长向拼接宜采用错开布置,以增加模板的整体刚度。

2. 模板的支承系统设计要求

(1)内钢楞应与钢模板的长度方向相垂直,直接承受钢模板传递的荷载;外钢楞应与内钢楞互相垂直,承受内钢楞传来的荷载,用以加强钢模板结构的整体刚度,其规格不得小于内钢楞。

(2)内钢楞悬挂部分的端部挠度应与跨中挠度大致相同,悬挑长度不宜大于400 mm,支柱应着力在外钢楞上。

(3)一般柱、梁模板,宜采用柱箍和梁卡具做支承件。断面较大的柱、梁,宜用对拉螺栓和钢楞及拉杆。

(4)模板端缝齐平布置时,一般每块钢板应有两处钢楞支承。错开布置时,其间距可不受端缝位置的限制。

(5)在同一工程中可多次使用的预组装模板,宜采用模板与支承系统连成整体的模架。

(6)支承系统应经过设计计算,保证具有足够的强度和稳定性。当支柱或其节间的长细比大于 110 时,应按临界荷载进行核算,安全系数可取 3～3.5。

(7)对于连续形式或排架形式的支柱,应适当配置水平撑与剪刀撑,以保证其稳定性。

3. 其他要求

模板的配板设计应绘制配板图,标出钢模板的位置、规格型号和数量。预组装大模板,应标绘出其分界线。预埋件和预留孔洞的位置,应在配板图上标明,并注意固定方法。

(1)钢模板。钢板及其支撑的设计应符合现行国家标准《钢结构设计规范》(GB 50017—2002)的规定,其截面塑性发展系数取 1.0,其荷载设计值可乘以系数 0.95 予以折减。冷弯薄壁型钢材,荷载设计值不予折减,系数为 1.0。

(2)组合钢模板、大模板、滑动模板。其设计应符合国家现行标准《组合钢模板技术规范》(GB 50214—2001)、《建筑工程大模板技术规程》(JGJ 74—2003)和《液压滑动模板施工技术规范》(GBJ 113—87)的相应规定。

(3)木模板。木模板及其支架的设计应符合现行国家标准《木结构设计规范》(GB 50005—2003)的规定。

第二节　模板的安装

一、现浇整体式模板的安装

1. 一般要求

(1)模板安装必须按模板的施工设计进行,严禁任意变动。

(2)整体式的多层房屋和构筑物安装上层模板及其支架时,应符合下列规定:①在下层楼板结构的强度可承受上层模板、支撑和新浇混凝土的重量时,方可进行,否则下层楼板结构的支撑系统不能拆除,同时上下支柱应在同一垂直线上;②如采用悬吊模板、桁架支模方法,其支撑结构必须有足够的强度和刚度。

(3)当层间高度大于5m时,若采用多层支架支模,则应在两层支架立柱间铺设垫板,且应平整,上下层支柱要垂直,并应在同一垂直线上。

(4)模板及其支撑系统在安装过程中,必须设置临时固定设施,严防倾覆。

(5)支柱全部安装完毕后,应及时沿横向和纵向加设水平撑和垂直剪刀撑,并与支柱固定牢靠。当支柱高度小于4m时,水平撑应设上下两道,两道水平撑之间应在纵、横向加设剪刀撑。之后,支柱每增高2m需再增加一道水平撑,水平撑之间还需增加剪刀撑一道。

(6)采用分节脱模时,底模的支点应按设计要求设置。

(7)承重焊接钢筋骨架和模板一起安装时,应符合下列规定:①模板必须固定在承重焊接钢筋骨架的节点上;②安装钢筋模板组合体时,吊索应按模板设计的吊点位置绑扎。

(8)组合钢模板采取预拼装用整体吊装方法时,应注意以下要点:①拼装完毕的大块模板或整体模板,吊装前应确定吊点位置,先进行试吊,确认无误后,方可正式吊运安装;②使用吊装机械安装大块整体模板时,必须在模板就位并连接牢固后方可脱钩;③安装整块柱模板时,不得将其支在柱子钢筋上代替临时支撑。

2. 安装注意事项

(1)单片柱模吊装时,应用卸扣和柱模连接,严禁用钢筋钩代替,以避免柱模翻转时脱钩造成事故,待模板立稳并拉好支撑后,方可摘除吊钩。

(2)支模应按工序进行,模板没有固定前,不得进行下道工序。

(3)支设4m以上的立柱模板和梁模板时,应搭设工作台;不足4m的,可使用马凳操作。不准站在柱模板上操作或在梁底模上行走,更不允许利用拉杆、支撑攀登上下。

(4)墙模板在未装对拉螺栓前,板面要向后倾斜一定角度并撑牢,以防倒塌。安装过程要随时拆换支撑或增加支撑，以使墙模处于稳定状态。模板未支撑稳固前不得松动吊钩。

(5)安装墙模板时，应从内、外墙角开始，向相互垂直的两个方向拼装，连接模板的U形卡要正反交替安装，同一道墙(梁)的两侧模板应同时组合，以确保模板安装时的稳定。当墙模板采用分层支模时，第一层模板拼装后，应立即将内外钢楞、穿墙螺栓、斜撑等全部安设紧固稳定。当下层模板不能独立安设支承件时，必须采取可靠的临时固定措施，否则严禁进行上一层模板的安装。

(6)用钢管和扣件搭设双排立柱支架支承梁模时，扣件应拧紧，且应抽查扣件螺栓的扭力矩是否符合规定，不够时，可放两个扣件与原扣件挨紧。横杆步距应按设计规定，严禁随意增大。

(7)平板模板安装就位时，要在支架搭设稳固、板下横楞与支架连接牢固后进行。U形卡要按设计规定安装，以增强整体性，确保模板结构安全。

(8)遇5级以上大风时，应停止模板的吊运作业。

二、滑动模板的安装

1. 安装要求

(1)安装前应对各部件的材质、规格和数量进行详细检查，剔除不合格部件。

(2)模板安装完后，应对其进行全面检查，确认安全可靠后，方可进行下一工序的工作。

(3)液压控制台在安装前，必须预先做加压试车，应经严格检查并合格后，方准运到工程施工处进行安装。

(4)滑模的平台必须保持水平，千斤顶的升差应随时检查调整。

2. 施工注意事项

(1)滑升机具和操作平台应严格按照施工设计安装。平台四周要有防护栏杆和安全网，平台板铺设不得留有空隙。施工区域下面应设安全围栏，经常出入的通道要搭设防护棚。

(2)人货两用施工电梯，应安装柔性安全卡、限位开关等安全装置，上、下应有通信联络设备，且应设有安全刹车装置。

(3)滑模提升前，若为柔性索道运输时，必须先放下吊笼，再放松导索，检查支承杆有无脱空现象、结构钢筋与操作平台有无挂连，确认安全后，方可提升。

(4)操作平台上，不得多人聚集于一处；夜间施工应准备手电筒，以防停电。

(5)滑升过程中，要随时调整平台水平、中心的垂直度，以防止平台水平移位和扭转。

(6)平台内、外吊脚手架使用前，应全部设置好安全网，并使安全网紧靠筒壁。

(7)为防止高空坠物伤人，应在烟筒底部2.5 m高度处搭设防护棚，防护棚应坚固可靠，上面铺一层6～8 mm厚的钢板。

(8)应定期对所有起重设备的限位器、刹车装置等进行测定,以防失灵发生意外。

三、大模板的安装

1. 堆放和安装

(1)平模存放时,必须满足地区条件所要求的自稳角。大模板存放在施工楼层上,应有可靠的防倾倒措施。在地面存放模板时,两块大模板应采用板面对板面的存放方法,长期存放应将模板连成整体。对没有支撑或自稳角不足的大模板,应存放在专用的堆放架上,或者平卧堆放,严禁靠放到其他模板或构件上,以防下脚滑移倾翻伤人。

(2)大模板起吊前,应把吊车的位置调整适当,并检查吊装用绳索、卡具及每块模板上的吊环是否牢固可靠,然后将吊钩挂好,拆除一切临时支撑,稳起稳吊,禁止用人力搬动模板。吊安过程中,严防模板大幅度摆动或碰倒其他模板。

(3)组装平模时,应及时用卡具或花篮螺丝将相邻模板连接好,防止倾倒。安装外墙外模板时,必须待悬挑扁担固定、位置调整好后,方可摘钩。外墙外模板安装好后,要立即穿好销杆,紧固螺栓。

(4)大模板安装时,应先内后外。单面模板就位后,用钢筋三角支架插入板面螺栓眼上支撑牢固;双面模板就位后,用拉杆和螺栓固定,未就位和未固定前不得摘钩。

(5)有平台的大模板起吊时,平台上禁止存放任何物料。禁止隔着墙同时吊运一面一块模块。

(6)里外角模和临时摘挂的面板与大模板必须连接牢固,防止脱开和断裂坠落。

2. 安装使用注意事项

(1)大模板放置时,下面不得压有电线和气焊管线。

(2)平模叠放运输时,垫木必须上下对齐,绑扎牢固,车上严禁坐人。

(3)大模板组装或拆除时,指挥、拆除和挂钩人员必须站在安全可靠的地方操作。严禁任何人员随大模板起吊。安装外模板的操作人员应系安全带。

(4)大模板必须设有操作平台,上下梯道、防护栏杆等附属设施如有损坏,应及时修好。大模板安装就位后,为便于浇捣混凝土,两道墙模板平台间应搭设临时走道,严禁在外墙模板上行走。

(5)模板安装就位后,要采取防止触电的保护措施,应设专人将大模板串联起来,并同避雷网接通,防止漏电伤人。

(6)当风力达 5 级时,仅允许吊装 1～2 层模板和构件。风力超过 5 级时,应停止吊装。

四、台模(飞模)的安装

1. 安装要求

(1)支模前,先在楼、地面按布置图弹出各台模边线以控制台模位置,然后将组装好的柱筒子模套上，最后再将台模吊装就位。

(2)台模校正。标高用千斤顶配合调整，并在每根立柱下用砖墩和木楔垫起或用可调钢套管。

(3)当有柱帽时，应制作整体斗模，斗模下口支承于柱子筒模上，上口用 U 形卡与台模相连接。

2. 安装注意事项

(1)台模必须经过设计计算，确保其能承受全部施工荷载，并在反复周转使用时能满足强度、刚度和稳定性的要求。

(2)堆放场地应平整坚实，严防地基下沉引起台模架扭曲变形。

(3)高而窄的台模架宜加设连杆互相牵牢，防止失稳倾倒。

(4)装车运输时，应将台模与车辆系牢，严防运输时台模互相碰撞和倾覆。

(5)组装后及每次安装前，应设专人检查和整修，不符合标准要求的，不得投入使用。

(6)拆下及移至下一施工段使用时，模架上不得浮搁板块、零配件及其他用具，以防坠落伤人。到位后，待其后端与建筑物做可靠拉结后，方可上人。

(7)起飞台模用的临时平台，结构必须可靠，支搭坚固，平台上应设车轮的制动装置，平台外沿应设护栏，必要时还应设安全网。

(8)在运行起飞时，严禁人员搭乘。

五、爬模的安装

1. 安装要求

(1)提升前应检查模板是否全部脱离墙面，内外模板的拉杆螺栓是否全部抽掉。

(2)爬杆螺栓是否全部达到要求。

(3)在液压千斤顶或倒链提升过程中，应保持模板平稳上升，模板顶的高低差不得超过 100 mm。此外，还应经常检查模板与脚手架之间是否有钩挂现象、油泵是否工作正常等。

(4)模板提升好后，应立即校正并与内模板固定，待有可靠的保证方可使油泵回油松掉千斤顶或倒链。

(5)定期检查撑头是否有变形，如有变形应立即处理，以防爬架护墙螺栓超荷发生事故。

(6)提升爬架时，应先把模板中的油泵爬杆换到爬架油泵中(拆除撑头防止落下伤人)，拧紧爬杆螺栓(这时允许拆掉护墙螺栓)，然后开始提升。提升过程中应注意爬架的高低差不超过 50 mm、有无障碍物。

2. 安装注意事项

(1)爬模操作人员必须遵守工地的一般安全规定，并佩戴规定的劳动保护用品。

(2)爬架必须在混凝土达到规定的强度后方可提升，提升时应有专人指挥，且须满足下列要求：①大模板的穿墙螺栓均未松动；②每个爬架必须挂两个倒链（或两个千斤顶），严禁只用一个倒链（或一个千斤顶）提升；③保险钢丝绳必须拴牢，并设专人检查无误；④拆除爬架附墙螺栓前，应将倒链全部调整到工作状态，然后才能拆除附墙螺栓。

(3)提升到位后，安装附墙螺栓，按规定垫好垫圈、拧紧螺帽，并用测力扳手测定达到要求后，方可松掉倒链（或千斤顶）。严禁用塔吊提升爬架。

(4)提升大模板时，其对应模板只能单块提升，严禁两块大模板同时提升，且应注意下列事项：①大模板必须在悬空的情况下，穿墙螺栓全部拆除；②保险钢丝绳必须拴牢，并有专人检查；③用多个倒链进行提升时，应先将各倒链调整到工作状态，方可拆除穿墙螺栓。

(5)大模板提升必须设专人指挥，各个倒链或千斤顶必须同步进行。

第三节　模板拆除

一、模板拆除一般要求

(1)拆除时应严格遵守“拆模作业”要点的规定。

(2)高处、复杂结构模板的拆除，应有专人指挥、有切实的安全措施，并在下面标出工作区，严禁非操作人员进入作业区。

(3)作业前应检查所使用的工具是否牢固，扳手等工具必须用绳链系挂在身上，作业时思想要集中，防止钉子扎脚或人从空中滑落。

(4)遇6级以上大风时，应暂停室外的高处作业。有雨、雪、霜时应先清扫施工现场，待不滑时再作业。

(5)拆除模板一般应采用长撬杠。严禁操作人员站在正被拆除的模板上。

(6)已拆除的模板、拉杆、支撑等应及时运走或妥善堆放，严防操作人员因扶空、踏空而坠落。

(7)混凝土墙体、平板上有预留洞时，应在模板拆除后，随时在墙洞上做好安全护栏，或将板的洞盖严。

(8)拆模间隙，应将已活动的模板、拉杆、支撑等固定牢固，严防其突然掉落、倒塌伤人。

二、普通模板拆除

(1)拆除基础及地下工程模板时，应先检查基槽（坑）土壁的状况，发现有松软、龟裂等不安全因素时，必须在采取防范措施后，方可下人作业。拆下的模板和支撑杆件不得在离槽（坑）上口1 m以内堆放，并应随拆随运。

(2)拆除板、梁、柱、墙模板时应注意：①拆除4 m以上模板时，应搭脚手架或操作平台，并设防护栏杆；②严禁在同一垂直面上操作；③拆除时应逐块拆卸，不得成片松动、撬落或拉倒；④拆除平台、楼层板的底模时，应设临时支撑，防止大片模板坠落，尤其是拆支柱时，操作人员应站在门窗洞口外拉拆，更应严防模板突然全部掉落伤人；⑤严禁站在悬臂结构上面敲拆底模。

(3)拆除高而窄的预制构件模板，如薄腹梁、吊车梁等，应随时加设支撑将构件支稳，严防构件倾倒伤人。

(4)每人应有足够作业面，数人同时操作时应科学分工，统一信号和行动。

三、滑升模板拆除

(1)必须遵守《高处作业安全技术规范》和《液压滑动模板施工安全技术规程》(JG J65—68)的规定。

(2)必须制定拆除方案，规定拆除的顺序和方法以确保安全。

(3)拆除前应向全体操作人员进行详细的安全技术操作交底。

四、大模板拆除

(1)大模板拆除后，起吊前必须认真检查固定件是否全部拆除。

(2)起吊时应先稍微移动一下，证明确属无误后，方允许正式起吊。

(3)大模板的外模板拆除前，要先用起重机吊好，然后再拆除悬挂扁担及固定件。

五、爬模拆除

(1)拆除爬架、爬模要有专人进行，设专人指挥，严格按照规定的拆除程序进行。

(2)松开爬架顶上挑扁担的垫铁螺栓，以便观察塔吊是否真正将模板吊空。

(3)检查索具，用卸甲(严禁用钩)扣住模板吊环，用塔吊轻轻吊紧，并在两端用绳拉紧，防止转动，然后抽去千斤顶爬杆，做到吊运时稳运、稳落，防止大模板大幅度晃动、碰撞造成倒塌事故。

(4)起吊时，应采用吊环和安全吊钩，卸甲不得斜牵起吊，严禁操作人员随模板起落。

(5)有窗口的爬架拆除时，操作人员不得进入爬架内，只许在室内拆松螺栓。无窗口的爬架拆除时，若操作人员进入爬架内拆除螺栓，则爬架上口和附墙处均需拉缆风绳(又叫“浪风”)，严禁人在爬架内吊运。

(6)遇 5 级大风或大雨以及夜间不得进行此项拆模作业。

(7)进行拆模架作业时，附近和下面应设安全警戒线，并派专人把守，以防物件坠落造成伤人事故。

(8)堆放模架的场地，应在事前平整夯实，并比周围垫高 150 mm 防止积水，堆放前应铺通长垫木。

第五章　爆　破　工　程

建筑施工中,常会因为对爆破材料的品种和特性、运输与贮存,以及引爆材料的选择、引爆方法等不了解或使用不当,造成不少的伤亡事故。因此,生产上应高度重视爆破工程的安全施工。

第一节　爆破材料特性

一、爆破材料的品种和特性

1. 炸药的品种和特性

(1)硝铵炸药的组成和性能如表 5-1 所示。

表 5-1　硝铵炸药的组成和性能

项目		1号露天硝铵炸药	2号露天硝铵炸药	3号露天硝铵炸药	2号抗水露天硝铵炸药	1号岩石硝铵炸药	2号岩石硝铵炸药
组成	硝酸铵	82%	36%	88%	86%	82%	85%
	梯恩梯	10%	5%	3%	5%	14%	11%
	木　梯	8%	9%	9%	8.2%	4%	4%
	沥　青	—	—	—	0.4%	—	—
	石　蜡	—	—	—	0.4%	—	—
水分不大于		0.5%	0.5%	0.5%	0.7%	0.3%	0.3%
密度(g/cm³)		0.85～1.10	0.85～1.10	0.85～1.10	0.80～0.90	0.95～1.10	0.95～1.10
性能	猛度(mm)不小于	11	8	5	8	13	12
	爆力(mL)不小于	300	250	230	250	350	320
	殉爆距离(cm)	—	—	—	—	—	—
	浸水前不小于	4	3	2	3	6	5
	浸水后不小于	—	—	—	2	—	—
	爆速(m/s)	3 600	3 525	3 455	3 525	—	3 600
使用范围		露天松动爆破使用,不得用于井下作业				爆破中硬以下岩石	
包　装		一般包装成直径 120 mm 或 140 mm、重量 2～8 kg 的药包,或成袋散装				一般药卷直径有 32 mm、35 mm、38 mm 三种,药量有 100 g、150 g、200 g 三种,每箱净重 24 kg	
有效使用期		4 个月				6 个月	
主要特性		(1)淡黄色、黄褐色或灰色粉末、粉粒;(2)爆破点 280～320 ℃,长时间加热缓慢燃烧,离火即熄灭;(3)易溶于水,吸水性强,含水量应小于 1.5%,超过 3%拒爆,吸湿后硬化、固结、拒爆或不能充分爆炸;(4)不敏感、迟钝,较安全;(5)腐蚀铜、铝、铁;(6)爆炸后产生大量有毒气体					

注:①硝铵炸药又称"铵梯炸药",目前建筑工程爆破中使用最广的是 2 号岩石硝铵炸药。

②爆力，指炸药爆炸破坏一定量介质（岩石或土）体积的能力，亦即炸药对介质破坏的威力。

③猛度，指炸药破坏一定量岩石使之成为细块的能力，亦即炸药的猛烈程度。

④殉爆距离，指一个药卷的炸药爆炸后，引起邻近另一个药卷爆炸的能力。

⑤浸水条件：水深 1 m，时间 1 h。

（2）铵油、铵松蜡炸药的组成与性能如表 5－2 所示。

表 5－2　铵油、铵松蜡炸药的组成与性能

项目		1 号铵油炸药	2 号铵油炸药	3 号铵油炸药	1 号铵松蜡炸药	2 号铵松蜡炸药
组成	硝酸铵	92%	92%	94.5%	91%	91%
	柴油	4%	1.8%	5.5%	—	1.5%
	木梯	4%	6.2%	—	6.5%	5%
	松香	—	—	—	1.7%	1.7%
	石蜡	—	—	—	0.8%	0.8%
水分不大于		0.25%	0.80%	0.80%	0.25%	0.25%
密度（g/cm^3）		0.9～1.0	0.8～0.9	0.9～1.0	0.9～1.0	0.9～1.0
性能	猛度（mm）不小于	12	钢管 18	钢管 18	12	12
	爆力（mL）不小于	300	250	250	300	310
	殉爆距离（cm）	—	—	—	—	—
	浸水前不小于	—	—	—	5	5
	浸水后不小于	—	—	—	4	4
	爆速（m/s）不低于	3 300	钢管 3 800	钢管 3 800	3 300	3 300
炸药保证期内	殉爆距离（cm）	—	—	—	—	—
	不小于	2	—	—	—	—
	水分不大于	0.5%	1.5%	1.5%	0.6%	0.6%
炸药保证期（d）		15	15	15	180	120
使用范围		1 号、2 号、3 号铵油炸药适于露天爆破，1 号、2 号铵松蜡炸药适于有水或潮湿的爆破工程				

注：①使用 2 号、3 号铵油炸药，应以 10%以下的 2 号岩石硝铵炸药或 1 号铵油炸药和铵松蜡炸药等为起爆药。

②1 号铵油炸药用于中硬以下岩石爆破时，允许殉爆距离不小于 30 mm，猛度不小于 9 mm。

（3）硝化甘油类炸药的组成和性能如表 5－3 所示。

表 5－3　硝化甘油类炸药的组成和性能

名称		硝化甘油胶质炸药				硝化甘油混合炸药	
规格		62%耐冻	62%普通	35%耐冻	35%普通	60%	50%
组成	硝化甘油	37.2%	62%	21%	35%	59%	50%
	二硝化乙二醇	24.8%	—	14%	—	—	—
	硝化棉	3.5%	3%	2.5%	2.5%	—	—
	硝酸钾	26%	27%	42%	41%	—	—
	梯恩梯	—	—	12.5%	12.5%	—	—
	硝酸钠	—	—	—	—	26%	38.5%
	木粉	8.5%	8%	8%	8%	13%	10.5%
	碳酸钙	—	—	—	—	2%	1%
水分不大于		0.75%	0.75%	0.5%	0.5%	2%	1.5%

续表

名　　称		硝化甘油胶质炸药				硝化甘油混合炸药	
规　　格		62%耐冻	62%普通	35%耐冻	35%普通	60%	50%
性能	猛度(mm)	15	15	13	13	—	13
	爆力(mL)	360	360	300	300	340～360	320～340
	殉爆距离(cm)	5	5	3	3	$6d$	$5d$
	耐冻度(℃)	<-20	—	<-10	—	—	—
使用范围		用于露天和水下爆破工程或极坚硬岩石；耐冻硝化甘油炸药适于低寒地区，有瓦斯或矿尘危险的工作面不准使用					
包　　装		通常包成直径3.1～3.5 cm的圆柱形药筒，单个重150～200 g，每箱净重31.2 kg，六盒一箱(体积：607 mm×367 mm×280 mm)					
有效使用期		8个月(贮存温度不得高于30℃，不得低于10℃)					

注：①62%及35%耐冻硝化甘油胶质炸药是指硝化甘油和二硝化乙二醇的总含量分别为62%和35%。

②硝化甘油是强爆炸物，二硝化乙二醇是强爆炸物且有耐冻作用，硝化棉是胶质剂，硝酸钾(钠)是氧化剂，木粉是疏松剂。

③普通硝化甘油炸药，在8～10℃会冻结，冻结后非常危险，轻微撞击或摩擦会引起爆炸；耐冻硝化甘油炸药在零下15℃能冻结，冻结后同样很危险。在存贮及使用时，必须严格遵守有关安全规定。

④表中的“d”为药包直径。

⑤主要特性：淡黄、黄、酱黄色塑性体或粉末，味甘，有毒；爆破点200～210℃；50℃分解；塑体药完全耐水；爆力大，敏感性强，药筒渗油、冲击或摩擦易爆炸，安全性差。

(4)黑火药的组成与性能如表5-4所示。

表5-4　黑火药的组成与性能

化学组成	性　　能	主要特性	使用范围
硝酸钾(75%～78%) 硫黄(10%～12%) 木炭(10%～15%)	密度：0.9～1.0 g/cm³ 爆力：65 mL 爆速：400 m/s，猛度低，遇火花或加热到280 ℃即爆炸，并产生大量有毒气体	易溶于水，吸湿性强，受潮后不能使用；敏感性强，易燃烧，火星可以点燃，雷击、撞击、摩擦易引起爆炸	用于内部药包爆破松软岩石和土层，开采料石或制作导火索。不宜做裸露爆破药包。在有瓦斯或矿尘危险的工作面，不准使用

注：①分有烟火药和无烟火药(硝化棉火药)两种。前者为黑色小颗粒状，呈深蓝色或灰色，微有光泽；后者呈黑片状或小圆柱状。

②分解速度慢，装药时必须用木棍将药捣实以提高密实度。

2. 静态破碎剂的品种和特性

(1)常用静态破碎剂型号、使用温度条件及技术性能如表5-5所示。

表 5-5 常用静态破碎剂型号、使用温度条件及技术性能

名称	无声破碎剂(SCA)(力士牌)				石灰静态破碎剂(牛牌)			静态爆破剂(JC系列)				静态破碎剂(EK系列)			
型号	SCA-Ⅰ	SCA-Ⅱ	SCA-Ⅲ	SCA-Ⅳ	YJ-Ⅰ	YJ-Ⅱ	YJ-Ⅲ	JC-Ⅰ	JC-Ⅱ	JC-Ⅲ	JC-Ⅳ	EK-Ⅰ	EK-Ⅱ	EK-Ⅲ	EK-Ⅳ
使用季节	夏季	春、秋	冬季	寒冬	冬季	春、秋	夏季	夏季	春、秋	冬季	寒冬	春秋	冬季	寒冬	夏季
使用温度(℃)	20～35	10～25	5～15	−5～8	−5～8	15～25	25～45	＞25	10～25	0～10	＜0	10～25	5～15	−5～10	25～35
技术性能	膨胀压力:30～50 MPa 开裂时间:(常温)10～24 h,初凝不早于 30 min,终凝不迟于 4 h				膨胀压力:30～50 MPa 开裂时间:40 min 至 6 h			膨胀压力:30～50 MPa 开裂时间:4～10 h				开裂时间:3～8 h			
研制生产单位	建筑材料科学研究院				冶金建筑研究总院			武汉建筑材料学院爆破研究室				铁道部二局科研所南京 7317 工厂			
包装	塑料袋封严,每袋 5 kg,外包装纸箱,每箱 4 袋,净重 20 kg														
保质期	6 个月														
使用范围	适于砖石砌体及混凝土和钢筋混凝土建筑物、构筑物的拆除,破碎各种岩石,切割花岗岩、大理石、汉白玉等石料														

注:①无声破碎剂(SCA)水化反应到 24～36 h 时,它的膨胀压接近最大值。
②温度低于 10 ℃时,膨胀压的发生将急剧推迟。
③水灰比应控制在 0.30～0.35。
④钻眼孔径以不小于 40 mm 为宜;过大时,应控制水化热不大于 100 ℃,否则会发生喷出现象。

(2)无声破碎剂(SCA)流动度与凝结时间如表 5-6 所示。

表 5-6 无声破碎剂(SCA)流动度与凝结时间(在 20℃时)

型 号	水灰比	流动度(mm)	凝结时间(h)	
			初 凝	终 凝
SCA-Ⅰ	0.32	189	1.33	2.03
SCA-Ⅱ	0.35	185	0.58	1.45
SCA-Ⅲ	0.34	200	0.48	1.20
SCA-Ⅳ	0.32	205	0.46	1.30

3. 高能燃烧剂的品种和特性

(1)高能燃烧剂原材料技术性能要求如表 5-7 所示。

表 5－7　高能燃烧剂原材料技术性能要求

名　称	主要成分	纯　度	细　度（目）	来　源	外　观	散质量密度（g·L^{-1}）
铝　粉	Al	99%	160	工业用	灰白色粉末	768
二氧化锰	MnO_2	85%	160	工业用	黑褐色粉末	861
氧化铜	CuO	98%	160	工业用	黑灰色粉末	2 008
硝铵炸药	NH_4NO_3	99%	40	工程用	粉黄色粉末	610

（2）高能复合燃烧剂常用成分配合比如表 5－8 所示。

表 5－8　高能复合燃烧剂常用成分配合比(重量计)

型号与名称	铝　粉	二氧化锰	氧化铜	硝铵炸药
HB3070A 高能燃烧剂	30	70		
HB3070B 高能燃烧剂	20	80		
AMCN 高能复合燃烧剂	20	28	32	20

注：①高能燃烧剂主要由金属氧化物(二氧化锰、氧化铜)和金属还原剂(铝粉)组成。

②高能复合燃烧剂系在高能燃烧剂的基础上掺入适量的硝铵炸药，形成一种以静态为主，同时具有某种动态爆破特点(反应速度快)的燃烧剂。其高能、高效，应用范围广。

（3）高能燃烧剂与 2 号岩石炸药主要性能比较如表 5－9 所示。

表 5－9　高能燃烧剂与 2 号岩石炸药主要性能比较

项　目	名　称	
	高能燃烧剂	2 号岩石炸药
猛　度	无	12 以上
威　力	(3.12±0.41)mL	爆力：320 mL 以上
燃　速	密封 11.24 m/s，非密封 0.16 m/s	爆速：360 m/s
发热量	3 965～4 425 J/kg	爆热：3 673 J/kg
燃烧温度	(2 192±280)℃	爆温：2 514 ℃
发火温度	760 ℃	爆发：186～230 ℃
摩擦感度	0	16～18
冲击感度	0	20
破坏原理	由气体产生的推力破坏	由强力的冲击波破坏
药包形状	固体筒状	固体筒状

（4）炸药、静态破碎剂和高能燃烧剂三种爆破材料技术效果比较如表 5－10 所示。

表 5-10　三种爆破材料技术效果比较

项　目	名　称		
	炸　药	静态破碎剂	高能燃烧剂
爆破原理	气体膨胀	固体膨胀	气体膨胀
速度(s)	10^{-6}～10^{-5}	10^{4}～10^{5}	10^{-1}～10^{6}
压力(MPa)	几千到几万	30～50	几　百
温度(℃)	2 000～4 000	50～80	2 000～2 500
破碎特点	高压、瞬时	低压、慢加载	高压、瞬时
环境影响	有震动、声响、飞石、瓦斯	全无公害	震动、声响、飞石等较小
经济性	优	良	良

4. 药卷防潮处理

(1)为提高药卷防潮能力、防止潮湿,药卷在涂刷或浸泡防潮剂时,其温度不得超过90℃,浸泡时间不得超过 5 s。

(2)加热防潮剂的火炉,距涂刷防潮剂的位置不应小于 25 m;熔化和涂刷防潮剂这两项工作不得同时进行。同时,火炉应设在下风方向。

(3)炉子或火堆周围 2 m 内的草皮要清除干净。

(4)涂刷防潮剂时,要严防炸药卷掉进盛防潮剂的容器内。

(5)加工人员一律要戴防毒口罩等保护用具。

二、起爆材料的性能和使用

1. 起爆材料的性能和规格

(1)起爆炸药的品种和主要性能如表 5-11 所示。

表 5-11　起爆炸药的品种和主要性能

种　类	性　能	特　性	用　途
雷　汞 $Hg(ONC)_2$	相对密度 4.42,压制密度3.3 g/cm³,爆破点 160～165℃,爆速 5 050 m/s	白色或淡灰色小粒结晶体,有毒;吸湿性大,湿度 10%时拒爆,难溶于水,在水中稳定;对冲击、摩擦最敏感,但威力较低	做雷管正起爆药
氮化铅(迭氮铅) $Pb(N_3)_2$	相对密度 4.73～4.93,压制密度4.8 g/cm³,爆速 5 300 m/s	白色或微黄细结晶体;难溶于水,湿度 30%仍能爆炸;对冲击、摩擦敏感,爆力较强	做雷管正起爆药
斯蒂酚酸铅(三硝基间苯二酚铅) $C_6H(NO_2)_3O_2Pb$	相对密度 3.1,爆破点 270℃,爆速 4 800 m/s	淡黄色结晶体;对火特别敏感;不溶于水,水不影响爆炸,对冲击、摩擦敏感	做雷管正起爆药

续表

种　类	性　能	特　性	用　途
二硝基重氮酚 DDNP	相对密度1.6,爆破点180℃,爆速6900m/s	黄色粉状结晶,对冲击、摩擦很敏感	做雷管正起爆药
黑索金(环三次甲基三硝铵) $C_3H_6N_6O_6$	相对密度1.82,密度1.17～1.7g/cm³,爆力520mL,猛度22mm,爆破点195～220℃,爆速7200m/s	白色粉状结晶体;不吸湿,不溶于水;对冲击、摩擦敏感	做雷管副起爆药
特屈儿(三硝基苯甲硝胺) $C_7H_5N_5O_8$	相对密度1.635,压制密度1.635g/cm³,爆力380mL,猛度22mm,爆破点195～220℃,爆速8300m/s	白色或淡黄色结晶体;不吸湿,难溶于水;对冲击、摩擦敏感	做雷管副起爆药或导爆索
太安(四硝酸季戊四醇酯) $C(CH_3ONO_2)_4$	相对密度1.77,压制密度1.7g/cm³,爆力500mL,猛度25mm,爆破点245℃,爆速8400m/s	白色粉状结晶体;不吸湿,不溶于水;对冲击、摩擦敏感	做雷管副起爆药或导爆索
梯恩梯(三硝基甲苯)(TNT) $C_6H_2(NO_2)_3CH_3$	相对密度1.663,密度1.6g/cm³,爆力295mL,猛度17mm,爆破点285～295℃,爆速7000m/s	淡黄色或黄褐色结晶,有粉状、片状、块状;味苦,有毒;遇火燃烧不爆炸;粉状,吸湿,不溶于水,在水中影响爆炸能力;对冲击、摩擦感应迟钝,不爆炸;爆炸力强	做雷管副起爆药或用于露天及水下爆破坚硬岩石

注:①国内现有82%雷汞与18%氯酸钾混合而成的雷汞爆粉,相对密度4.0,爆发点200℃,爆速4700m/s。

②雷管中正起爆药为主要起爆药,敏感性高,威力较小;副起爆药为辅助起爆药,敏感性较低,爆炸威力较大,用于增强雷管的起爆力量,有时也作为主要炸药用。

(2)火雷管的规格及主要性能如表5-12所示。

表5-12　火雷管的规格及主要性能

项　目		铜、铝、铁雷管		纸雷管
		6号	8号	8号
管壳(外径×全长)(mm×mm)		6.6×35	6.6×40	7.8×45
加强帽(外径×全长)(mm×mm)		6.16×6.5	6.16×6.5	(6.25～6.32)×6
特　性		遇撞击、摩擦、按压、火花、热等影响会发生爆炸,受潮容易失效		
点燃方法		利用导爆索		
外观检查		发现有浮药、锈蚀和纸层开裂等现象均不能使用		
试验方法	震动试验	震动5min,不允许爆炸、撒药、加强帽移动		
	铅板炸孔	5mm厚的铅板(6号用4mm厚)炸穿孔径不小于雷管外径		
适用范围		适于一般爆破工程,但在有沼气及矿尘较多的坑道工程中不宜使用		
包　装		内包装为纸盒,每盒100发;外包装为木箱,每箱50盒。共5000发		
有效保证期		2年		

(3)即发电雷管的规格及主要性能如表5-13所示。

表 5－13　即发电雷管的规格及主要性能

项目		紫铜雷管		铝、铁雷管		纸雷管
		6号	8号	6号	8号	8号
规格(直径×长)(mm×mm)		6.6×35	6.6×40	6.6×35	6.6×40	7.8×45
纱包线脚长度(mm)		750～1200	1000～1600	1500	2000	2500
性能	电阻(Ω)	0.85～1.20	0.90～1.25	0.95～1.35	1.05～1.45	1.15～1.55
	齐发性	通以1.2 A电流，20发串联齐爆				
	安全电流	0.05 A(康铜桥丝)；0.02 A(镍铬桥丝)，3 min不发火				
	起爆电流	0.5～1.5 A				
外观检查		金属壳雷管表面有绿色斑点、裂缝、浮药、皱痕，纸雷管纸层开裂、表面松裂，管底起爆药有碎裂、脚线绝缘皮损坏和影响性能的芯线锈蚀、脚线扯断等情况者，均不得使用				
导电检查		用小型电阻表检查电阻，同一线路中，雷管电阻差≯0.2 Ω				
试验方法	震动试验	震动5 min，不允许爆炸、结构损坏、断电、短路				
	铅板炸孔	5 mm厚的铅板(6号用4 mm厚)，炸穿孔径不小于雷管外径				
适用范围		适于一般爆破工程引爆药包，但在瓦斯及矿尘爆炸危险的坑道工程中不宜使用				
包装		内包装为纸盒，每盒100发；外包装为木箱，每箱10盒。共10000发				
有效保证期		2年				

(4)迟发秒电雷管的规格及主要性能如表5－14所示。

表 5－14　迟发秒电雷管的规格及主要性能

延期时间(s)	2	4	6	8	10	12
导火线长度(mm)	12.5～13.0	26.0～26.5	39.0～39.5	52.0～52.5	65.5～66.0	77.5～78.0
管体长度(mm)	49	63	76	90	102	114
管壳段数(段)	1	1或2	1或2	2	2	2
性能	除有延期的时间要求外，其他性能与即发电雷管相同，串联试验时，不要求齐爆，但要求全爆					
外观检查	雷管金属壳表面有浮药、锈蚀，纸雷管纸层开裂、排气孔露孔，以及裂缝、脚线绝缘皮损坏或影响性能的芯线锈蚀等情况下，均不能使用					
适用范围	适于没有沼气、瓦斯且矿尘较多的坑道和各种爆破工程，特别适于在需几个雷管先后爆炸时使用，如炮孔法分层爆破等					

注：迟发秒电雷管的号码、管壳分段、检验方法、包装、保证期均与即发电雷管相同。

(5)迟发毫秒电雷管的规格及主要性能如表5－15所示。

表 5－15　迟发毫秒电雷管的规格及主要性能

项　目		铝镁雷管	铁雷管	纸雷管
		8号	8号	8号
段　数		1～30	1～15	1～5
脚线长度(mm)		3000	2000	2000
性　能	电阻(Ω)	1.6～2.0	1.5～3.5	4.0～6.0
	齐发性	20发(铝镁管30发)串联,通以1.5 A电流应瞬时全爆		
	安全电流	0.1 A直流电流通5 min不爆炸		
	起爆电流	0.7～1.0 A		
导电检查		用不大于0.05 A的直流电流检查雷管是否导通,不导通的不得使用		
铅板炸孔		5 mm厚的铅板,炸穿孔径不小于雷管外径		
适用范围		适于大面积爆破作业,成组或单发起爆各种猛性药包。不能用于有沼气爆炸的作用面		
包　装		金属管包装每盒50发,外包装木箱,每箱500发;纸管包装每盒100发,外包装木箱,每箱1000发		
有效保证期		2年		

(6)毫秒雷管延时参照如表5－16所示。

表 5－16　毫秒雷管延时参照表

段　别		1	2	3	4	5	6	7	8	9	10
延时(ms)	15段	≯13	25	50	75	110	150	200	250	310	380
	30段	5	25	45	65	85	105	125	145	165	185
段　别		11	12	13	14	15	16	17	18	19	20
延时(ms)	15段	460	550	650	760	880					
	30段	205	225	250	275	300	330	360	395	430	470
段　别		21	22	23	24	25	26	27	28	29	30
延时(ms)	30段	510	550	590	630	670	710	750	800	850	900

注:5段、10段与本表15段中的1～5段及1～10段中的延时数相同。

2. 导火索

导火索技术指标、质量要求及检验方法如表5－17所示。

表 5-17 导火索技术指标、质量要求及检验方法

构　造	内部为黑火药芯,外面依次包缠棉线、黄麻(或亚麻),涂沥青,包纸,等等,外面再用棉线缠紧;涂防潮剂,索头必须用防潮剂浸封;每盘长(250±2)m,其中最短索段不小于 1.5 m
技术指标	药芯直径:不小于 2.2 mm;装药量:6 g/m;外径:5.2～5.8 mm;燃速:100～125 m/s;缓燃导火索 180～210 m/s 或 240～250 m/s;上述值的误差±0.5 s,喷火强度不低于 50 mm
质量要求	①粗细均匀,无折伤、变形、受潮、发霉、严重油污、剪断处散头等现象; ②包裹严密,纱线编织均匀,外观整洁,包皮无松开破损现象; ③在存放温度不超过 40℃,通风干燥良好的条件下,保证期应不少于两年; ④燃烧时没有爆裂声
检验方法	①把导火索的两端露出水面 120 mm,在水温(20±1)℃、水深 1 m 的静水中浸泡 4 h(塑料导火索浸 6 h)后,燃速和燃烧性能正常; ②燃烧时,无断火、透火、外壳燃烧现象; ③使用前做燃速检查,先将原来的导火索头剪去 50～100 mm,然后根据燃速将导火索剪到所需的长度(两端需剪平整,不得有毛头),检查两端药芯是否正常
适用范围	适于除瓦斯、矿井、洞库工程外的一切爆破工程
包　装	内包装每卷用塑料袋包装,外包装用木箱,每箱 500 m

3. 导爆索

导爆索技术指标、质量要求及检验方法如表 5-18 所示。

表 5-18 导爆索技术指标、质量要求及检验方法

构　造	芯药用爆速高的烈性黑索金制成,以棉线、纸条为包装物,并涂以防潮剂,表面涂红色;索头应套一个金属防潮帽或涂防潮剂;每卷长(50±0.5)m,每一索卷中不得超过 5 段,其中最短的一段不得小于 2 m
技术指标	药量:不少于 12 g/m;外径:4.8～6.2 mm;爆速:6 800～7 200 m/s 但不低于 6 500 m/s;抗拉强度:≮306 kg;点燃:用火焰点燃时不爆燃、不起爆;起爆性能:2 m 长的导爆索能完全起爆一个 200 g 的压装梯恩梯药块
质量要求	①表面红色,涂料应均匀一致,不允许有油脂及严重的折伤和污垢,有表皮破损、松皮、药粉撒出、中空等现象不能使用; ②外层线不得同时断两根,或断一根的长度不得超过 7 m; ③在温度不超过 46℃,通风干燥良好的条件下,保证期应不少于两年
检验方法	①在 0.5 m 深的水中浸 24 h,仍传爆可靠; ②在(50±3)℃条件下,保温 6 h,仍应满足外观的质量要求,且按规定方法连接后,用 8 号雷管起爆,应爆轰完全;在(−40±3)℃的条件下,冷冻 2 h,应保证结成水手结,并能爆轰完全; ③导爆索在(50±3)℃和(−40±3)℃条件下,分别保温 6 h 和 2 h 后,做弯曲试验,不应撒药或露出内层线; ④导爆索承受 500 N 拉力后,仍保持爆轰性能;导爆索端面药面被导火索喷燃时,导爆索不应爆轰
适用范围	用于一般爆破作业中直接起爆 2 号岩石炸药,以及深孔爆破和大量爆破药室的引爆。此外,还可用于几个药室同时准确起爆,不用雷管。不宜用于有瓦斯、矿尘的作业面及一般炮孔法爆破
包　装	内包装每卷用塑料袋包装,外包装用木箱,每箱 500 m

4. 导爆管

导爆管技术指标和质量要求如表5-19所示。

表5-19　导爆管技术指标和质量要求

构　造	在半透明软塑料管内壁涂薄薄一层胶状高能混合炸药(主药为黑索金或奥克托金),涂药量为(16±1.6)mg/m
技术指标	外径:$3.0^{+0.1}_{-0.2}$ mm;内径:(1.4±0.1)mm;爆速:(1 650～1 950)±50 m/s;抗拉力:25℃时不低于70 N,50℃时不低于50 N,−40℃时不低于100 N;耐电性能:在30 kV,30 pF,极距10 cm条件下,1 min不起爆;耐温性:−45～55℃时起爆、传爆可靠
质量要求	①表面有损伤(孔洞、裂口等)或管内有杂物者不得使用; ②传爆雷管在连接块中能同时起爆8根塑料导爆管; ③在灭焰作用下,不起爆; ④在80 m深水处经48 h后,起爆正常; ⑤卡斯特落锤100 N、150 cm落高的冲击作用下,不起爆
适用范围	适于无瓦斯、矿尘的露天、井下、深水、杂散电流大和一次起爆多数炮孔的微差爆破作业中,或上述条件下的瞬发爆破或延期爆破

注:根据抚顺华丰化工厂、绵阳化工厂产品目录整理。

5. 起爆材料的使用

1)雷管

(1)火雷管壁口上如有粉末或管内有杂物时,只能放在手指甲上轻轻磕去,严禁用嘴吹或用其他物品去掏。

(2)电雷管使用前应测量电阻,并根据不同电阻值选配分组。在同一电爆网路中,必须采用同厂、同批、同牌号的电雷管,各电雷管之间的电阻差应不超过0.25 Ω。电雷管电阻应为1～1.5 Ω,最大安全电流(输出电流)不得超过0.05 A,最小起爆电流:当为直流电源时为2 A,交流电源为2.5 A。

(3)电雷管脚线如为纱包线,则只允许用于干燥地点爆破;如为绝缘线,则可用于湿地点爆破。

2)导火索

(1)同一爆破工作面上,禁止使用两种不同燃速的导火索。

(2)导火索的长度,应根据燃烧实验使点炮后能避入安全地点的时间来定,但最短不得小于1 m;导火索伸出炮眼的长度不得小于200 mm。

3)导爆线

(1)严禁用于炮眼法的爆破。

(2)导爆线在放入药室前必须在木板上切好所需要的长度,严禁将导爆线放入药室后再切断。

第二节　爆 破 施 工

一、爆破材料的贮存与运输

1. 爆破材料的贮存

(1)贮存爆破器材的仓库必须干燥、通风，室内温度应保持在 18～30 ℃，相对湿度≤65%，库房周围 5 m 范围内一切树木、干草和草皮须清除干净，库内应设消防设备。

(2)炸药贮存前必须严格检查，不同性质、不同批号的炸药不得混堆，尤其是硝化甘油类炸药必须单独存放。

(3)爆破材料的贮存仓库与住宅区、工厂、铁路、桥梁、公路干线等建筑物的安全距离不得小于如表 5－20 所示的规定。

表 5－20　爆破材料离建筑物的安全距离

项　　目	炸药库容量(t)				
	0.25	0.50	2.0	8.0	16.0
距有爆炸材料的工厂(m)	200	250	300	400	500
距民房、工厂、集镇、火车站(m)	200	250	300	400	450
距铁路线(m)	50	100	150	200	250
距公路干线(m)	40	60	80	100	120

(4)库房内的成箱炸药，应按指定地点堆在木垫板上，堆放高度不得超过 0.7 m(成箱硝化甘油炸药只准堆放二层)、堆放宽度不超过 2 m；堆与堆之间应留有不小于 1.3 m 宽的通道；药堆与墙壁之间的距离不应小于 0.3 m。

(5)爆破材料(炸药和雷管)箱盒堆放时应平放，不得倒放，移动时严禁抛掷、拖拉、推送、敲打、碰撞。

(6)炸药和雷管应分开贮存，两库房之间的安全距离不得小于殉爆安全距离。具体安全距离如表 5－21 所示。

表 5－21　雷管与炸药两库的安全距离

仓库内雷管数量(个)	到炸药库的距离(m)	仓库内雷管数量(个)	到炸药库的距离(m)
1000	2	75000	16.5
5000	4.5	100000	19.0
10000	6.0	150000	24.0
15000	7.5	200000	27.0
20000	8.5	300000	33.0
30000	10.0	400000	38.0
50000	13.5	500000	43.0

(7)爆破材料仓库必须设专人警卫,并应严格执行保管、消防等有关制度,严防破坏、偷窃或其他意外事故。

(8)要建立严格的出入库制度,严禁穿钉鞋、带武器、持敞门灯、带火柴及其他易燃品进入库内,不准在库房内吸烟。

(9)建立爆破材料的领、退、用制度,严禁在仓库内开炸药箱。

(10)炸药及雷管应在有效期内使用,过期的或对其质量有怀疑的爆破材料,应经过检验定性,确认符合质量要求,方可使用。

(11)炸药库内必须使用安全照明设备,雷管库内只准使用绝缘外壳的手电筒。

(12)爆破材料库房应设有避雷装置,接地电阻不应大于 10 Ω。

(13)雷管库内应严防虫、鼠等动物啃咬,以防引起雷管爆炸或失效;雷管应放在专用木箱内。

(14)施工现场临时仓库内爆破材料的贮存数量:炸药不得超过 3 t,雷管不得超过 100 000个,导火索适量。

2. 爆破材料的运输

(1)装卸爆破材料时,应轻拿轻放,不得摩擦、震动、撞击、抛掷、倒转、坠落。堆放应平稳,不得散装、改装或倒放。

(2)不同性质的炸药、雷管、传爆线、导爆管等均不得在同一车辆、车厢、船舱内装运。

(3)运输爆破材料的车船,应遮盖、捆紧。雨雪天运输时,必须做好防雨防滑等措施。同时应由熟悉爆炸性能的专人押运,除押运人员外,其他任何人不得乘坐。

(4)运输爆破材料应使用专车、专船,不得使用自卸汽车、拖车等不合要求的车辆运输;如用柴油车运输时,应有防止产生静电火花的措施。

(5)用汽车运输时,车厢内应清洁,不得放有铁器,装载不得超过容许载重量的 2/3,车速不许超过 20 km/h。用马车运输时,单马车装载以 300 kg 为限,双马车以 500 kg 为限。人力运输,每人每次不超过 25 kg。

(6)运输爆破材料车辆相互之间的最小距离应遵循如表 5 - 22 所示规定。

表 5 - 22　运输相隔最小距离

运输方式	汽　车	单马车	双马车	驮　运	人　力
在平坦道路上(m)	50	20	30	10	5
上、下山坡上(m)	300	100	150	50	10

(7)运输爆破材料的车辆,禁止接近明火、蒸汽、高温、电源、磁场以及易燃危险品。如遇中途停车,必须离开民房、桥梁、铁路 200 m 以上。

(8)严禁在衣袋中携带炸药和雷管等爆破材料。

二、炮眼施工

1. 人工打眼

(1)打眼前应将周围的松动土石清理干净。若需用支撑加固,应检查支撑是否牢固。

(2)打眼人员必须精力集中,锤击要稳、准,并击于钢钎中心,严禁互相对面打锤。

(3)应随时检查锤头与锤把连接是否牢固,严禁使用木质松软、有节疤、裂缝或腐朽的木把。

(4)钎柄和铁锤要平整,不得有毛边。

2. 机械打眼

(1)操作中必须精力集中,发现有不正常的声音或振动时,应立即停机进行检查,并及时排除故障后方准继续作业。

(2)换钎、检查风钻和加油时,应先关闭风门再进行。在进行中不得碰触风门,以免发生伤亡事故。

(3)钻眼时要扶稳机具,钻杆与钻孔中心必须在一条线上。钻机运转过程中,严禁用身体支承风钻的转动部分。

(4)应定期检查钻孔机有无裂纹、螺栓有无松动、卡套和弹簧是否完整,待确认符合要求后方可使用。

(5)工作时必须戴好风镜、口罩和安全帽。

三、爆破的安全距离

1. 爆破中产生的飞石

(1)防止飞石的安全距离,按下式计算:

$$R=20Kn^2W \tag{5-1}$$

式中,R——防止飞石的安全距离;

n——最大一个药包的爆炸作用指数,$n=\dfrac{r}{W}$(r 表示漏斗半径,W 表示最小抵抗线长度);

K——与岩石性质、地形有关的系数,一般选用 1.0~1.5。

(2)为保证安全,应按式(5-1)计算所得结果再乘以系数 3~4。

(3)按国家相关爆破安全规程的要求,防止爆破飞石的最小安全距离应按如表 5-23 所示的规定选择。

表 5-23 爆破飞石的最小安全距离

爆破方法	最小安全距离(m)	爆破方法	最小安全距离(m)
炮孔爆破、炮孔药壶爆破	200	小洞室爆破	400
二次爆破、蛇穴爆破	400	直井爆破、平洞爆破	300
深孔爆破、深孔药壶爆破	300	边线控制爆破	200
炮孔爆破法扩大药壶	50	拆除爆破	100
深孔爆破法扩大药壶	100	基础龟裂爆破	50

2. 爆破震动波对建筑物的影响距离

爆破产生的震动波对建筑物的影响距离，一般按下式计算：

$$R_0 = K_0 \alpha \sqrt[3]{Q} \tag{5-2}$$

式中，R_0——爆破地点与建筑物之间的安全距离；

K_0——根据建筑物地基的土石性质而定的系数(见表 5-24)。

α——依爆破作用指数而定的系数(见表 5-25)。

Q——爆破装药总量。

表 5-24 系数 K_0 值

被保护建筑物地基的土石性质	K_0值	备　注
坚硬致密的岩石	3.0	药包如布置在水中或含水土中，则 K_0 值应增加 1.5～2.0 倍
坚硬有裂隙的岩石	5.0	
松软岩石	6.0	
砾石碎石土	7.0	
沙　土	8.0	
黏　土	9.0	
回填土	15.0	
含水的土	20.0	

表 5-25 系数 α 值

爆破条件	药壶爆破 $n \leqslant 0.5$	爆破指数 $n=1$	爆破指数 $n=2$	爆破指数 $n \geqslant 3$
α 值	1.2	1.0	0.8	0.7
备　注	在地面爆破时，地面震动作用可不考虑			

3. 空气冲击波的安全距离

空气冲击波的安全距离应按下式计算：

$$R_K = K_B \sqrt{Q} \tag{5-3}$$

式中，R_K——空气冲击波的安全距离；

K_B——与装药条件和破坏程度有关的系数(见表 5-26)。

Q——爆破装药总量。

表 5-26　系数 K_B 值

破坏程度	安全级别	K_B 值	
		全埋入药包	裸露药包
安全无损	1	10～50	50～150
偶然破坏玻璃	2	5～10	10～50
玻璃全坏，门窗局部破坏	3	2～5	5～10
隔墙、门窗、天棚破坏	4	1～2	2～5
砖石木结构破坏	5	0.5～1.0	1.5～2.0
全部破坏	6	—	1.5
备　注	防止空气冲击波对人身危害时，K_B 采用 15，一般最少用 5～10		

4. 爆破毒气的安全距离

爆破毒气的安全距离按下式计算：

$$R_g = K_g \sqrt[3]{Q} \tag{5-4}$$

式中，R_g——爆破毒气的安全距离；

K_g——系数，平均值采用 160；

Q——爆破装药总量。

对于下风向安全距离，应按计算结果增大一倍。

四、防震及防护覆盖措施

在进行控制爆破时，应对爆破体或附近建筑物、构筑物或设施进行防震及防护覆盖，减弱爆破震动的影响和碎块飞掷。

1. 防震措施

(1)分散爆破点。对群炮采取不同时起爆的方法，以减弱或部分消除震动波对建筑物的影响。如采用延续 2 s 以上的迟发雷管起爆，震动影响可按每次起爆的药包重量分别计算。

(2)分段爆破。减少一次爆破的炸药量，采用较小爆破作用指数 n，必要时也可采用猛度低的炸药或降低装药的集中度来进行爆破。

(3)合理布置药包或孔眼位置。一般的规律是爆破震动的强度与爆破抛掷方向的反向为最大，侧向次之，抛掷方向较小；建筑物高于爆破点震动较大，反之则较小。

(4)开挖防震沟。对地下构筑物的爆破，可在一侧或多侧挖防震沟，以减弱震动波的传播，或采用预裂爆破降低震动影响，预裂孔宜比主炮深。

(5)分层递减开挖厚度法。为减轻爆破震动对基石的影响，可分层递减开挖厚度或留厚度不小于 200 mm 的保护层，采用人工或风镐(铲)清除。

2. 防护覆盖的措施

(1)地面以上构筑物或基础爆破时，可在爆破部位上铺盖草垫或草袋(内装少量沙、土)做第一道防护线,再在草垫或草袋上铺放胶管帘(用长 60～100 cm 的胶管编成)或胶垫(用长 1.5 m 的输送机废皮带连成)做第二道防线,最后再用帆布棚将以上两层全部覆盖包裹,胶帘(垫)和帆布应用铁丝或绳索拉紧捆牢。

(2)对邻近建筑物的地下设备基础爆破,为防止大块抛掷,爆破体上应采用橡胶防护垫防护。

(3)对崩落爆破、破碎性爆破,为防飞石,可用韧性好的爆破防护网覆盖;当爆破部位较高,或对水中构筑物爆破时,则应将防护网系在不受爆破影响的部位。

(4)对路面或钢筋混凝土板的爆破,可于其上架设可拆卸或移动的钢管架,上盖铁丝网(网格 1.5 cm×1.5 cm),再铺上草袋(内放少量沙、土)做防护。

(5)为使周围建筑物及设备在爆破时不被打坏,也可于其四周围上厚度不小于50 mm的坚固木板加以防护,并用铁丝捆牢。与炮孔距离不得小于 500 mm。如爆破体靠近钢结构或需保留部分,必须用沙袋(厚度不小于 500 mm)加以防护。

五、爆破方法

1. 炮眼爆破法

(1)装药时严禁使用铁器,且不得用炮棍挤压或碰击,以免触发雷管引起爆炸。

(2)放炮区要设置警戒线,并设专人负责指挥;待装药堵塞完毕,按规定发出信号,人员撤离,经检查无误后,方准放炮。

(3)同时爆破若干个炮眼时,应采用电力起爆或导爆线起爆。

2. 药壶爆破法

(1)每次炸扩药壶后,必须间隔一定时间;当采用硝铵类炸药扩大药壶时,必须在每次爆炸完毕后 15 min 再开始装药准备第二次扩壶;如采用其他类炸药,则应间隔 30 min。每次药壶扩底后,应将炮眼口附近的松动土石搬开。

(2)药壶爆破应采用电力起爆,同时应敷两套爆破线路。如用火花起爆,当药壶深 3～6 m时,起爆药筒内应有两个火线雷管(防止其中一个瞎炮),并且要同时点爆。

3. 裸露爆破

(1)药包的厚度不应大于被炸物块底面积的宽度。

(2)药包上的覆盖物应用不易燃烧的柔软物体,严禁其中夹有石块等坚硬之物,以免爆破时石块飞掷伤人。

(3)当石块较大、设有两个及以上药包时,应注意药包的位置及起爆顺序,并且应采用电雷管起爆。

4. 深孔爆破法

(1)潮湿有水的深孔,必须使用耐水炸药或经过防水处理的药筒,且装药时要小心保护深孔内的传爆线和导电线。

(2)堵塞时,靠近炸药一侧应用预制炮泥,其余可用砂或细石混合渣堵塞,堵塞深度不得小于最小抵抗线的长度。

(3)如为单独药包且炮孔深度小于10 m，可用火花起爆；当炮孔较深或有两个及以上药包时，必须用电力起爆或导爆线起爆，用导爆线起爆时必须使其贯穿全部药包。

5. 洞室爆破法

(1)堵塞时，堵塞物与药室炸药之间要有明显界线，严防堵塞物混入炸药中；起爆用的导火线和电线应用竹管或木槽板保护好；堵塞时不得触动起爆网路。

(2)起爆必须采用电起爆法或电点火起爆法。

6. 拆除工程爆破

(1)使用爆破法拆除时，工程的安全技术措施或施工方案应在施工组织设计中明确规定。

(2)爆破砌石、混凝土或钢筋混凝土基础时，其爆破深度一次不得超过1.5 m；采用分层爆破时，炮眼深度应等于每层厚度的80%～90%，最后一层须留0.1～0.4 m待风镐或人工清理。

(3)在城市或周围有居民区时，只许用电力或导爆索起爆，严禁用火花爆破法。

(4)爆破工程附近如有高压蒸汽锅炉或空气压缩机室，爆破时应把原来的压力降低至1～2个大气压。

7. 静态爆破安全要求

(1)应按实际施工的环境温度选择破碎剂的型号，严禁错用或互换使用。装运破碎剂的容器不得用有约束的容器，以免雨水侵入，发生喷出现象，炸裂伤人。

(2)破碎剂要随配随用，搅拌好的浆体必须在10 min内用完。如流动度丧失，则不可继续加水拌和使用；不是冬天，切勿用热水拌和。人工搅拌时，操作人员必须戴橡胶手套。

(3)装填炮孔时，操作人员要戴防护眼镜。在灌浆到裂缝出现前，不得在近距离直视孔口，以防发生喷出现象伤害眼睛。

(4)破碎剂浆体稍具腐蚀性，工作完毕应及时洗手洗脸，以免碱性刺激皮肤。如药液碰到皮肤或进入眼睛，要立即用清水冲洗。

8. 高能燃烧剂爆破安全要求

(1)燃烧剂的原料应分别存放在不靠近火源的干燥通风处，做到随配随用；已配制好的燃烧剂应用铁桶密封，并严禁与汽油、氧气、电石及油类等混放。

(2)装药时，不准使用散装药粉，不准用1.4 kg以上的重锤冲击。

(3)用金属加工的电阻丝，要严格保证线圈间距，以免短路。若采用多炮齐发，则每个电阻丝长度必须相等，以免拒爆。

(4)高能燃烧剂爆破时，人不能站在面对炮口方向，以免伤人。同时，在爆破点10 m半径内、7 m高范围内不得有重要设施。

(5)爆破场所锰的含量超过5 mg/m^{3}时，应加强通风，以免对人体造成伤害。

第三节 爆破安全技术及瞎炮处理

爆破施工是一种危险性很大的作业，必须采取相应措施防止各种事故的发生，确保安全施工。

对于炸药、起爆器材的购买、运输、储存保管、使用、爆破等都要认真执行国家关于爆炸物品管理条例及有关规范、规程的规定，特别是要认真执行爆破安全规程。

一、爆破器材、炸药的运输和储存安全

(1)起爆药、起爆器材和炸药必须分开运输，搬运人员须相距10 m以上；严禁把雷管放在口袋内；不准用自行车或两轮摩托车运输；应由专人押运。

(2)运输过程中必须做到轻装、轻卸，严禁摔、滚、翻、掷、抛及拖拉、撞击，防止引起爆炸。

(3)存放爆破器材、炸药的仓库必须干燥、通风，温度宜保持在19～30 ℃。仓库周围5 m范围内，须清除一切树木、干草，仓库与工厂和住宅区应相距800 m以上。炸药与雷管应分库存放，其安全距离如表5-27和表5-28所示。

表5-27 雷管分库存放殉爆安全距离

最多雷管存放数(万个)	3	10	30	50
安全距离(m)	10	19	33	43

表5-28 不同性质的炸药分库存放时的殉爆安全距离

<table>
<tr><th colspan="2" rowspan="2">项目</th><th colspan="2">安全距离(m)</th></tr>
<tr><th>硝铵炸药(梯恩梯)与铵油、胶质炸药同存时</th><th>铵油炸药与胶质炸药同存时</th></tr>
<tr><td rowspan="4">最大储药量(kg)</td><td>500</td><td>20</td><td>16</td></tr>
<tr><td>1 000</td><td>38</td><td>22</td></tr>
<tr><td>5 000</td><td>85</td><td>50</td></tr>
<tr><td>10 000</td><td>120</td><td>70</td></tr>
</table>

(4)仓库内须有足够的消防设备，以备急用。

(5)炸药和雷管应分开存放，不同性质的炸药也应分开存放。

(6)爆破器材必须坚持专库储存，专人保管，专车运输。

二、爆破施工安全

(1)爆破施工应由专人负责，爆破人员应具有较高责任感及良好的思想素质，应经过专门的培训，熟悉爆破器材、炸药的性能和安全规则，并且持有经公安部门认可考试合格证。

(2)爆破前必须做好以下安全准备工作:①设专门的指挥机构,安排好爆破人员的具体职责、工作内容。画出警戒范围,立好标志,设专人警戒。裸露药包、深孔洞室爆破法的安全距离不小于 400 m,浅孔、药壶爆破法不小于 200 m。起爆前,督促人畜撤离危险区。②在危险区内的建筑物、构筑物、管线设备等处应采取保护措施,防止爆破产生震动、飞石和冲击波的破坏。③采取措施防止爆破有害气体、噪声对人体的危害。

(3)加工起爆药包、导火索与导爆索等切割工作和雷管连接工作应在安全地点进行。

(4)露天爆破如遇浓雾、大雪、大雨、雷电等均不得起爆。

(5)火花起爆所用的导火索应做燃速试验,同一地点不能使用两种不同燃速的导火索。导火索的长度应考虑点火人员跑到安全地点所需时间,且导火索的长度不应少于 1.2 m,埋入地下长度不应超过 4 m。火花起爆时应有专人计算响炮数。如响炮数与点火数不一致,则应待最后一响后不少于 20 min,方可进入作业区。

(6)电力起爆所用雷管的电阻值应经检测符合有关要求,电爆网路的绝缘性能应可靠,导线应连接牢固。起爆前还需测定总电阻值,若与计算值相差 10%以上,应查明原因。遇雷电时,应采取切断网路措施,停止作业。

(7)采用导爆索起爆的网路,应使用两个雷管。气温高于 30℃时,露在地面上的导爆索应加遮盖,以防暴晒。导爆索平行敷设的间距不得小于 20 cm。

(8)在实施爆破方案时,应根据不同爆破方法采取相应的安全技术措施。

三、瞎炮处理措施

(1)经判断确认为瞎炮后,应由原装炮人员当班处理。如有困难,也可由其他人处理,但原装炮人员应在现场将装炮的详细情况交代给处理人员。

(2)由于接线不良造成的瞎炮,可重新接线起爆。

(3)严禁掏挖或者在原炮眼内重新装炸药。应该在距离原炮眼 60 cm 以上的地方,重新打眼放炮。如不知道原炮孔位置,或附近可能有其他瞎炮时,不得用此法。

(4)电力爆破通电后没有起爆,应将主线从电源上解开,接成短路。此时,若要进入现场,则即发雷管不得早于短路后 5 min,延期雷管不得早于短路后 15 min。

(5)如系硝铵炸药,则可在清除部分堵塞物后,向炮孔内灌水,使炸药溶解,或用压力水冲洗,重新装药爆破。

第六章 脚手架工程

第一节 脚手架的分类和基本要求

建筑施工离不开脚手架。无论是工业建筑还是民用建筑，都是由各种建筑材料组合而成的。施工过程中，必须完成把建筑材料从地面向高处的提升和建筑材料在高处施工面上的短距离运输，必须在高处施工面提供堆放各种建筑材料的条件，必须搭设确保施工现场职工人身安全的高处防护设施。在现有的建筑施工技术条件下，几乎每一个具有一定空间高度的建筑施工现场都离不开脚手架。

脚手架(简称“架子”)是在建筑施工现场搭设的用于工人的高处施工作业、防护及供建筑材料升运、堆放的设施。

一、脚手架的分类

架子按其所用材料的不同，可分为钢架子、木架子和竹架子等；按其搭设位置不同，可分为外架子和里架子两大类。凡搭设在建筑物外围的架子，统称外架子；凡搭设在建筑物内部的架子，统称里架子。

1. 外架子

外架子按其搭设方法的不同，可分为落地外架子、挂架子、吊架子及挑架子等。

落地外架子一般从地面搭起，建筑物有多高它就要搭多高。使用这种架子，对于外墙砌筑较为方便，墙面的横平竖直、外观质量容易掌握，但需要大量架子材料，而且搭设、拆除费工。由于架子越高越不稳定，用于高层建筑时还要采取相应的稳固措施。

挂架子一般挂在墙上或柱上，随着工程进展逐步向上或向下移挂。吊架子一般从屋面上或楼板上悬吊下来，利用起重机具逐步提升或下降。挑架子一般从外墙上向外挑出。这三种架子主要适于墙面装饰施工，经过荷载计算也可作砌筑施工用。

2. 里架子

里架子设在楼层内，可以随楼层的升高而搬移，工人在室内操作比较安全。里架子构造简单、用料少、轻便、装拆容易、能多次使用。

二、脚手架的基本要求

1. 使用要求

(1)要有足够的操作面积，满足工人操作、材料堆放和运输的需要。

(2)施工作业期间，在各种荷载和气候条件的作用下，能保证稳定、坚固、不变形、不倾斜、不摇晃。

(3)搭拆简单，搬移方便，能多次周转使用。

(4)因地制宜，就地取材，节约材料。

2. 安全规定

(1)使用荷载。使用脚手架通常有适当荷载安全系数的规定。脚手架的使用荷载以脚手板上实际作用的荷载为准。一般规定，结构用的里、外承重脚手架，均布荷载不得超过 2 700 N/m²，亦即在脚手架上，堆砖只许单行侧摆三层；用于装修工程，均布荷载不得超过 2 000 N/m²，桥式和吊、挂、挑等架子，其使用荷载必须经过计算和试验来确定。

(2)安全系数。因为脚手架的搭拆比较频繁，施工荷载变动较大，因此其安全系数一般采用容许应力计算，考虑一个总安全系数(K，一般取 $K=3$)。

多立杆式脚手架大、小横杆的允许挠度，一般暂定为杆件长度的 1/150；桥式架的允许挠度暂定为 1/200。

3. 作业安全要求

负责从事脚手架作业的工人过去称为架子工，现在规定为建筑登高架设作业人员。

建筑施工架子搭设的技术要求较高，架子的搭设质量对施工人员的人身安全和施工效率有直接影响，架子搭得不符合要求，容易发生坍塌、坠落等事故；同时，建筑登高架设作业人员在为他人创造安全的劳动条件进行架子搭设的过程中，自己本身可能出现不安全、无防护的高处作业环节，极易发生高处坠落事故。正因为该工种的作业不仅对自己而且对他人或周围的设施和人员的人身安全有重大影响，按国家有关规定，长期以来，施工企业一直把建筑登高作业按特殊工种管理。

第二节　扣件式钢管脚手架

扣件式钢管脚手架多由钢管和扣件组成。建筑施工中常用外径 48 mm、壁厚 3.5 mm 的焊接钢管做杆件。扣件的形式有：①直角扣件，用于两根呈垂直交叉钢管的连接；②回转扣件，用于两根呈任意角度交叉钢管的连接；③对接扣件，用于两根钢管对接连接。

扣件式钢管脚手架的特点是：装拆方便，搭设灵活，能适应建筑物平立面的变化，除可用于搭设脚手架外，还可用于搭设井架、上料平台等；强度高，能搭设较大的高度；坚固耐用。扣件式钢管脚手架是目前使用最普遍的一种脚手架。

一、构造形式

扣件式钢管外脚手架的基本形式有单排和双排两种，如图 6-1 所示。其构造参数如表 6-1 所示。

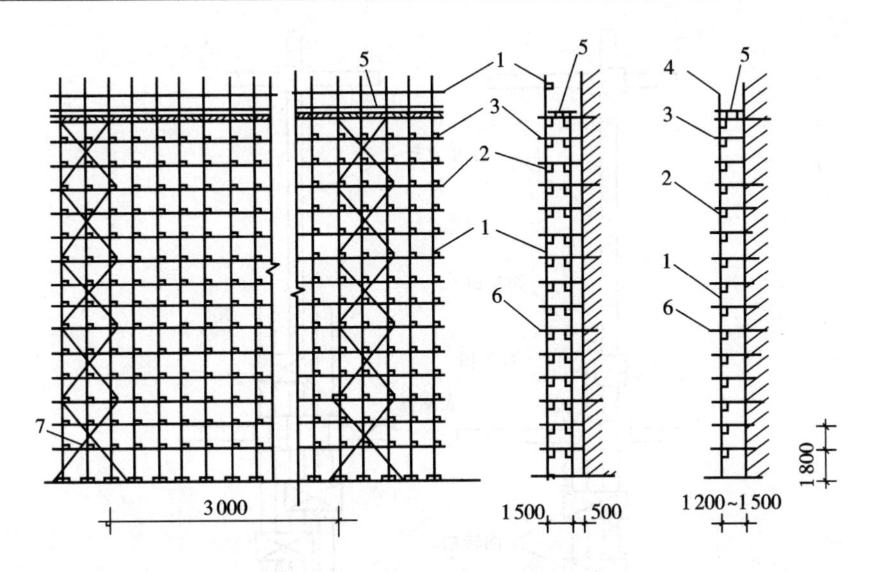

图 6-1　扣件式钢管脚手架基本形式

1—立杆；2—大横杆；3—小横杆；4—栏杆；5—脚手板；6—连墙杆；7—剪刀撑

表 6-1　扣件式钢管脚手架构造参数　（单位：m）

用　途	脚手架构造形式	里立杆距墙面距离	立杆间距		操作层小横杆间距	大横杆步距	小横杆挑向墙面的悬臂
			横　向	纵　向			
砌　筑	单　排	—	1.2～1.5	2.0	⩽1	1.2～1.4	—
	双　排	0.50	1.5	⩽1.5	⩽0.75	1.2～1.4	0.4～0.45
装　修	单　排	—	1.2～1.5	2.0	⩽1.5	1.5～1.8	—
	双　排	0.50	1.5	⩽1.5	⩽1	1.5～1.8	0.35～0.45

注：单排立杆横向间距指立杆离墙面的距离。

扣件式钢管脚手架的构造要点具体如下：

1. 立杆

立杆的横距与纵距见表 6-1。立杆与大横杆必须用直角扣件扣紧，且不得隔步设置或遗漏。采用双立杆时，要用扣件与同一根大横杆扣紧，不得只扣紧一根，以免影响其承载能力。

立杆采用上单下双的高层脚手架时，单、双立杆的连接方式一是单立杆与双立杆中的一根连接，二是单立杆同时与双立杆连接，如图 6-2 所示。要根据计算选用适宜的连接方法。

2. 大横杆

大横杆步距见表 6-1。其中，上下横杆的接长位置应错开布置在不同的立杆纵距中，与相邻近立杆的距离应不大于纵距的 1/3。

同一排大横杆的水平偏差，不大于该片脚手架总长度的 1/300，且不大于 5 cm。

相邻步架的大横杆应错开布置在立杆的里侧和外侧，以减少立杆偏心受载。

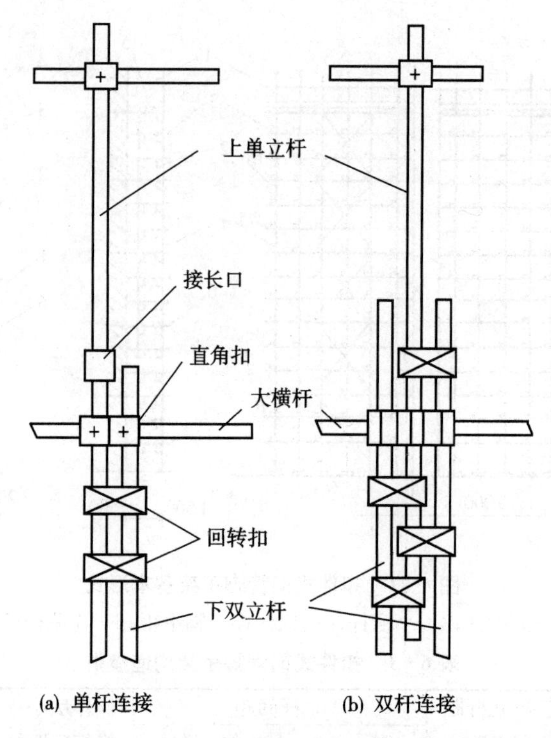

图6-2 单立杆和双立杆的连接方式

3. 小横杆

小横杆应贴近立杆布置,且应搭于大横杆之上并用直角扣件扣紧。任何情况下均不得拆除贴近立杆的小横杆。

4. 水平斜拉杆

多设置在有连墙杆的步架平面内,以加强脚手架的横向刚度。

5. 铺板层和作业层

要根据设计计算确定。一般情况下,在脚手架全高或高层脚手架的每个高度段内,铺板不多于6层,作业不超过3层。

二、搭设和拆除要点

扣件式钢管脚手架的搭设和拆除均为高处作业,危险性大,施工人员应预先做好搭拆方案,并向作业人员进行安全技术交底。操作过程中要严格执行操作规程,用好防护用品。

1. 对脚手架地基的要求

脚手架地基的承载能力应取较为保守的数值,必要时还应加做基础,扩大与地基的接触面。对地基的一般要求为:

(1)脚手架搭设范围内的地基要夯实找平,做好排水处理,防止积水浸泡地基。

(2)地基土质应良好,立杆座可以直接置于实土上。如地基土质不好,则需在底座下垫以40～50 mm厚木板或垫块,不准垫砖。也可沿纵向在立杆下设置通长的扫地杆。

(3)遇有坑槽时,立杆应下到坑槽底或在槽上加设底梁。脚手架旁有坑槽时,应控制外立杆距沟槽边的距离,其距离为:架高在30 m以内时,不小于1.5 m;架高在30～50 m时,不小于2 m;架高在50 m以上时,不小于3 m。位于通道处的脚手架,底部垫木应低于两侧地面,并在其上加设盖板。

2. 杆件搭设及注意事项

应根据脚手架的构造类型,按规定的间距和位置搭设各种杆件,具体要求是:

(1)垫木必须铺放平稳,不得悬空,安放底座时应拉线、拉尺,摆放后加以固定。

(2)杆件要按顺序进行搭设,并及时与建筑物连接或加临时支顶,以确保脚手架在搭设过程中的安全。

(3)变形的杆件和不合格的扣件不能使用,在搭设过程中要随时校正杆件垂直和水平偏差。各杆件相交伸出的端头,均应大于10 cm,以防止杆件滑脱。

(4)连接大横杆的对接扣件开口应朝架子内侧,螺栓向上,避免开口朝上;直角扣件开口不得朝下,以保安全。装螺栓时应注意将根部放正并保持适当的拧紧度,这对于脚手架的承载能力、稳定性和安全影响很大。螺栓拧得不紧固然不好,但拧得过紧也会使扣件和螺栓断裂。所以螺栓松紧必须适度。这就要求在拧紧螺栓过程中应控制扭力矩在40～50 N·m,最大不能超过60 N·m。

3. 拆除时注意事项

脚手架的拆除作业比架设作业危险性更大,其操作要求更要严格。

(1)划定作业区域范围,设置围栏或警戒标志并设专人监护。禁止非作业人员进入作业区。作业区的供电线路要事先拆除,对不能拆除的供电线路要待采取安全防护措施后,方可拆除。

(2)严格遵守拆除顺序,应由上而下进行;严禁上下同时作业。一般情况下,先拆栏板、脚手板、剪刀撑、斜撑,后拆小横杆、大横杆、立杆。

(3)脚手架拆除时应上下呼应,动作协调。当解与其他作业人员有关的结扣时,要先告知对方,待对方做好防护后,再解结扣,以防坠落。

(4)拆除作业中,需要暂时加固的部位,必须进行加固,防止架子倾倒。

(5)材料、工具要及时运送下来,不得乱扔和随意抛掷。已拆脚手架材料应及时清理并运送到指定地点堆放好。

(6)脚手架拆除作业中,操作人员应系好安全带。

第三节　附着式升降脚手架

附着式升降脚手架又称“爬架”,是指采用各种形式的架体结构及附着支撑结构,依靠设置于架体上或建筑结构上的专用升降设备实现升降的施工用脚手架。

附着式升降脚手架按爬升构造方式分，有套管式(见图6-3)、挑梁式(见图6-4)、悬挂式、互爬式和导轨式等；按组架方式分，有单片式、多片式和整体式；按提升设备分，有手拉式、电动式、液压式等。

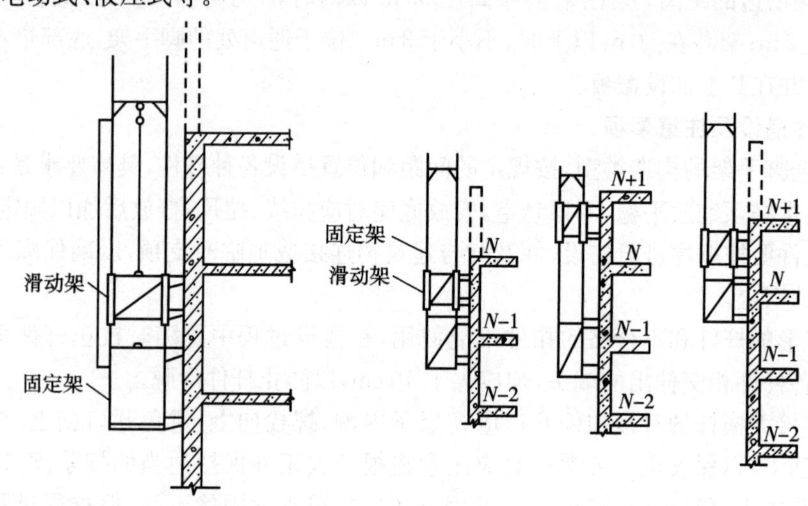

图6-3　套管式爬架

一、基本组成

附着式升降脚手架主要由架体结构、附着支撑、升降装置、安全装置等组成。

1. 架体结构

(1)架体板。架体板由扣件式钢管脚手架或碗扣式钢管脚手架组成，也有采用型钢组合而成的。主要构件有立杆、大小横杆、斜杆、脚手板和安全网，按一般落地式脚手架要求进行搭设，设置剪刀撑和连墙杆。

(2)水平支承桁架和竖向主框架。水平支承桁架是承受架体板及其传来的竖向荷载，并将竖向荷载传至竖向主框架和附着支撑的传力结构。

竖向主框架是用于构造附着升降脚手架的架体部分，并与附着支撑连接，承受、传递竖向和水平荷载。

水平支承桁架和竖向主框架必须是采用焊接或螺栓连接的定型框架，不允许采用钢管扣件搭设。在与架体板连接时，架体板的里外立杆应与水平支承桁架上弦相连接，不允许悬空，且应与桁架中的竖杆成一直线，并确保架体板里外立杆传来的力分别与水平支承桁架里外两榀桁架成为平面承力体系。竖向主框架作为水平支承桁架的支承支座，直接附着于建筑结构上，刚度较大。

2. 附着支撑

附着支撑是附着式升降脚手架的主要承、传力构件，它与建筑结构附着，并与架体结

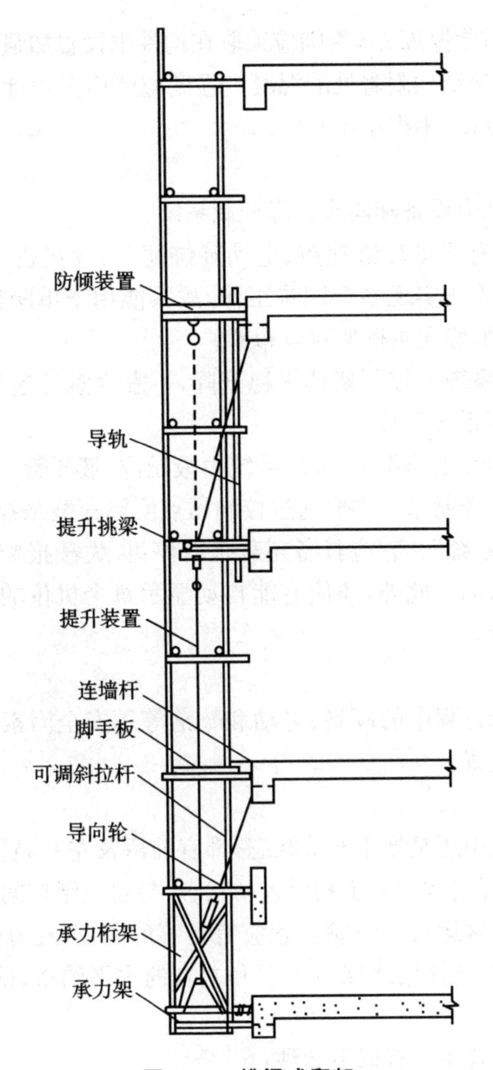

图 6-4　挑梁式爬架

构连接，使主框架上的荷载可靠地传到建筑结构上，确保了架体在升降和使用过程中的稳定。

由于附着支撑要满足架体的提升、防倾、防坠和抗下坠冲击的要求，因此附着支撑的设置应符合以下要求：

(1)附着支撑与建筑结构中架体范围内的每个楼层都应有可靠的连接点，且在任何工况下每榀竖向主框架与建筑结构的附着不少于两处。

当附着支撑使用螺栓与建筑结构连接时，应采用螺母，且螺杆露出螺母应不少于 3 牙；螺栓宜选用穿墙螺栓，若选用预埋螺栓，则其预埋长度与构造应满足承载力的要求；螺栓钢垫板应根据混凝土墙或梁的抗冲切强度进行设计确定，且不得小于 100 mm×100 mm×8 mm；垫板与混凝土表面应接触良好，垫板边缘与建筑结构构件边缘(如窗孔)

的距离应大于构件的有效厚度 h_0，否则应采取在构件中设置加强钢筋等加强措施。

（2）附着支撑与建筑结构附着处的混凝土强度应严格按设计要求确定。实际施工时以混凝土强度报告为依据，不得小于 C10。

3. 升降设备

升降设备主要指动力设备和同步升降控制系统。

（1）动力设备一般有手动环链葫芦、电动环链葫芦、卷扬机、升板机和液压千斤顶。其中，手动环链葫芦因无法实现多个同步工作，故只能用于单跨架体的升降。架体布置时，动力设备应与架体的竖向主框架对应布置。

（2）同步升降控制系统可控制架体平稳升降，不发生意外超载。同步升降控制系统主要有电控系统和液压系统两种。

电控系统由控制柜和电缆组成，液压系统由液压源、液压管路和液压控制台等组成。因目前使用的同步升降控制系统主要通过控制吊点实际荷载来控制各机位的升降差，故又称"同步及限载控制系统"。它应具备超载报警停机、失载报警停机等功能，且应能与相应的保险机构实施联动。此外，还应有能自动显示每个机位的设置荷载值、即时荷载值以及机位状态等功能。

4. 安全装置

为避免架体在升降过程中的倾斜、晃动和坠落等不安全因素，附着升降脚手架必须设置防倾和防坠安全装置。

1）防倾装置

架体无论是在使用中还是处于升降状态，都有前后及左右倾斜、晃动的可能，尤其是在升降状态，架体与升降机构间处于相对运动状态，与建筑结构间的约束较少，更需用防倾装置来保证架体的正常运行。防倾装置应有足够的刚度，在升降状态中，除对架体有垂直导向作用外，还能对架体始终保持前后和左右的水平约束，确保架体在两个方向的晃动不大于 3 cm。

目前常用的防倾装置主要有以下 2 种：

（1）导轨＋导轮。导轨与导轮分别固定在建筑物与架体上，通过导轨对导轮的约束来实现防倾的目的。导轨式附着升降脚手架多采用这种机构，它由上导轮组和下导轮组组成，上导轮组安装在最上一层结构处，下导轮组安装在架体底部。

（2）钢管＋套管。套管式附着升降脚手架多采用这种机构。这种机构从原理上就具备导向和水平约束作用，但由于其附墙支座上下间距较小、约束作用有限，因此对架体的高度有一定的限制。

2）防坠装置

防坠装置的作用是当架体发生意外下坠时能及时将架体固定住，阻止架体的坠落。

建筑施工中架体坠落的主要原因有：①使用状态及升降状态时附着结构破坏；②升降状态时动力失效；③因架体整体刚度或整体强度不足而发生架体解体；④附着处混凝

土强度不足。

以上架体坠落原因中，附着结构、架体和附着处的破坏一般通过设计计算来保证架体的安全度，同时在现场使用中通过加强管理来保证安全，而对因动力失效而致架体坠落则通过设置防坠装置来解决。

目前用得较多的是限载联动防坠装置，它由限载联动装置和锁紧装置组成。限载联动装置是利用弹簧钢板的弹性变形与荷载对应呈线性关系，调定限位开关的控制距离，将提升力的变化直接转换成限位开关的信号变化，并反馈到架体升降控制系统，进行显示、报警及关机。当动力失效架体发生坠落时，利用弹簧钢板突然失载而发生的反弹，通过杠杆作用启动锁紧装置，将架体吊杆锁住，同时自动关机，起到了双重防坠的目的。

防坠装置在设置时不但不能设在附着支撑即钢挑梁上，而且还应能保证通过两处以上的附着支撑向建筑结构传力。在架体平面布置时，每个动力机位处都应配置一套防坠装置。在技术要求上，防坠装置的制动时间和制动距离在整体式时不得大于 0.2 s 和 80 mm，在单片式时不得大于 0.5 s 和 150 mm。此外，防坠装置必须在有效标定期限内使用。有效标定期限目前规定为一个单体工程的使用周期，且最长不超过 30 个月。

5. 主要尺寸和构造

(1)单片式附着升降脚手架的主要尺寸和构造：①架体高度不大于建筑层高的 4 倍，步高取 1.8 m。②架体宽度不大于 1.2 m。③当架体为钢管扣件组装时，架体跨度不大于 3.0 m，悬挑长度不大于 1/4 邻跨的跨度；当架体跨度大于 3.0 m 时，架体结构中必须设置水平支承结构，水平支承结构可采用水平桁架形式或水平框架形式，且最大跨度不大于 6.0 m。④架体的悬臂高度在使用或升降工况下均不得大于 4.5 m 或 1/3 架高。⑤相邻两个机位间的架体必须直线布置。

(2)整体式附着升降脚手架的主要尺寸和构造：①架体高度不大于建筑层高的 4.5 倍，步高取 1.8 m；②架体宽度不大于 1.2 m；③当直线布置时，架体跨度不大于 8 m，折线或曲线布置时架体跨度不大于 5 m，且必须进行力矩平衡设计与计算，或进行整体模型试验；④悬挑长度一般不大于 1/4 邻跨的跨度和 2 m，架体的悬臂高度在使用或升降工况下均不得大于 4.5 m 或 1/3 架高；⑤架体全高与支承跨度的乘积不大于 110 m^2。

6. 架体防护

(1)架体外侧用密目网、架体底部用双层网(即小眼网加密目网)实施全封闭。

(2)每一作业层外侧分设 1.2 m、0.6 m 高两道防护栏杆及 180 mm 高挡脚板。

(3)使用工况下架体底部与建筑结构外表面之间、单片架体之间的间隙必须封闭。升降工况下架体的开口和敞开处必须有防止人员及物料坠落的防护措施。

(4)物料平台等可能增大架体外倾力矩的设施，必须单独设置、单独升降，严禁附着在架体上。

(5)架体应设置必要的消防设施和防雷击设备。

二、使用条件和管理

1. 使用条件

附着升降脚手架除须经建设部鉴定外，其生产经营企业还必须经当地建设行政主管部门依据相应的技术规程和有关规定进行审定后，持脚手架的"施工专业资质证书"才能从事该项业务。施工使用中，不得违背脚手架技术性能规定、扩大使用范围。

不同单位工程必须根据工程实际情况，编制专项施工组织设计，经审批后报工程安全监督机构备案。架体安装完毕必须经建设行政主管部门委托的检测机构检测合格后方可投入使用。

参与架体安装的操作人员必须经过市建委有关部门安全技术专业培训合格后持证上岗。

2. 管理

(1)根据施工组织设计要求，落实现场施工人员和组织机构，并在装拆和每次升降作业前对操作人员进行安全技术交底。

(2)架体安装完毕后必须经企业技术、安全职能部门验收合格后方可办理投入使用的手续。

每次升降作业均应配备必要的监护人员，规范指令、统一指挥。升降到位后实施书面检查验收，合格后方可交付使用。

架体由提升转为下降时，应制订专项的升降转换安全技术措施。

(3)架体装拆和提升、操作区域和可能坠落范围应设置安全警戒标志。

(4)遇 6 级及以上大风或大雨、大雪、浓雾等恶劣天气时，应停止一切作业，并采取相应的加固和应急措施。事后应按规定内容进行专项检查，并做好记录，检查合格才能使用。夜间禁止升降作业。

(5)同一架体所使用的升降动力设备、同步及限载控制系统、防坠装置等应分别采用同一厂家、同一规格型号的产品。有多台设备时，应编号管理、合理使用。

(6)动力、控制设备和防坠装置等应有防雨、防尘及防污染措施，对较敏感的电子设备还应有防晒、防潮和防电磁干扰等方面的措施。

(7)整体式附着升降脚手架的施工现场应配备必要的通信工具，其控制中心应由专人负责管理。

(8)架体每月按规定内容进行专项检查，定期对脚手架及各部件进行清理保养。在空中悬挂时间超过 30 个月或连续停用时间超过 10 个月的架体，必须予以拆除。

第四节 竹、木脚手架

一、脚手架搭设

(1)搭设脚手架前,应按建筑物长宽尺寸、搭设高度确定搭设形式。

(2)按《建筑安装工程安全技术规程》相关要求和搭设需要挑选立杆和横杆等材料。

(3)清除场地、放线挖坑,并将坑底夯实,垫砖和石块。

(4)若架子不高,或地面为岩石、混凝土,或坑内土质松软时,则应在立杆底部距地面高 400 mm 处加绑扫地杆。

(5)竹脚手架搭设参数如表 6－2 所示。

表 6－2 竹脚手架搭设参数

用 途	构造形式	里立杆离墙面的距离(m)	立杆间距		操作层小横杆间距(m)	大横杆步距(m)	小横杆挑向墙面的悬臂长度(m)
			横向(m)	纵向(m)			
砌 筑	双 排	0.5	1.0～1.3	1.0～1.5	≤0.75	1.2	0.40～0.45
装 修	双 排	0.5	1.0～1.3	≤1.8	≤1.0	1.6～1.8	0.35～0.40

注:竹脚手架不准搭设单排脚手架。

(6)木脚手架搭设参数如表 6－3 所示。

表 6－3 木脚手架搭设参数

用 途	构造形式	里立杆离墙面的距离(m)	立杆间距		操作层小横杆间距(m)	大横杆步距(m)	小横杆挑向墙面的悬臂长度(m)
			横向(m)	纵向(m)			
砌 筑	单 排	—	≤1.2	≤1.5	≤0.75	1.2～1.5(底步≤1.8)	—
	双 排	0.5	≤1.5				0.35～0.45
装 修	单 排	—	≤1.2	≤1.8	≤1.0	≤1.8	—
	双 排	0.5	≤1.5				0.35～0.45

(7)搭设砌筑外脚手架时,立杆根部必须埋入土中 300 mm 以上,脚手架底部应有排水措施。

(8)砌筑竹脚手架,主要杆件连接应用广篾(或 18 号镀锌铁丝)绑扎,且应每 3 个月检查保养一次。小青篾只能用于非主要杆件的连接。

(9)脚手架必须用顶撑保护。同一立面的小横杆应按立杆总数对等交错设置,同一副里、外立杆的小横杆应上下对直,不应扭曲。

(10)木脚手架上下两根立杆接头的搭接长度应不小于 1.5 m,绑扎不少于 3 道,相邻立杆的接头应相互错开。

(11)竹脚手架的立杆、大横杆、斜拉杆的搭接，应接竹梢部，有效长度在 1.8 m 以上，且每 300～400 mm 绑扎一道。接杆中不宜三杆同时绑扎。

(12)竹脚手架的拉结，应按 10～12 号镀锌铁丝双股并联的要求，与墙体牢固联结，并设支头抵住墙体，形成一拉一支，保持脚手架的垂直稳固。

(13)双排架时，小横杆绑在大横杆上，大头应靠外，靠立杆的小横杆应与立杆绑扎，小横杆端头伸出大横杆的长度不应小于 300 mm。

(14)木杆单排架时，小横杆绑在大横杆上，大头应靠里。

(15)大横杆一般绑在立杆里面，斜撑应绑在外排立杆的外面。

(16)脚手架搭至 3 步以上，应设抛撑，其间距不得大于 7 根立杆。

(17)脚手架应每隔 15 m 及在山墙部位设剪刀撑，应从下至上连续设置；剪刀撑与大横杆、立杆的交叉点均应绑扎；剪刀撑最底部应距立杆 700 mm 并埋入土中 300 mm 以上。

(18)2 步以上的脚手架，每步应绑 1～1.2 m 高的护栏杆，并设 180 mm 高挡脚板。

(19)竹脚手架的立杆与大横杆、小横杆相接处，应按对角方向绑两个扣；相邻两根大横杆应绑八字扣。

(20)4 步以下的脚手架应设临时支撑，待搭到 4 步以上时再设抛撑。架高大于 7 m 不便设抛撑时，应设置连接点与建筑物牢固连接，连接点竖向每隔 3 步(或 4 m)、纵向每隔 5 跨(或 7 m)设置一个。

(21)脚手板铺设，接头为搭接时，搭接处应在小横杆上，板端头超出小横杆的长度不小于 200 mm；接头为对接时，接头下应设两根小横杆，板端距小横杆距离不大于 200 mm。

(22)竹脚手架应用竹、木脚手板，不宜用钢脚手板。

(23)脚手架搭设结束后，必须分层分段进行验收。验收合格后，方可使用。

二、脚手架拆除

(1)拆除现场必须设警戒区，地面必须有监护人员，并有良好的通信联络设施。

(2)检查吊运机械是否安全可靠，吊运设备不得搭设在脚手架上。

(3)建筑物所有窗户必须关紧锁严，不允许向外开启或向外伸挑物件。

(4)所有高处作业人员应严格按高处作业安全规定，正确使用劳动保护用品，严禁酒后作业。

(5)夜间拆除作业，应有良好照明，遇大风、雨、雪等特殊天气，不进行拆除作业。

(6)操作人员上岗后，应先检查、加固松动的部位和环节，清除各层遗留的材料、物件及垃圾块，清理出的物品应安全输送至地面指定位置，严禁高处抛掷。

(7)按安全网—挡笆—垫铺板—防护栏—挡脚杆—搁栅—斜拉杆—连墙杆—横杆—顶撑—立杆的顺序拆除。

(8)高层脚手架拆除，应沿建筑四周一步步递减进行。不允许两步同时拆或一前一后踏步方式拆,也不宜分立面拆。特殊情况,应预先制订技术方案,经加固后,方可分立面拆。

(9)连墙杆、斜拉杆、登高设施的拆除,应与脚手架整体拆除同步进行,不得先行拆除。

(10)拆绑扎时,操作人员站立的位置、用力方向均应适当,应注意防止杆件的回弹,避免发生事故。

(11)立杆、斜拉杆的接长杆拆除,应有两人以上配合进行,不得单独作业。

(12)悬空口的拆除,应预先进行加固或设落地支撑。

(13)翻垫铺板,应自外向里翻起竖立,防止板内残留物品坠落伤人。

(14)当日作业后,应检查岗位周围情况,及时加固未拆除部分,不得留有事故隐患。

(15)输送杆件时,杆件必须二点捆扎吊运,送至地面,及时分类堆放。

第五节　高层脚手架及烟囱脚手架

一、高层脚手架

1. 高层脚手架的特点

近年来,我国的高层建筑有了很大的发展,旅馆、办公楼、住宅和教学、科研、医疗、展览、商业、服务业用房,以及高层厂房、仓库等,已从十几层发展到二三十层直至五十层以上。

为满足高层建筑的施工需要,作为施工机具设施的脚手架,也有了很大的发展。目前施工中常用的有扣件式钢管脚手架、框架式组拼脚手架、吊篮脚手架、插口式脚手架。其中,使用最多的是扣件式钢管脚手架。

高层脚手架的特点主要表现在以下几个方面:

(1)扣件式钢管脚手架总高度大,纵向尺寸长,横向尺寸过小。脚手架本身的稳定性不好,必须加强脚手架与施工建筑物结构之间的拉结,提高整体稳定性。

(2)为了提高脚手架的承载能力和稳定性,一般都采取措施将高层脚手架分为若干段,通过某些支撑(承)杆件将脚手架的荷载传递到建筑物的结构骨架上(即分段卸荷方法)。

(3)高层脚手架在施工中十分重要,为使脚手架具有足够的强度、刚度和稳定性,凡属高层脚手架,在拟定施工方案时,必须经过设计计算。因为基于这类较复杂的超静定结构体系,目前尚没有较精确而简便的方法进行计算,所以,一般的计算仍是近似的计算,因此,各种技术措施仍是很重要的。

(4)高层脚手架的搭设和拆除是高处作业,危险性大,施工时,必须严格遵守高处作业的有关规定。在高层脚手架的使用过程中,应特别注意安全防护。

2. 高层脚手架的计算

1)构造特点及受力分析

双排扣件式钢管脚手架的垂直荷载(自重和施工荷载)由小横杆、大横杆和立杆组成的构架承受,并通过立杆传递给基础,或通过悬挑件部分传给建筑物的结构。

剪刀撑、斜撑和连墙拉结件的作用主要是确保架子的整体稳定性并承受和传递风载等水平力作用。

扣件是构成架子的连接件和传力件。

脚手架受力后,杆件要将力传递给扣件(主要是直角扣件)。这类“直角扣件”属于“弹性抗转支承”,是可转动但又不能自由转动的支座。

脚手架是空间刚架体系。为了便于计算,可将它分解为平行于外墙面和垂直于外墙面的平面结构体系进行分析。由于脚手架与墙体有较多的连墙拉结件,故其稳定性较好。比较危险的是垂直于外墙面的外架平面,由于直角扣件具有一定的抗弯能力,所以扣件式钢管脚手架可视为“无侧移多层刚架”。刚架的“柱”为立杆,“梁”为横杆。在一定的外荷载作用下,脚手架可失稳变形,如图 6-5 所示。

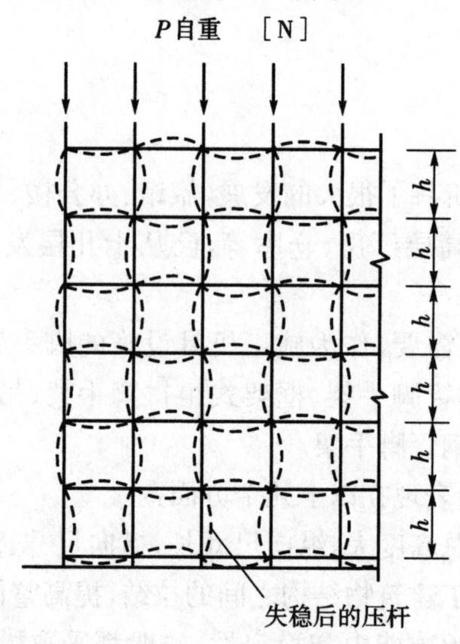

图 6-5　失稳变形

2)扣件的受力性能

目前采用的扣件标准为建设部 1985 年颁布的《钢管脚手架扣件标准》(JGJ 22—85),对各种扣件性能试验规定的合格标准如表 6-4 所示。试验采用的螺旋扭力矩为 40 N·m,表中 Δ_1 为横杆的垂直位移值,Δ_2 为扣件后部位移值。扣件性能试验如图 6-6 所示。

表 6-4　扣件性能试验的合格标准

性能试验名称		直角扣件		旋转扣件		对接扣件	底　座
抗滑试验	荷载(N)	7200	10200	7200	10200	—	—
	位移值(mm)	$\Delta_1 \leqslant 7.0$	$\Delta_2 \leqslant 0.5$	$\Delta_1 \leqslant 0.7$	$\Delta_2 \leqslant 0.5$	—	—
抗破坏试验(N)		2550		1730		—	—
扭转刚度试验	力矩(N·m)	918.0		—		—	—
	位移值或转角	无规定					
抗拉试验	荷载(N)	—		—		4100	
	位移值(mm)					$\Delta \leqslant 2.0$	
抗压试验(N)		—		—		—	51000

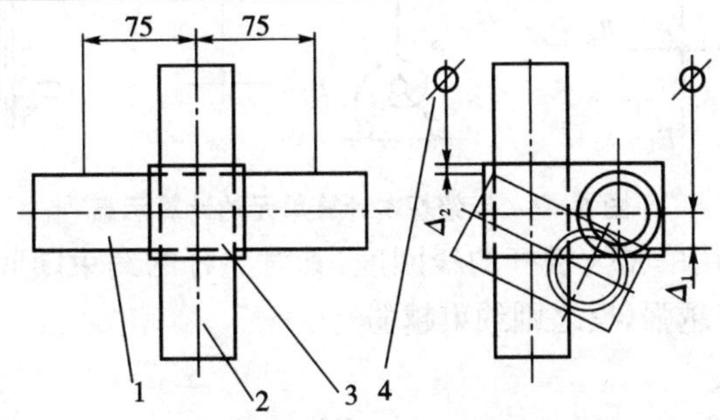

图 6-6　扣件性能试验

1—横杆；2—竖管；3—扣件；4—量具

当扣件受到由大横杆(顺水杆)传来的垂直荷载(与杆有一定偏心)作用时，将会产生相对于立杆的直线位移和角位移，使扣件沿立杆向下滑动或相对于立杆转动。此时，只要扣件拧紧且横杆荷载不超限，则滑动和转动都是微量的，不会引起架子结构明显的变形。

扣件发生转动时，将形成扣件与立杆之间的斜交顶紧状态。转角越大，顶得越紧，并且可使立杆弯曲变形，增加了受压立杆失稳因素。

扣件通过与立杆之间的摩擦阻力将横杆的荷载传递给立杆。试验资料表明，按照有关规定拧紧的扣件，抗滑能力为 10000 N，考虑施工实际中的一些不利因素(如扣件制作和安装质量的差异等)，可取安全系数 $K=1.5$。计算时，每一扣件的抗滑能力约为 7000 N。

3)杆件计算

脚手架空杆受压失稳是脚手架的主要危险因素之一，脚手架计算主要是核算其立杆的承载能力。

根据“无侧移多层刚架”这一基本假设，每一步架的基本计算单元的计算简图如图 6-7所示。节点 A 承受上部荷载 P_1 和扣件传递来的偏心荷载 P，节点 A 和 B 承受的抗转力矩 R_A 和 R_B 值大小不仅与直角扣件的刚度有关，而且与节点上下左右四根杆件的线刚度对节点的约束条件有关。当外荷载增加到一定程度迫使立杆失稳时，不仅是所取出的这一段杆件 AB 失去稳定，而且 AB 上端的立杆和 AB 下端的立杆会同时失稳。这时

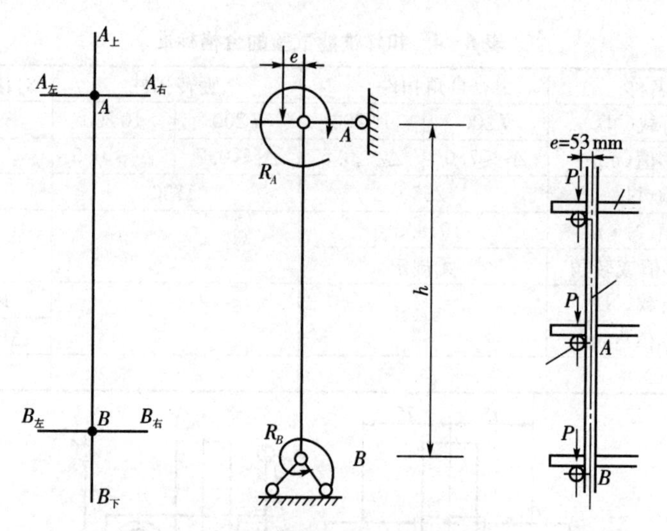

图 6-7　步架基本计算单元的计算示意

唯一对立杆起稳定作用的是大横杆的线刚度，其对立杆的约束随间距变化而不同（即立杆的间距 s 越小，约束越强，反之则约束越弱）。

线刚度计算公式：

$$i=\frac{EI}{l} \tag{6-1}$$

式中，E——杆件材料的弹性模量；

I——杆件横截面的惯性矩；

l——杆件的长度。

A、B 节点的约束条件会影响 AB 杆件在受到压力后的变形。A、B 节点实际的约束情况介于“两端固定”与“两端铰接”之间，即计算长度系数为 0.5～1.0。杆件两端的约束条件影响杆件的承载能力。

(1)确定立杆的计算长度 l_0。l_0 的计算公式为：

$$l_0=\mu \cdot h \tag{6-2}$$

式中，μ——计算长度系数；

h——AB 杆的实际长度。

对于单立杆脚手架，$a=\frac{h}{s}$；对于双立杆脚手架，$a=\frac{h}{2s}$（s 为立杆间距）。

扣件式钢管脚手架立杆的计算长度系数 μ 如表 6-5 所示。

表 6-5　扣件式钢管脚手架立杆的计算长度系数

a	1.6	1.5	1.4	1.3	1.2	1.1	1.0	0.9	0.8
首步架	0.672	0.680	0.688	0.695	0.705	0.715	0.727	0.740	0.755
其他步架	0.713	0.722	0.731	0.741	0.741	0.762	0.774	0.787	0.801

(2)确定立杆的承载能力。

①计算 λ(长细比)。公式如下：

$$\lambda=\frac{l_0}{r} \tag{6-3}$$

式中，r——钢管的回转半径，$r=\sqrt{\frac{I}{A}}=\frac{1}{4}\sqrt{D^2-d^2}$。

②计算立杆在偏心荷载作用下的相对偏心率 ε。在求实腹式偏心受压构件在弯矩作用平面内的稳定系数时，除要考虑偏心率 ε 的影响($\varepsilon=\frac{M}{N}\cdot\frac{A}{W_1}=l_1\cdot\frac{A}{W_1}$)外，同时还要考虑脚手架搭设的垂直偏差 l，一般可取 $l=\frac{H}{2000}$，但因脚手架是按无侧移多层刚架作计算简图的，故 H 不能取总高。又因为影响范围应为步距高 h，所以 l_2 可控制在 20 mm 以内。

$$\varepsilon=\left(\frac{l_1P_{偏}}{N}+l_2\right)\frac{A_1}{W_1}=\left(\frac{53P_{偏}}{N}+20\right)\frac{A_1}{W_1} \tag{6-4}$$

式中，l_1——根据扣件构造尺寸为 53 mm；

$P_{偏}$——由计算的施工层传给立杆的荷载(N)；

N——传给立杆(包括自重在内)的总压力(N)；

A_1——钢管的净截面积(mm^2)；

W_1——钢管的抵抗矩(mm^3)。

根据偏心受压构件强度公式：

$$\sigma=\frac{N}{\rho_p A_1}\leqslant[\sigma] \tag{6-5}$$

实际施工中，考虑到动力荷载的影响及脚手架搭设等施工质量的变异，应再乘以安全系数 K(K 可取 1.5～2.0)。

所以

$$KN\leqslant\rho_p\cdot A_1[\sigma] \tag{6-6}$$

式中，ρ_p——实腹式偏心受压杆件在弯曲作用平面内的稳定系数；

$[\sigma]$——钢管的允许压应力(170 N/mm^2)；

N——传给立杆包括自重在内的总压力(N)；

A_1——钢管的净截面积(mm^2)。

(3)大模杆验算。当相邻立杆之间不设小横杆时，不需验算大横杆，只验算连接扣件抗滑能力。

$$P_1\leqslant 7\,000\ \text{N} \tag{6-7}$$

式中，P_1 为贴立杆的小横杆荷载。

当在贴立杆处有小横杆或者中间有小横杆时，按两跨连续梁计算跨中最大弯矩，校核弯曲强度和支座抗滑力。

(4)小横杆验算。按简支梁验算抗弯强度。施工层的施工荷载一般不在中间，可化简为作用在 2/3 跨度的集中荷载。

二、烟囱脚手架

1. 烟囱脚手架的类型

烟囱脚手架根据烟囱的高度、直径及烟囱的结构特点可以分为以下两种：

(1)烟囱外脚手架(通常不高于 45 m)。烟囱外架子平面形式如图 6－8 所示。

(2)烟囱内工作台配合外井架(砖烟囱高度 40 m 以下)。烟囱内钢钎杆工作台如图 6－9所示,外井架布置如图 6－10 所示。

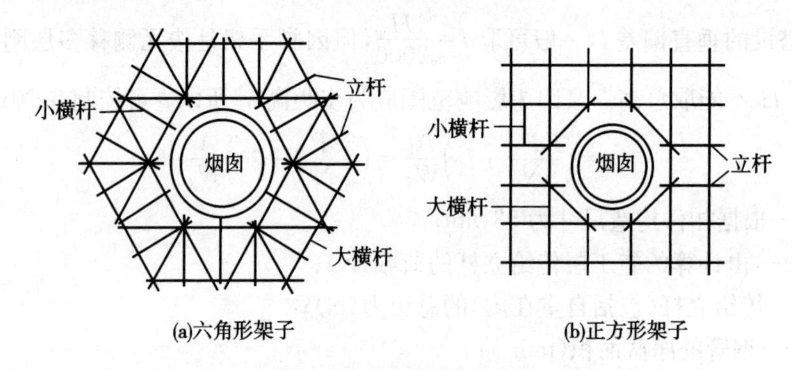

(a)六角形架子　　(b)正方形架子

图 6－8　烟囱外架子平面形式

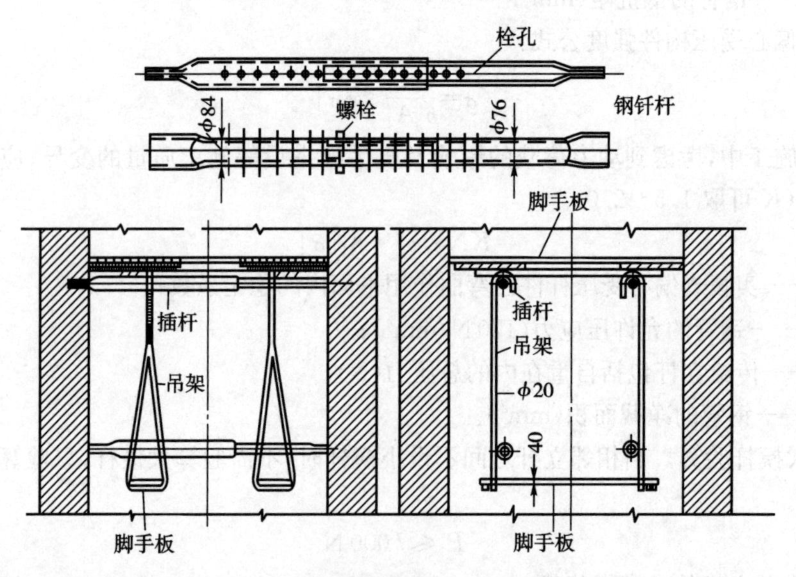

图 6－9　钢钎杆工作台

烟囱提升工作台由井架、工作台及提升设备等组成,适于高烟囱。提升工作台的组成如图 6－11 所示,钢管井架如图 6－12 所示。

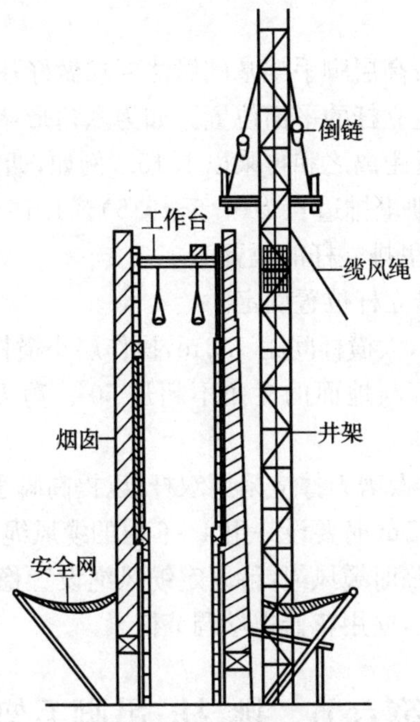

图 6-10　外井架布置

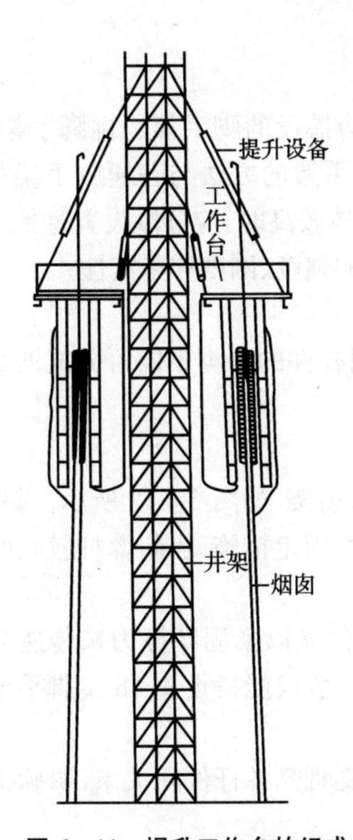

图 6-11　提升工作台的组成

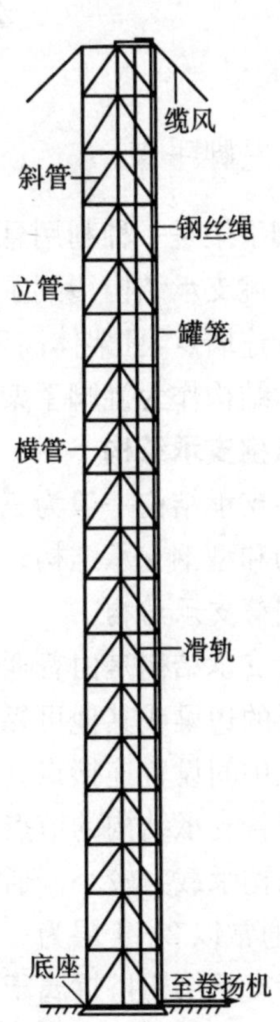

图 6-12　钢管井架

2. 烟囱外架子的搭设

在搭设烟囱架子前应按高层脚手架基础做法要求做好基础。

搭设脚手架首先应确定立杆的平面位置。如为六角形架子，里排边长等于烟囱底半径加里排立杆到烟囱壁最近距离之和再乘以1.15。例如，烟囱底直径为3m，里排立杆到烟囱壁最近距离为0.5m，则里排边长为(1.5＋0.5)×1.15＝2.3(m)。依同样方法，在烟囱外围摆成六角形，确定里排立杆的位置。

外排立杆位置根据里排立杆位置确定。

立杆间距不大于1.5m，大横杆间距1.2m，操作层小横杆间距为1m。剪刀撑(十字盖)每面均须绑扎到顶，斜杆与地面的夹角不超过60°。剪刀撑必须随着架子升高及时设置。

高度超过30m时，立杆及剪刀撑应采用双杆，以提高脚手架的稳定及承载能力。

烟囱架子高度在10～15m时要设一组4～6根的缆风绳。以后每增加10m高度，加设一组。在支搭时，应先设临时缆风绳，待固定缆风绳设置稳妥后，再拆临时缆风绳。缆风绳必须牢固地拴在地锚上，并用花篮螺丝调节松紧。

第六节　挑、挂、吊脚手架

一、挑脚手架

挑脚手架是一种利用悬挑在建筑物上支承结构搭设的脚手架。挑脚手架架体的荷载通过悬挑支承结构传到主体结构上，上部搭设脚手架的方法与普通脚手架相同，须按要求设置连墙点，且架体高度不得超过25m。当架体较高时，应分段设置悬挑支承结构。悬挑支承结构作为挑脚手架的关键，必须具有一定的强度、刚度和稳定性。

1. 悬挑支承结构

悬挑支承结构一般为三角形桁架。根据其所用杆件的种类不同可分成两类，即钢管支承结构和型钢支承结构。

1)钢管支承结构

钢管支承结构是由普通脚手钢管组成的三角形桁架，如图6-13所示。斜撑杆下端支在下层的边梁或其他可靠的支托物上，且有相应的固定措施，当斜撑杆较长时，可采用双杆或在中间设置连接点。

因钢管支承结构的节点连接以扣件为主，而扣件又以紧固摩擦力来传递荷载，故钢管支承结构承载力较小。通过设计计算，支承结构一般仅能搭设4～8步脚手架，当高层施工时，通常以2～4层为一段进行分段搭设。

钢管支承结构搭拆属于高空作业，搭拆施工前要研究各杆件间关系，明确搭拆顺序，避免造成杆件传力不合理，留下安全隐患。

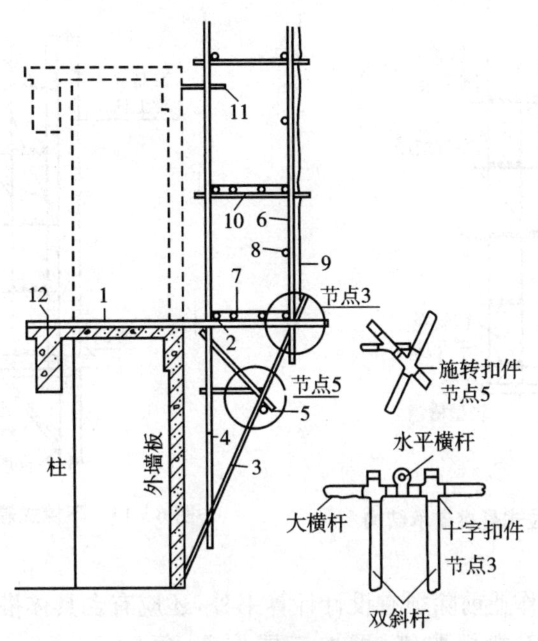

图 6-13　钢管支承结构

1—水平横杆；2—大横杆；3—双斜杆；4—内立杆；5—加强短杆；6—外立杆；7—竹笆脚手架；8—栏杆；9—安全网；10—小横杆；11—用短钢管与结构拉结；12—水平横杆与预埋环焊接

2)型钢支承结构

型钢支承结构的结构形式主要分为斜拉式和下撑式两种。

(1)斜拉式悬挑支承结构。斜拉式悬挑支承结构是用型钢做悬挑梁外挑，再在悬挑端用钢丝绳或钢筋拉杆与建筑物斜拉，形成的悬挑支承结构，如图 6-14 所示。

(2)下撑式悬挑支承结构。下撑式悬挑支承结构是用型钢焊接成三角形桁架，其三角斜撑为压杆，桁架的上下支点与建筑物相连，形成的悬挑支承结构，如图 6-15 所示。

型钢支承结构的承载力远大于钢管支承结构，通过设计计算，型钢支承结构上部脚手架搭设高度可达 25 m。但型钢支承结构耗钢量较大，预埋件存在一次性弃损问题，且现场制作精度和安装难度较大。

在构造上，当支承结构的纵向间距与上部脚手架立杆的纵向间距相同时，立杆可直接支承在悬挑的支承结构上；当支承结构的纵向间距大于上部脚手架立杆的纵向间距时，则立杆应支承在设置于两个支承结构之间的两根纵向钢梁上。后种情况下，若支承结构的纵向间距为 6 m 左右，则纵向钢梁可选用 18～20 号工字钢，或 20～22 号槽钢；若支承结构的纵向间距大于 7.5 m，则应考虑选用桁架式的纵向钢梁。上部脚手架立杆与支承结构应有可靠的定位连接措施，以确保上部架体的稳定。通常采用在挑梁或纵向钢梁上焊接长 150～200 mm、外径为 40 mm 的钢管，立杆套在其外，同时在立杆下部设置扫地杆。

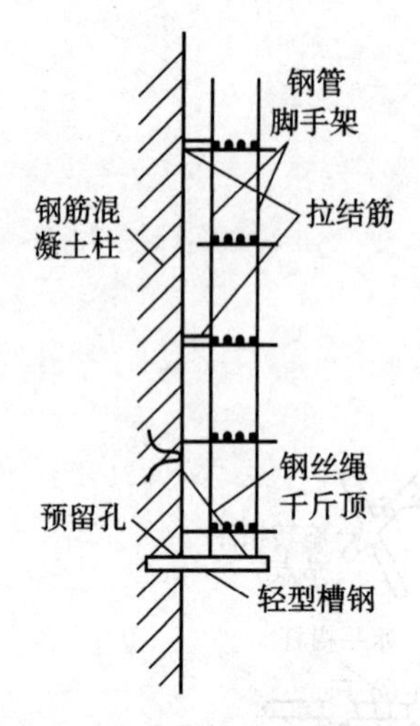

图 6-14　斜拉式悬挑支承结构

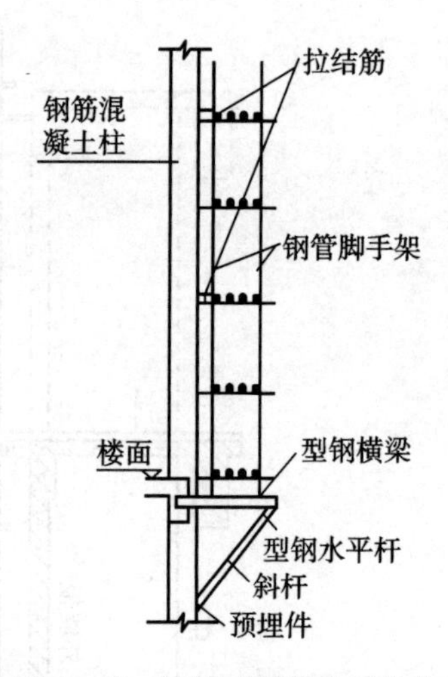

图 6-15　下撑式悬挑支承结构

2. 防护及管理

挑脚手架在施工作业前除须有设计计算书外，还应有含具体搭设方法的施工方案。当设计施工荷载小于常规取值（即按三层作业，每层 2 kN/m^2；按两层作业，每层 3 kN/m^2）时，除应在安全技术交底中明确外，还必须在架体上挂上限载牌。

挑脚手架应分段验收，对支承结构还必须进行专项验收。

架体除在施工层上下三步的外侧设置 1.2 m 高的扶手栏杆和 18 cm 高的挡脚板外，外侧还应用密目式安全网封闭。在架体进行高空组装作业时，除要求操作人员使用安全带外，还应有必要的防止人或物坠落的措施。

二、挂脚手架

挂脚手架是在用型钢制成的承力架上设置操作平台，并悬挂于建筑物主体结构上，以供施工作业和安全围护之用。挂脚手架的设计和使用关键是悬挂点，悬挂点按建筑物主体结构不同可分成两种：一种为建筑物当主体结构为剪力墙时，用预埋 $\phi20$～$\phi22$ 钢筋环或用特别的预埋件或穿墙螺栓作为悬挂点；另一种为当建筑物主体结构为框架时，则在框架柱上设置卡箍，并在卡箍上焊上挂环作为悬挂点。悬挂点要认真进行设计计算。一般情况下，悬挂点水平间距不大于 2 m，由于挂脚手架的附加荷载对建筑物主体结构有一定的影响，因此还必须对建筑物主体结构进行验算和加固。使用时要严格控制施工荷载和作业人数，一般施工荷载不超过 1 kN/m^2，每跨同时操作人数不超过 2 人。

挂脚手架应先在地面上组装，然后利用起重机械进行挂装。挂脚手架正式投入使用前，必须经过荷载试验，试验时载荷至少持续 4 h，以检验悬挂点和架体的强度及制作质量。

挂脚手架施工层除应设置 1.2 m 高防护栏杆和 18 cm 高的踢脚板外，其架体外侧还必须用密目网实施全封闭，架体底部必须封闭隔离。

三、吊脚手架

吊脚手架也称"吊篮",一般用于高层建筑的外装修施工,也可用于滑模外墙装饰的配套作业。吊脚手架利用固定在建筑物顶部的悬挑梁作为吊篮的悬挂点,通过吊篮上的提升机械使吊篮升降,以满足施工的需要。吊脚手架主要组成部分有吊篮、支承设施(挑梁和挑架)、吊索和升降装置等。

1. 形式

吊脚手架有手动和电动、钢丝绳式和链杆式及自制和定型工具式等多种不同形式。

1)手动吊篮

手动吊篮一般为非定型产品,除手拉葫芦属采购产品外,其他产品架体都为现场拼装,因此施工作业前必须经过设计计算。吊篮架子可用薄壁型钢制作,也可以两榀钢管焊接成的吊架间用钢管扣件组合拼装而成。吊篮可设1～2层工作平台,每层高度不大于1.8m,架子一般宽为0.8～1.2m,长不大于8m。当用钢管扣件拼装时,立杆间距不大于2m,吊篮底板应选用厚度不小于5cm的木板。

吊篮的悬挂吊点,可用工字钢、槽钢作为悬挑梁,挑出建筑物作为吊点。挑出长度除不宜大于挑梁全长的2/9外,还应以不影响吊篮升降且吊篮内侧距建筑物不大于20cm以及使吊绳或环扣吊链垂直于地面来确定。挑出长度常取0.6～0.8m。此外,设计时还应满足抵抗力矩大于3倍的倾覆力矩的要求。挑梁外侧应设吊点限位,防止吊绳、吊链滑脱;挑梁内侧必须与建筑结构连接牢固。此外,外侧应比内侧高出50～100mm,以形成外高内低。挑梁间应用纵向水平杆连接以确保挑梁体系的整体性和稳定性。

一般情况下,吊篮长度为3m以内时可设置2个吊点,3～8m时应设置3个吊点,吊点应均匀分布。

吊篮外侧和两端应设置500mm、1 000mm和1 500mm高三道防护栏杆,内侧设置600mm和1 200mm高两道护身栏杆,四周设置180mm高的挡脚板,底部用安全网兜底封严,外侧和两端三面必须外包密目式安全网。此外,当存在交叉作业或上部可能有坠落物时,吊篮顶部必须设置防护顶板,顶板可采用木板、薄钢板或金属网片。吊篮内侧两端应设置护墙轮等装置,以确保作业时吊篮与建筑物拉牢、靠紧、不晃动。当工作平台为两层时还应设内爬梯,平台爬梯口应设置盖板。

吊篮升降时必须设置不小于$\phi 12.5$的保险钢丝绳或安全锁。所有承重钢丝绳和保险钢丝绳不准有接头,且应按有关规定紧固。

2)电动吊篮

电动吊篮一般为定型产品,主要由作业吊篮、电动提升机构、吊挂绳轮系统、吊架及安全锁等组成。

(1)作业吊篮。作业吊篮一般采用型钢或铝合金型材制成,四周设有1 200mm高的护栏和180mm的挡脚板,其宽一般为0.7m。作业吊篮标准节长度一般有2m、2.5m和

3 m 三种，可按使用说明书拼装成不同长度。篮体上应设有作业人员安全带的钩挂点。

(2)电动提升机构。电动提升机构主要由电动机、减速器、制动器及压绳机构等组成。

(3)吊架。吊架主要由悬挑梁、支架、配重及配重架等组成，一般为现场装配，悬挑长度可调节，其安装应严格按照使用说明书要求。

(4)安全锁。安全锁的作用是当吊篮发生意外坠落时，能自动将吊篮锁在保险钢丝绳上。安全锁的使用应具备以下条件：①在有效的标定期限内；②具有完整有效的铅封或漆封；③使用符合规定的钢丝绳；④动作灵敏，工作可靠。

电动吊篮必须具备生产厂家的生产许可证或准用证、产品合格证、安装使用和维修保养说明书、安装图、易损件图、电气原理图、交接线图等技术文件。吊篮的几何长度、悬挑长度、载荷、配重等应符合吊篮的技术参数要求，其电气系统应有可靠的接零装置，接零电阻≤0.1 Ω，电气控制机构应配备漏电保护器，电气控制柜应有门并加锁。电动吊篮应设有超载保护装置和防倾斜装置。

2. 使用管理

吊篮使用前应进行荷载试验和试运行验收，确保操控系统、上下限位、提升机、手动滑降、安全锁的手动锁绳等机构灵活可靠。

吊篮升降就位后应待其与建筑物拉牢、固定后再允许人员出入吊篮或传递物品。吊篮使用时必须遵循设备保险系统与人身保险系统分开的原则，即操作人员安全带必须扣在单独设置的保险绳上。严禁吊篮连体升降，且两篮间距不大于 200 mm；严禁将吊篮作为运送材料和人员的垂直运输设备使用。应严格控制施工荷载，确保不超载。

吊篮必须在醒目处挂设安全操作规程牌和限载牌，升降交付使用前须履行验收手续。

吊篮操作人员应相对固定，经特种作业培训合格后持证上岗；每次升降前应进行安全技术交底；作业时操作人员应戴好安全帽、系好安全带。

吊篮的安装、施工区域应设置警戒区。

第七节 马道、井架和龙门架

一、马道

马道又称“斜道”“盘道”，一般附搭于脚手架旁，主要供人员上下脚手架用。实际施工中，有些斜道也兼作材料运输用，这种情况下斜道宽度应适当加大，坡度应减小些。马道有“一”字形和“之”字形两种。脚手架高度在 3 步以下时，可搭设“一”字形马道；在 4 步架以上时，要搭设“之”字形马道，且应在拐弯处设置平台。

人行坡道宽度不得小于 1 m，坡度不得大于 1∶3.5(高∶长)；运输马道的宽度不得小于1.5 m，坡度以 1∶6 为宜。拐弯平台面积应根据施工需要，宽度不得小于 1.5 m。

马道的立杆、横杆间距应与结构的架子相适应。独立马道的立杆、横杆间距不得超过 1.5 m。当采用杉篙做立杆时，要埋入地下不少于 500 mm，且应覆土夯实。置于斜横杆上的小横杆间距不大于 1.0 m。

为了保证马道的稳定，在马道两侧、平台外围和端部应设剪刀撑。较高的马道，应加强脚手架连墙杆的设置。

马道上的脚手板应铺平、铺牢。横铺时要在小横杆上间距 300～500 mm 处加设斜横杆，使脚手板铺在斜杆上并自下而上进行逐块紧密排齐，板面相平。顺铺时，脚手板直接铺在小横杆上，自上而下逐块顺长铺设。在接头处要使下面的脚手板压在上面的板上，搭接长度不小于 400 mm。接头下面应设双根小横杆，在板端搭接处的凸楞要用三角木填顺。斜坡马道脚手板应钉防滑条。

马道及平台必须绑两道护身栏，并加绑不低于 180 mm 高度的挡脚板。

二、井架和龙门架

井架和龙门架是垂直运输的简易设备，其特点是结构构造和动力设备较简单，支架组装方便，经济效益好，适用性强。井架和龙门架广泛用于多层房屋和不太高的构筑物施工的垂直运输。

1. 井架

井架是最为简便的垂直运输设施。井架垂直运输设施包括两个部分：一是井式支承架，要求承载性能和稳定性好，确保料盘或料斗升降安全；二是上料提升动力系统，由天轮架、吊盘或料斗、天轮、钢丝绳、导向滑轮（地轮）及卷扬机等组成。

井架可由木料、钢管（或型钢）搭设。如图 6－16、图 6－17 所示为井架主视图及天轮装置。

井架搭设方法及要求主要有以下几个方面：

（1）木井架搭设时，可先在立杆位置挖土坑并插入立杆，其埋入深度不小于 500 mm，然后填土压实。对于钢管或型钢井架搭设，基础应夯实，且应加垫木、安放铁墩。

（2）立杆的位置要准确，两对角线要对齐，四角要方正。搭设时，先立四角立杆，后立中间立杆，相互对齐对直。立杆的间距应符合设计要求，木立杆间距不宜超过 1.4 m，钢管立杆间距不大于 1.0 m。

（3）立好第一节立杆后，即可搭设大横杆（顺水杆）间距。

（4）搭设 3～4 步后，在井架四周外侧搭设剪刀撑，随着井架搭设而增高，一直到顶。剪刀撑与地面夹角为 45°～60°。

（5）杆件的接长同一般多立杆脚手架的要求。

（6）井架搭设到要求高度，拉好缆风绳（要求与烟囱相同）后即可安装双根天轮木、滑轮、吊盘、吊盘滑道，最后将钢丝绳从天滑轮上往下吊，缠绕在卷扬机卷筒上。

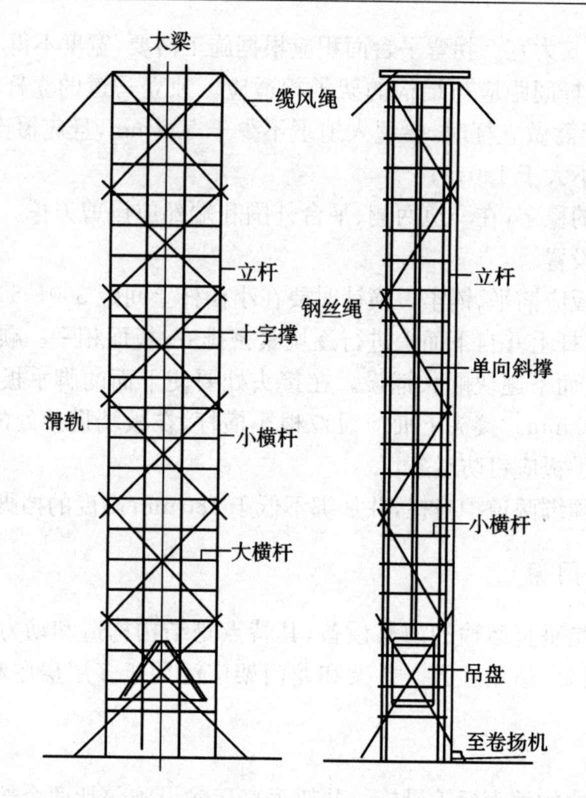

图 6-16　井架

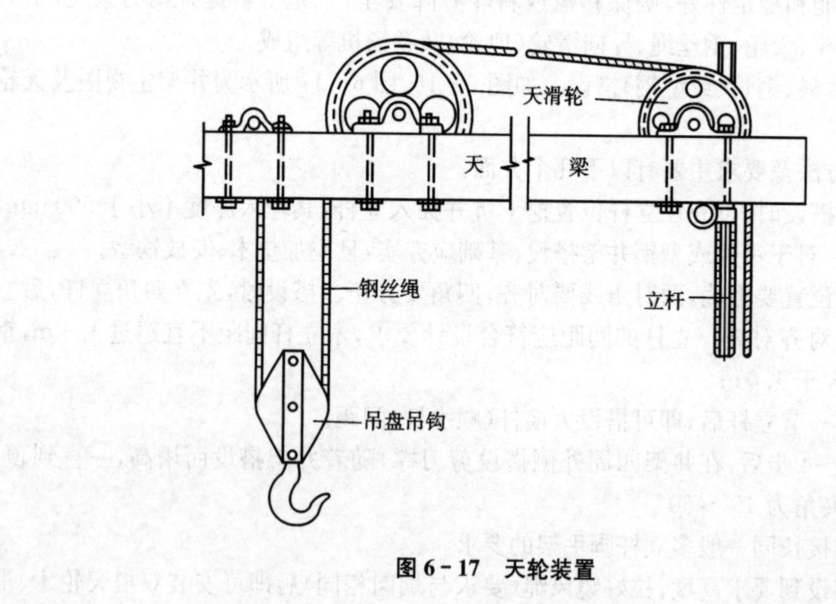

图 6-17　天轮装置

2. 龙门架

1)龙门架的构造

龙门架是由两根立杆及横梁构成的门式架。龙门架上装设滑轮、导轨、吊盘(上料平台)、安全装置以及起重索、缆风绳等,构成一个完整的垂直运输体系。龙门架结构示意如图 6-18 所示。

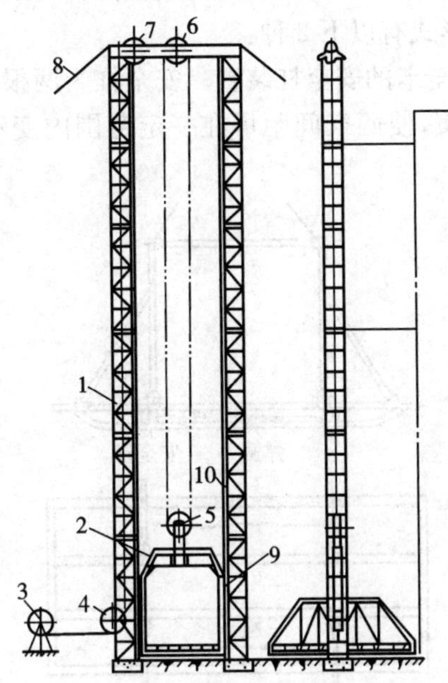

图 6-18 龙门架基本结构示意

1—龙门架;2—吊盘;3—卷扬机;

4,5,6,7—滑轮;8—缆风绳;9—导轮;10—导轨

2)龙门架的安全要求

(1)龙门架的构造形式、杆件的大小、连接方式、局部和整体刚度、稳定性及承载能力等应经过设计计算。

(2)龙门架的荷载按实际需要取值,安全系数 $K=3$,吊盘动力系数取 1.3。

(3)龙门架的工作机构(绳轮、地锚、起重机具、缆风绳等)质量要符合要求,应做到安全可靠。

(4)龙门架要用缆风绳固定。高度在 12 m 以下,设一道缆风绳;12 m 及以上者,每增加 5～6 m,增设一道缆风绳,每道不少于 6 根,并与地面成 45°角。有条件时可与建筑物连接,以提高稳定性。

(5)导轨垂直度和间距尺寸的偏差不得大于±10 mm。

(6)龙门架的安全装置必须齐全,正式使用前要进行试运转。

3. 井架和龙门架的吊盘安全装置

吊盘应有可靠的安全装置，防止吊盘在运行中或停车、装料、卸料时发生严重事故。

1）吊盘停车安全装置

吊盘停车安全装置是防止吊盘在装、卸料时卷扬机制动失灵而产生跌落事故的一种装置。通常使用安全支杠装置，安全支杠装置由安全杠和安全卡两部分组成。

吊盘常用安全卡构造形式有以下 2 种：

（1）用活动三角架作安全卡的安全杠装置。安全杠为两根钢管，设置在吊盘底部，两根安全杠之间系以拉伸弹簧，使两杠间距可在一定范围内变动。吊盘停车安全杠如图 6－19所示。

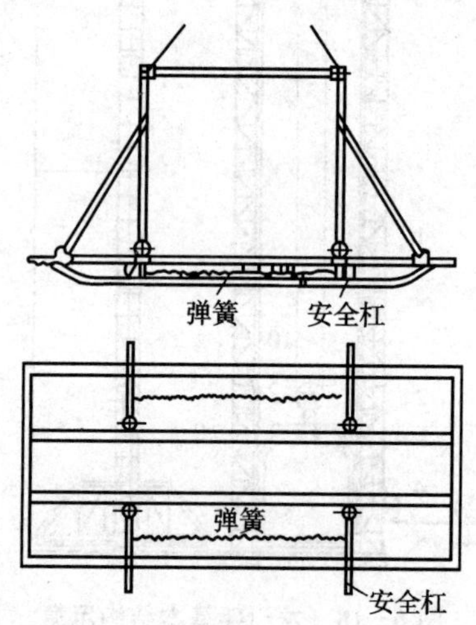

图 6－19　吊盘停车安全杠

安全卡由活动铁三角架构成，装在龙门架的卸料平台部位，如图 6－20 所示。

（2）用耳形铁肩作安全卡的安全杠装置。这种安全装置多用角钢做成安全杠滑道，角钢上焊有耳形铁肩，以搁置吊盘上升到卸料平台时的安全杠，如图 6－21 所示。

吊盘上升时，安全杠沿着滑道升到 1 处，接着顶开铁盖板落在耳形铁肩上。物料卸完吊盘要下降时，先向上提升一段。此时铁盖板被正在上升的安全杠带到 3 的位置，因碰到角钢滑道上的挡头而被弹回，仍然盖住铁肩。吊盘再往下降时，安全杠就可沿着铁盖板和滑道而下。

安全装置与垂直运输架一般采用螺栓连接，也可先在角钢滑道上焊短钢管，再用扣件与钢管井架或龙门架的杆件固定。

2）吊盘钢丝绳断裂后的安全装置

吊盘钢丝绳断裂后的安全装置如图 6－22 所示，是用 55 cm 长的 ϕ42 mm×3.5 mm 无缝钢管，内装直径 32 mm 圆钢制成的可伸缩的“舌头”，通过管内弹簧的作用，可在吊盘钢丝断裂后的瞬间将“舌头”弹出管外，搁在龙门架的横杆上。

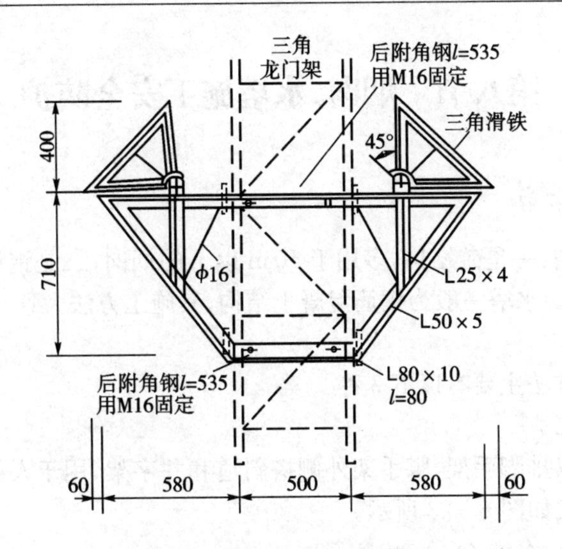

图 6-20　活动三角架安全卡

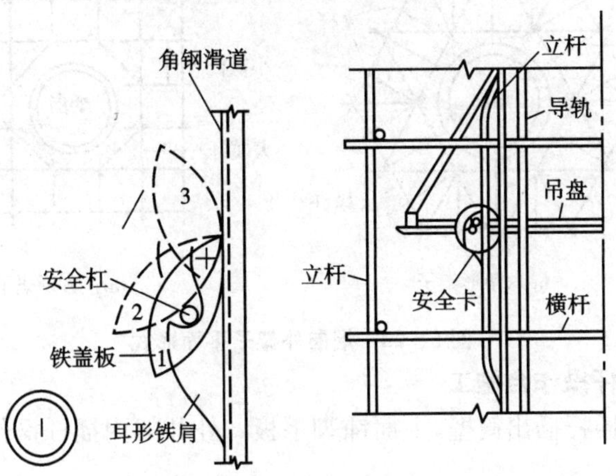

图 6-21　耳形铁肩安全卡

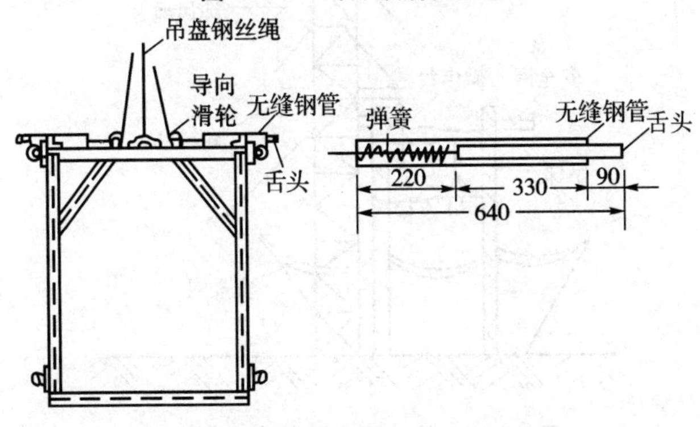

图 6-22　吊盘断绳安全装置

第八节　烟囱、水塔施工安全防护

一、主要施工方法

烟囱有两种结构：一是砖结构，多用于 50 m 以下的烟囱；二是钢筋混凝土结构，多用于 50 m 以上的烟囱。水塔一般为钢筋混凝土结构，其施工方法大致与钢筋混凝土结构的烟囱相同。

砖烟囱的施工方法主要有以下 3 种：

1. 外脚手架施工

在烟囱外围搭双排脚手架，脚手架外侧搭斜道和井字架，用于人员上下和运输材料。烟囱外架子平面形式如图 6 - 23 所示。

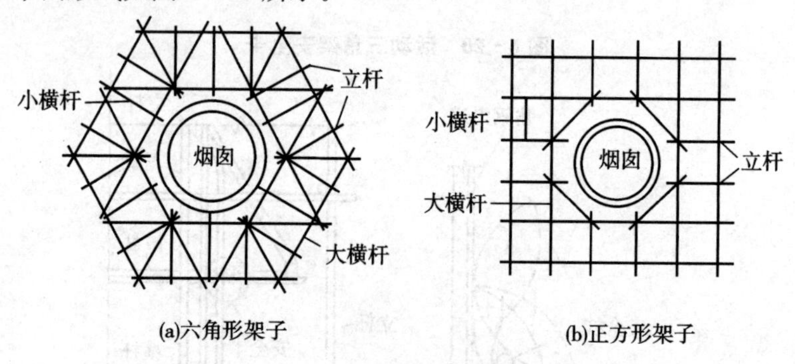

图 6 - 23　烟囱外架子平面形式

2. 外井架内插杆操作台施工

操作台由钢管插杆插出筒壁，上面铺脚手板。外井架内插杆操作台施工如图 6 - 24 所示。

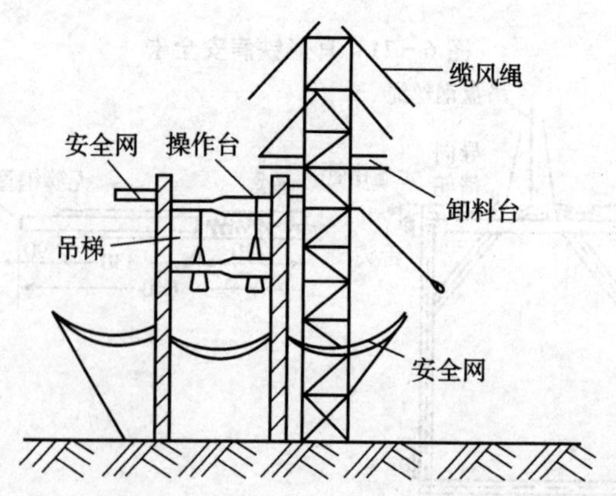

图 6 - 24　外井架内插杆操作台施工

3. 内井架提升式操作台施工

在筒身内搭设井架，用倒链提升内操作台并悬挂在井架上。内井架提升式操作台如图 6-25 所示。

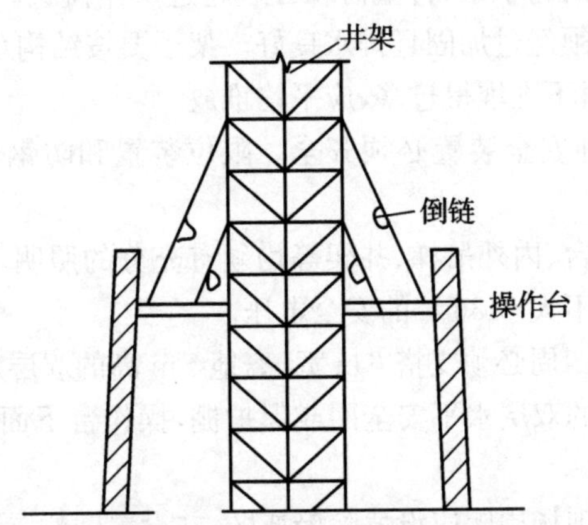

图 6-25　内井架提升式操作台

钢筋混凝土烟囱的主要施工方法有两种：一是内井架提升模板施工；二是液压滑升模板施工。二者原理基本相同，都是将操作台悬挂在内井架上，井架承受操作台的荷载，并用于运料和人员上下。内井架提升模板如图 6-26 所示。

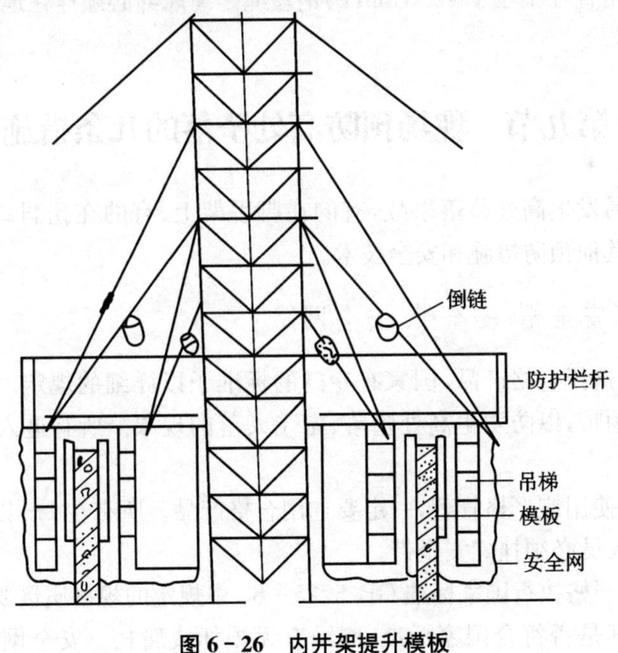

图 6-26　内井架提升模板

二、安全防护技术要点

烟囱、水塔的高度一般在 30m 以上，属于特级高处作业。凡从事烟囱、水塔施工的操作人员，必须经医院检查身体合格，并熟悉安全技术操作规程，方可参加施工。施工安全防护技术要点主要有以下几个方面：

(1)烟囱、水塔使用的脚手架，自重荷载必须超过操作荷载。脚手架的搭方案必须经过设计和计算。地基必须经过加固且排水良好。架子要按结构承重架的要求进行搭设。

(2)操作台上的材料不准堆得过多，应平均堆放。

(3)竖井架上的各种安全装置必须齐全。限位装置和防钢丝折断装置必须定时检查，以防失灵。

(4)夜间施工，操作台、内外吊梯、井架等均须有充分的照明，灯泡应备有保护罩。高处作业使用的电压应为不大于 36 V 的安全电压。

(5)烟囱、水塔底层四周必须支搭 6 m 宽、离地 5 m 高的双层水平安全网，筒内底层也必须支搭离地面 5 m 高的双层水平安全网或保护棚，操作台下面和周围也必须支搭安全网，随工作台同时上升。

(6)烟囱、水塔施工现场周围应设危险警戒区，并设置围栏，严禁非工作人员入内。

(7)上部和下部、操作台和卷扬机之间，应安设电铃、指示灯或对话机，加强联系。烟囱、水塔或竖井架最顶部应设红色信号灯和避雷针。

(8)烟囱、水塔脚手架、井架，高度在 15 m 时设一组缆风绳，以后每增高 10 m 加设一组。缆风绳一律用直径不小于 12.5 mm 的钢丝绳。缆风绳必须拴在地锚上，严禁拴在树木、电杆上。

第九节　现场预防高处坠落的几条措施

施工现场容易发生高处坠落事故，有的在脚手架上、有的在孔洞口旁。下面是一些有关高处坠落的其他预防措施和安全技术。

一、“三宝”(安全帽、安全带、安全网)

(1)安全帽要选择合格产品，国家有专门的标准予以详细的规定。施工人员戴安全帽时必须系好下颌带，以防发生高处坠落、帽飞人落的现象。所有进入施工现场的人员必须戴好安全帽。

(2)安全带的使用应严格管理，一定要选用合格产品。所有在 2m 以上无防护设施有坠落危险的作业人员必须挂好安全带。

(3)安全网要严格执行国家标准 GB 5725—85 中规定的规格质量要求。安全员在检查中一定要检查其是否符合国家标准，网绳有无损坏或腐朽。安全网的支搭应严格把关。在施工程、烟囱四周、电梯井、螺旋楼梯等应每隔 4 层支搭一道。多层(6 层以下)结构首层支搭3 m宽的安全网，高层结构首层支搭 6 m 宽的安全网(双层)。首层安全网的距地高度，当 3 m 宽时不小于 3 m，当 6 m 宽时不小于 5 m。下方不得存放障碍物，以保证合理的有效高度。安全网的支搭应外口高于里口 60～80 cm，支设安全网的杉槁小头有效直径不得小于 7 cm，竹竿小头有效直径应超过 8 cm。支杆间距不得大于 4 m。高层建筑施工的安全网一律用组合钢管角架挑支，并用钢丝绳绷挂，其外沿要尽量绷直，内口要与建筑物锁牢。

二、孔洞口

150 cm×150 cm 以下的预留洞口，应预留结构通筋或盖固定铁箅并封盖板。150 cm×150 cm 以上的大洞口四周要支搭两道防护栏杆，中间平支安全网。

电梯井口应采用可开启的防护门，高度以 120 cm 为宜；楼梯口宜采用工具式钢制栏杆或两道钢管栏杆。

阳台口的防护遵循的原则是：凡是能随层安装的栏板，均应随层安装；不能随楼层安装栏板的，要搭设两道防护栏杆。

出入口应支搭护头棚，长度 3～6 m，宽度要宽于出入口两侧各 1 m。护头棚顶铺设 5 cm厚脚手板或钢脚手板。

施工层楼梯休息平台宜采用定型工具式防护栏或两道防护栏杆，楼层四周的架子必须高出在施层 1 m 以上，框架结构四周支搭两道护身栏。

三、大模板、构件、小凳

(1)大模板存放场地须平整、夯实；自稳角保持在 70°～80°，相对放置；多楼层临时存放必须与楼板或墙体钢筋连接固定。模板的操作平台应平整、严密，上下有梯道，防护栏杆应齐全有效。外墙板、内隔板应放置在插放架内，插放架按规定要求搭设，两侧上面要设 30 cm 宽的走道，上下有梯道。

(2)其他构件堆放场地须平整、夯实，其码放高度不允许超过 2 m，保证整齐、稳固，大型梁、柱等构件还应有可靠的支撑。遇有高低差的作业面，构件临时存放时，距边沿距离应不小于 1.5 m。

(3)层高 3.6 m 以下的屋内作业所用铁凳、木凳、人字梯要拴牢固，设防滑装置，两支点跨度不得大于 3 m，只允许一人在上操作；双复凳和人字梯要互相拉牢，单梯坡度不小于 60°不大于 70°，底部有防滑措施。严禁两人以上同用一凳一梯。搭设的脚手板的宽度不得小于 25 cm，并拴牢固定。使用中一定要勤检查，发现问题，立即解决。

第七章 砌筑工程

第一节 砌砖工程

一、作业前

(1)作业前,必须检查作业环境是否符合安全要求,道路是否畅通,机具是否完好、牢固,安全设施和防护用品是否齐全,检查合格后方可作业。

(2)冬季施工时,应先清除脚手板上的冰霜、积雪,清除后方可作业。

二、作业时

(1)砌基础时,应注意检查基坑土质变化,堆放砖块材料应离坑边1m以上。

(2)深基坑有挡板支撑时,应设上下爬梯。操作人员不得踩踏砌体和支撑,作业运料时,也不得碰撞支撑。

(3)砌体高度超过1.2m时,应搭设脚手架;高度超过4m时,采用里脚手架必须搭设安全网,采用外脚手架应设护栏和挡脚板、安全网。

(4)脚手架上堆放材料不得超过规定荷载标准值。堆砖高度不得超过三层侧砖,同一块脚手板上的操作人员不得超过两人。

(5)不准站在墙顶上做画线、刮缝及清扫墙面或检查大角垂直等作业。

(6)不准用不稳固的工具或物体在脚手板上垫高操作。不准勉强在超过胸部的墙上砌筑。

(7)同一垂直面内上下交叉作业时,必须设安全隔板,下方操作人员必须戴好安全帽。

(8)砍砖时,应面向内打,防止碎砖跳出伤人。垂直传递砖块时,脚手架上的站人板宽度应不小于60cm。

(9)已砌好的山墙,应用临时联系杆(如檩条等)放置在各跨山墙上,使其联系稳定,或采用其他有效的加固措施。

(10)垂直运输的吊笼、绳索具等,必须满足负荷要求,吊运时不得超载。

(11)用起重机吊砖时,应用砖笼吊运。吊砂浆时,料斗不能装得过满。

(12)砖料运送小车的前后距离,平道上不小于2m,坡道上不小于10m。

三、作业后

作业结束后，应对砌好的墙体做防雨措施，避免雨水冲走砂浆，造成砌体倒塌。

第二节　砌 块 工 程

一、作业前

作业前应做好以下准备工作：

（1）检查各起重机械、夹具、绳索、脚手架及其他施工安全设施。尤其应重点检查夹具的灵活可靠性能、剪刀夹具悬空吊起后是否自动拉拢、夹板齿或橡胶块是否磨损、夹板齿槽内是否有垃圾杂物等。

（2）检查灰浆泵管道是否畅通，压力表、安全阀应灵敏可靠，输浆管各部插口应拧紧、卡牢，管路应顺直。

（3）冬季作业时，应先清除机械、脚手板上的冰霜和积雪，清除后方可作业。

（4）在大风、大雨、冰冻等恶劣天气后，应检查砌体是否有垂直度的变化、是否有裂缝产生、是否有不均匀下沉等。

二、作业时

作业中应注意的事项如下：

（1）夹具的夹板应夹在砌块的中心线上，如砌块歪斜，应撬正后再夹。

（2）砌块吊运时，拔杆及吊钩下不得站人或进行其他操作；吊装时，不得在下层楼面进行其他任何工作。

（3）用台灵架吊装砌块或其他构件时，应掌握被吊物的重心，起重量应严格控制在允许范围内，吊装较重构件时，台灵架应加稳绳。

（4）台灵架吊装，应严格控制起重拔杆的回转半径和变幅角度，不准起吊在台灵架前支柱之后的砌块或其他构件，不准放长吊索拖拉砌块或构件。起吊砌块后做水平回转时应由操作人员牵引。

（5）起吊后，发现砌块破裂且有下落危险时，严禁继续起吊。

（6）堆放砌块的场地应平整，无杂物。在楼面卸下、堆放砌块时，应避免冲击，严禁倾卸和撞击楼板。

（7）砌块堆放应靠近楼板端部，砌块的重量不准超过楼板的允许承载能力。否则，应采取相应的加固措施。

（8）砌块吊装就位，应待砌块放稳到位后，方可松开夹具。

（9）就位的砌块，应立即进行竖缝灌浆；对稳定性较差的窗间墙、独立柱和挑出墙面较多的部位，应加临时支撑。台风季节，应及时进行圈梁施工、加盖楼板或采取其他稳固措施。

(10)砌块作业时，不准站在墙身上进行砌筑、画线、检查墙面平整度和垂直度、检查墙面裂缝、清扫墙面等作业。

(11)在砌块砌体上，不宜拉缆风绳，不宜吊挂重物，不宜做其他临时设施的支承点。

(12)砌块施工采用内脚手架时，应在房屋四周按规定要求设置安全网，并随施工高度上升。

(13)不准在墙顶或架上修凿石材，避免震动墙体影响质量或石片掉落伤人。

(14)不准徒手移动上墙的料石，避免压伤手指。

(15)用锤打石时，应先检查铁锤有无破裂，锤柄是否牢固。

(16)石块不得往下抛掷；运石上下时，脚手板应牢固，并钉有防滑条及扶手栏杆。

(17)冬期施工时，严禁起吊与其他材料冻结在一起的砌块。

三、作业后

(1)作业结束，应将脚手板和砌体上的碎块、灰浆清扫干净，注意清扫时应防止碎块掉落伤人。

(2)作业结束，应对砌好的墙体做防雨措施。

第三节　施工中应重点注意的问题

一、留槎

(1)墙体转角和交接处应同时砌筑，不能同时砌筑时应留斜槎，斜槎长度不得小于其高度的 2/3；若留斜槎有困难时，除转角必须留斜槎外，其他可留直阳槎(不得留阴槎)，并应沿墙高每隔 500 mm(或 8 皮砖高)、每半砖宽放置一根(但至少应放置两根)直径 6 mm 的拉结筋，埋入的长度从留槎处算起，每边均应不小于 500 mm，其末端弯 90°的直弯钩，若需防震还应留直槎。

(2)纵横墙均为承重墙时，在丁字交接处，可在下部(约 1/3 接槎高)砌成斜槎，上部留直阳槎并加设拉结筋。

(3)设有构造柱时，砖墙应砌成马牙槎，每一马牙槎的高度不得大于 300 mm；应沿墙高每 500 mm 设置 ϕ6 mm×2 水平拉结钢筋，每边伸入墙内不少于 1 m。

(4)墙体每天砌筑高度不宜超过 1.8 m，相邻两个工作段高度差不允许超过一个楼层高度，也不应大于 4 m。

(5)宽度小于 1 m 的窗间墙，应选用整砖砌筑。

二、砖柱和扶壁柱

(1)砌筑矩形、圆形和多角形柱截面时,应使柱面上下皮的竖缝相互错开1/2或1/4砖长,同时在柱心不得有通天缝。严禁用包心的砌筑方法,即先砌四周后填心的砌法。

(2)扶壁柱与墙身应逐皮搭接,搭接长度至少应有1/2砖长。严禁垛与墙分开砌筑。

(3)每天砌筑高度应不大于1.8 m,且在柱和扶壁柱的上下不得留置脚手架眼。

三、砖筒拱

1. 筒拱的构造

(1)砖筒拱适于跨度3～3.3 m、高跨比1∶8左右的楼盖,也适于跨度3～3.6 m、高跨比为(1∶5)～(1∶8)的屋盖。筒拱的长度不宜超过拱跨的2倍。

(2)筒拱厚一般为半砖,砖的强度等级不得低于MU7.5,砂浆强度等级不得低于M6。

(3)筒拱在外墙的拱脚处应设置钢筋混凝土圈梁,圈梁上的斜面应与拱脚斜度相吻合;也可先在外墙中于拱脚处设置钢筋砖圈梁,再加钢拉杆。砖圈梁中的钢筋和钢样应由计算确定,且拱脚下8皮砖应用M5以上的砂浆砌筑。

(4)筒拱在内墙上的拱脚处,应在内墙上用丁砖层挑出至少4皮砖,其砂浆强度等级不低于M5,并在挑出的台阶上用C20细石混凝土浇筑斜面,且应与拱脚斜度相吻合。

(5)遇房间开间大、中间无内墙时,筒拱可支承在钢筋混凝土梁上。此时,梁的两侧应留有斜面,以便拱体从斜面砌起。

(6)使用活荷载等于或大于3 000 N/m^{2}时不宜采用砖筒拱。

2. 砖筒拱施工

(1)筒拱模板尺寸安装的误差,在任何点上的竖向偏差不得超过该点拱高的1/200,拱顶沿跨度方向的水平偏差,不应超过矢高的1/200。

(2)半砖厚的筒拱,砖块可沿筒拱的纵向排列,也可沿筒拱跨度方向排列,也可整体采用八字槎砌法由一端向另一端退着砌(即先两边长、中间短,形成八字槎接口,直到砌至另一端时,再填满八字槎缺口,并在中间合拢)。

(3)拱脚上面4皮砖和下面6～7皮砖的墙体部分,砂浆强度等级不得低于M5,且应达到设计强度50%以上时,方可砌筑筒拱。

(4)砌筑筒拱时应自两侧同时对称地向拱顶砌筑,且砌拱顶正中间一块砖时,应在砖两面刮满砂浆,再将其轻轻打入塞紧。

(5)拱体灰缝应全部用砂浆填满。一般来说,拱底砖面灰缝宽度为5～8 mm,拱顶砖面灰缝宽度为10～12 mm。

(6)拱座斜面应与筒拱轴线垂直,筒拱的纵向缝应与拱的横断面垂直。筒拱纵向两端不应砌入墙内,两端与墙面的接触缝隙应用砂浆填满。

(7)穿过筒拱的洞口应设加固环,加固环应与周围砌体紧密接合,对已砌完的拱体不准任意凿洞。

(8)筒拱砌完后应进行养护,养护期内严防冲击、震动和雨水冲刷。

(9)多跨连续筒拱应同时砌筑。如不能同时砌筑,则应采取有效抵消横向水平推力的措施。

(10)筒拱模板应在保证横向水平推力有可靠的抵消措施后,方可拆除。拆移时应先将拱模均匀下降 50~200 mm,检查拱体确属无误后,方可向前移动。

(11)有拉杆的筒拱,应先将拉杆按设计要求拉紧后方可拆移模板;同跨内各拉杆的拉力应均匀一致。

(12)当拱体的砂浆强度达到设计强度的 70%以上时,方可在已拆模的筒拱上铺设楼面或屋面材料,且在施工过程中,应使拱体均匀对称受荷。

四、其他注意事项

(1)严禁在墙顶上站立画线、刮缝、清扫墙面和柱面、检查大角垂直等。

(2)砍砖时应面向内侧,以免碎砖落下伤人。

(3)超过胸部以上的墙面,不得继续砌筑,必须及时搭设好架设工具。不准用不稳定的工具或物体在脚手板面垫高工作。

(4)从砖垛上取砖时,应先取高处后取低处,防止垛倒砸人。

(5)砖、石运输车辆前后距离,在平道上不应小于 2 m,坡道上不应小于 10 m。

(6)垂直运输的吊笼、滑车、绳索、刹车等,必须满足荷载要求,吊运时不得超载。使用过程中应经常检查,发现有不符合规定者,应及时修理或更换。

(7)用起重机吊运砖时,应采用砖笼,并不得直接放于跳板上。吊砂浆的料斗不能装得过满,吊运砖时吊臂回转范围内的下方人员不得行走或停留。

(8)在地面用锤打石时,应先检查铁锤有无破裂,锤柄是否牢固,同时应看清附近有无危险情况。严禁在墙顶或架上修改石材,且不得在墙上徒手移动料石,以免压破或擦伤手指。

(9)夏季要做好防雨措施,严防雨水冲走砂浆,致使砌体倒塌。

第八章 钢筋、混凝土和预应力工程

第一节 钢筋工程

由于混凝土的抗拉强度很低，仅是其抗压强度的1/10，所以，实际施工中，常在混凝土受拉区内配以适量钢筋，即在受压区由混凝土承受压力，在受拉区由钢筋承受拉力，混凝土与钢筋共同工作而成为钢筋混凝土结构。这种结构不仅能承受压力，而且也能抵抗拉力。在钢筋混凝土结构中，钢筋占有极其重要的地位，若钢筋的规格、型号和数量不符合设计要求或是少了，则可能造成大的事故。

钢筋的品种较多、性能各异，按生产工艺可分为热轧钢筋、冷拉钢筋、冷拔钢丝、热处理钢筋、碳素钢丝、刻痕钢丝和钢绞线等，后四种钢筋用于预应力混凝土结构。按化学成分可分为碳素钢钢筋和普通低合金钢钢筋。碳素钢钢筋按含碳量多少又可分为低碳钢钢筋（含碳量低于0.25%，多为建筑工程采用，如3号钢）、中碳钢钢筋（含碳量0.25%～0.7%）和高碳钢钢筋（含碳量0.7%～1.4%）。低合金钢钢筋是在低碳钢和中碳钢中加入少量锰、硅、钒和钛等金属元素而成的，其主要品种有20MnSi、40Si2MnV、45Si2MnTi等。钢筋按其力学性能可分为Ⅰ级钢筋［235/370级，即屈服点为235 N/mm^2（235 MPa），抗拉强度为370 N/mm^2］、Ⅱ级钢筋（335/510级）、Ⅲ级钢筋（370/570级）、Ⅳ级钢筋（540/835级）等。钢筋按轧制外形可分为光圆钢筋和变形钢筋（月牙形、螺旋形、人字形钢筋）。钢筋按供应形式可分为盘圆钢筋（直径不大于10 mm）和直条钢筋（长度为6～12 m）。钢筋按其直径大小可分为钢丝（直径3～5 mm）、细钢筋（直径6～10 mm）、中粗钢筋（直径12～20 mm）和粗钢筋（直径大于20 mm）。

一、钢筋的力学性能和化学成分

1. 热轧钢筋

钢筋混凝土中用的热轧钢筋，应符合国家标准《钢筋混凝土用钢筋》（GB 1499—84）的规定。

（1）热轧钢筋的力学性能如表8-1所示。

表 8-1　热轧钢筋力学性能

品种		牌号	符号	公称直径 d (mm)	屈服点 f_y (N/mm²)	抗拉强度 f_μ (N/mm²)	伸长率 δ_5	冷弯	
外形	强度等级				不小于			弯曲角度	弯心直径
光圆钢筋	Ⅰ	A_3	Φ	8～25	235	370	25%	180°	d
		Ay_3		28～50					$2d$
变形钢筋	Ⅱ	20MnSi	Φ	8～25	335	510	16%	180°	$3d$
		$20MnNb_6$		28～50	315	490			$4d$
	Ⅲ	25MnSi	Φ	8～40	370	570	14%	90°	$3d$
	Ⅳ	40Si2MnV	Φ	10～25	540	835	10%	90°	$5d$
		45SiMnV							
		45Si2MnTi		28～32					$6d$

注：①根据需方要求，钢筋可做 20℃、0～20℃、－40℃的 U 型冲击韧性试验，其数据不作为验收依据。

②根据需方要求，钢筋可做反弯试验。反弯后钢筋可在 100 ℃下保温不少于20 min，弯心直径与反弯角度由供需双方商定。

(2)热轧钢筋的化学成分如表 8-2 所示。

表 8-2　热轧钢筋化学成分

品种		牌号	化学成分							
外形	强度等级		C	Si	Mn	V	Ti	Nb	P	S
									不大于	
光圆钢筋	Ⅰ	A_3、Ay_3	0.14～0.22	0.12～0.30	0.35～0.65				0.045	0.050
变形钢筋	Ⅱ	20MnSi	0.17～0.25	0.40～0.80	1.20～1.60				0.050	0.050
		$20MnNb_6$	0.17～0.25	≤0.17	1.00～1.50			0.05		
	Ⅲ	25MnSi	0.20～0.30	0.60～1.00	1.20～1.60				0.050	0.050
	Ⅳ	40Si2MnV	0.36～0.46	1.40～1.80	0.70～1.00	0.08～0.15			0.045	0.045
		45SiMnV	0.40～0.52	1.10～1.50	1.00～1.40	0.05～0.12				
		45Si2MnTi	0.40～0.48	1.40～1.80	0.80～1.20		0.02～0.08			

注：①在保证钢筋性能合格情况下，成分不限不作为交货条件。

②20MnSi 含锰量可提高到 1.7%。

③钢中铬、镍、铜的残余含量应各不大于 0.30%，其总量不大于 0.6%；用含铜矿所炼生铁冶炼的钢，铜的残余含量可不大于 0.4%。

④氧气转炉钢的含氧量应不大于 0.008%。

⑤根据需方要求，可保证 $C+\frac{Mn}{6}$ 的碳当量：Ⅱ级钢筋不大于0.50%。

(3)25MnSiⅢ级变形钢筋，与Ⅱ级钢筋相比，因其强度级差仅有35 N/mm²，且质量性能不够稳定，焊接性能差，故在GB 1499—84标准中提出研制410/590的新Ⅲ级变形钢筋来代替25MnSiⅢ级变形钢筋，现已研制成功，其力学性能如表8－3所示，供参考。

表8－3 新Ⅲ级变形钢筋的力学性能

<table>
<tr><th rowspan="2">钢种(厂商)</th><th rowspan="2">公称直径 d (mm)</th><th>屈服点 f_y (N/mm²)</th><th>抗拉强度 f_μ (N/mm²)</th><th>伸长率 δ_5</th><th rowspan="2">冷弯弯心直径 (180°)</th><th rowspan="2">反弯弯心直径</th></tr>
<tr><th colspan="3">不小于</th></tr>
<tr><td rowspan="3">20MnSi(上钢)
20MnTi(鞍钢)
20MnSiV(N)(首钢)
21MnV(N)(唐钢)
16MnSiVN(攀钢)</td><td>8～16</td><td rowspan="2">410</td><td rowspan="2">590</td><td rowspan="3">14%</td><td>3d</td><td>4d</td></tr>
<tr><td>18～25</td><td>4d</td><td>5d</td></tr>
<tr><td>28～40</td><td>390</td><td>570</td><td>5d</td><td>6d</td></tr>
</table>

注：①最大屈服点不得超过5 300 N/mm²，钢筋实际强屈比不得低于1.25。

②含碳量不得超过0.25%，碳当量不得超过0.52%。

2. 冷拉钢筋

(1)冷拉钢筋由热轧钢筋冷拉而成，其力学性能应符合国家标准《混凝土工程施工及验收规范》的规定，如表8－4所示。

表8－4 冷拉钢筋的力学性能

<table>
<tr><th rowspan="2">钢筋级别</th><th rowspan="2">符号</th><th rowspan="2">公称直径 d (mm)</th><th>屈服点 f_y (N/mm²)</th><th>抗拉强度 f_μ (N/mm²)</th><th>伸长率 δ_5</th><th colspan="2">冷 弯</th></tr>
<tr><th colspan="3">不小于</th><th>弯曲角度</th><th>弯心直径</th></tr>
<tr><td>冷拉Ⅰ级</td><td>ϕ^l</td><td>≤12</td><td>280</td><td>370</td><td>11%</td><td>180°</td><td rowspan="2">3d</td></tr>
<tr><td rowspan="2">冷拉Ⅱ级</td><td rowspan="2">Φ^l</td><td>≤25</td><td>450</td><td>510</td><td>10%</td><td rowspan="4">90°</td></tr>
<tr><td>28～40</td><td>430</td><td>490</td><td>10%</td><td>4d</td></tr>
<tr><td>冷拉Ⅲ级</td><td>$\underline{\Phi}^l$</td><td>8～40</td><td>500</td><td>570</td><td>8%</td><td rowspan="2">5d</td></tr>
<tr><td>冷拉Ⅳ级</td><td>$\overline{\underline{\Phi}}^l$</td><td>10～24</td><td>700</td><td>835</td><td>6%</td></tr>
</table>

(2)冷拉Ⅰ级钢筋，当直径大于12 mm时，若用于钢筋混凝土结构中，不得利用其冷拉后所提高的强度。冷拉Ⅱ、Ⅲ、Ⅳ级钢筋可作为预应力混凝土结构中的预应力筋。

3. 冷拔低碳钢丝

(1)冷拔低碳钢丝由热轧盘圆钢筋冷拔后制成，其力学性能应符合国家标准《混凝土工程施工及验收规范》的规定，如表8－5所示。

表 8-5　冷拔低碳钢丝的力学性能

钢丝级别	符号	直径(mm)	抗拉强度 f_{μ}(N/mm^2)		伸长率 δ_{100}	反复弯曲 180°(次数)
			Ⅰ组	Ⅱ组		
			不	小	于	
甲　级	Φ^{b}	5	650	600	3%	4
		4	700	650	2.5%	
乙　级		3～5	550		2%	

注：δ_{100}表示标距 100 mm。

(2)甲级冷拔低碳钢丝应采用符合Ⅰ级热轧钢筋标准的盘圆钢筋制成，主要用于预应力筋。乙级冷拔低碳钢丝只可用于焊接网、焊接骨架、箍筋和构造钢筋等。

(3)为提高冷拔低碳钢丝的强度、改善其塑性，唐钢新研制一种 ϕ6.5 低碳微合金热轧盘条，用其冷拔制成 ϕ5 的中强钢丝，其力学性能为：$f_{\mu} \geqslant 800$ N/mm^2，伸长率 $\delta_{100} \geqslant$ 4%，反复弯曲次数 $n \geqslant 4$。

二、钢筋施工

1. 原材料要求

钢筋的强度标准值应具有不小于 95%的保证率。各强度标准值的意义如下：

(1)热轧钢筋和冷拉钢筋的强度标准值系指钢筋的屈服强度(f_{yk}，f_{pyk})。

(2)碳素钢丝、刻痕钢丝、钢绞线、冷拔低碳钢丝和热处理钢筋的强度标准值系指抗拉强度(f_{μ})。

2. 使用要求

(1)钢筋在运输和储存时，必须保留标牌，并按批分别堆放整齐，避免锈蚀和污染。

(2)钢筋的级别、钢号和直径应按设计要求采用。需要代换时，应征得设计单位的同意。

(3)非预应力筋宜采用Ⅱ、Ⅲ级钢筋，以及Ⅰ级钢筋和乙级冷拔低碳钢丝。

(4)预应力钢筋的采用：①大中型构件中的预应力钢筋宜采用碳素钢丝、刻痕钢丝、钢绞线和热处理钢筋，以及冷拉Ⅱ、Ⅲ、Ⅳ级钢筋；②中小型构件中的预应力钢筋，可采用甲级冷拔低碳钢丝。

(5)钢筋的交叉点应采用铁丝绑扎，并应按规定垫好保护层。

(6)展开盘圆钢筋时，两端要卡牢，以防回弹伤人。

(7)拉直钢筋时，地锚要牢固，卡头要卡紧，并在 2 m 区域内严禁行人。

(8)人工断料时，工具必须牢固，并注意打锤区域内不得站人。切断小于 3 m 长的短钢筋，应用钳子夹牢，严禁手扶。

(9)制作成型钢筋时，场地应平整，工作台要稳固，照明灯具必须加网罩。各机械设备的动力线应用钢管从地坪下引入，机壳应有保护零线。

(10)多人运送钢筋时，起、落、转、停动作要一致，人工上下传递不得在同一垂直线上；在建筑物内的钢筋要分散堆放。

(11)在高空、深坑绑扎钢筋和安装骨架，必须搭设脚手架和马道，无操作平台时应拴好安全带。

(12)绑扎立柱、墙体钢筋，严禁沿骨架攀登上下。当柱筋高在 4 m 以上时，应搭设工作台；4 m 以下时，可先用马凳或在楼地面上绑好再整体竖立，已绑好的柱骨架应用临时支撑拉牢，以防倾倒。

(13)绑扎圈梁、挑檐、外墙、边柱钢筋时，应搭设外挂架或悬挑架，并按规定挂好安全网。

(14)起吊钢筋骨架，下方禁止站人，待骨架降落至距安装标高 1 m 以内方准靠近，并等就位支撑好后，方可摘钩。

(15)冷拉钢筋时，卷扬机前应设置防护挡板。或将卷扬机与冷拉方向成 90°，且应用封闭式的导向滑轮。冷拉场地应禁止人员通行或停留。

(16)冷拉钢筋应缓慢均匀，发现锚卡具有异常时，要先停车，放松钢筋后，才能重新进行操作。

第二节　混凝土工程

混凝土是以胶凝材料水泥、水、细骨料、粗骨料均匀拌和、捣实后凝结而成的一种人造石材，是建筑工程中应用最广泛的材料。混凝土的施工对整个工程的质量和安全具有较大的影响。

混凝土种类较多，按质量密度分，有特重混凝土（质量密度大于 2 700 kg/m³，含有重骨料如钢屑、重晶石等）、普通混凝土（质量密度 1 900～2 500 kg/m³，以普通砂石为骨料）、轻混凝土（质量密度 1 000～1 900 kg/m³）、特轻混凝土（质量密度小于 1 000 kg/m³，如泡沫混凝土、加气混凝土等）。按胶凝材料分，有无机胶凝材料混凝土，如水泥混凝土、石膏混凝土、水玻璃混凝土等；有机胶凝材料混凝土，如沥青混凝土、聚合物混凝土等。按使用功能分，主要有结构混凝土、保温混凝土、耐酸混凝土、耐碱混凝土、耐硫酸混凝土、耐热混凝土、防水混凝土、水工混凝土、海洋混凝土、防辐射混凝土等。按施工工艺分，主要有普通浇筑混凝土、离心成型混凝土、喷射混凝土、泵送混凝土等。按配筋情况分，有素（无筋）混凝土、钢筋混凝土、劲性钢筋混凝土、钢丝网混凝土、纤维混凝土、预应力混凝土等。按拌和料的流动度分，有干硬性混凝土、半干硬性混凝土、塑性混凝土、流动性混凝土、大流动性混凝土等。按混凝土强度等级分，有 C7.5、C10、C15、C20、C25、C30、C35、C40、C45、C50、C55、C60 等。

建筑工程主要是以无机胶凝材料水泥为主的混凝土工程。

一、混凝土的性能

(1)和易性。指拌和料适合施工操作的性能，也称“工作度”。和易性是混凝土流动性、黏聚性、保水性等的综合反映，并以混凝土坍落度来表示。

(2)稠度。是指混凝土的流动度。稠度的大小取决于用水量，也以混凝土坍落度来表示。

(3)离析。拌和料各种组合成分之间产生分离的现象，称为离析。离析可使混凝土浇筑后出现跑浆、蜂窝、麻面等情况。

(4)泌水。混凝土拌和料自浇筑后到开始凝结时，表面析出水分的现象，称为泌水。泌水的结果，是使硬化后的面层混凝土强度低于内部的强度，并产生大量容易剥落的"粉尘"。

(5)振捣工艺特性。合理的振捣成型方法能使混凝土达到较高的密实度，从而大大提高混凝土结构物的耐久性。

(6)凝结。混凝土浇筑入模到硬化这段时间，由流动性逐渐丧失可塑性，转化为固体状态的变化叫作凝结。凝结按硬化程度分成初凝(初步硬化状态)和终凝(完全变成固体状态)两个阶段。混凝土的运输、浇筑、振捣必须在混凝土初凝之前完成。

(7)初期体积收缩。在20℃的环境里，混凝土从初凝到终凝需要2～9 h，这期间混凝土的体积将发生急剧的收缩，有时伴随发生裂缝，也叫初期裂缝。

(8)水化升温。混凝土在凝结过程中，水泥水化作用释放出的热量，使混凝土出现升温现象，促使混凝土强度增长。但在大体积混凝土结构中，外部表面散热快，内部由于导热性能差而致积聚在内部的水化热不易散失，造成各部位之间的温度差和温度应力，进而产生裂缝，给工程带来危害。

(9)初期强度。混凝土凝结后，初步具有的抵抗外部荷载作用的强度称为混凝土的初期强度。采用快硬性水泥、掺早强剂、提高养护温度就能大大提高初期强度。

(10)抗压强度。是指按标准方法制作和养护的边长为150 mm的立方体试件，用标准试验方法测得28 d龄期的强度值。它是控制和评定混凝土质量的主要指标。

(11)耐久性。是指混凝土在使用过程中抵抗各种破坏作用的能力。影响混凝土耐久性的主要因素是冻融循环作用和磺化作用。

(12)碳化。碳化是指混凝土失去碱性的现象，碳化的结果是使混凝土强度降低，失去保护钢筋不锈蚀的能力。

二、混凝土原材料要求

1. 水泥的种类及用途

1)我国水泥标准规定的五种水泥

(1)硅酸盐水泥。俗名"纯熟料水泥"，它是以硅酸钙为主要成分的熟料，加入适量的石膏，磨成粉末状制成的一种不掺任何混合材料的水硬性胶凝材料。其特性是：初期及后期强度高，抗冻、耐磨，在0℃以上的低温，强度比其他水泥品种增长快；但水化热较高，抗腐蚀性差。

(2)普通硅酸盐水泥。简称"普通水泥"，是在硅酸盐水泥熟料中，加入少量混合材料和适量石膏磨细而成的一种水硬性胶凝材料。它的早期强度比硅酸盐水泥稍低，其余性质与硅酸盐水泥基本接近。

(3)矿渣硅酸盐水泥。简称"矿渣水泥"，是在硅酸盐水泥熟料中，加入粒化高炉矿渣和适量石膏磨细而成的水硬性胶凝材料。它的特点是:早期强度低,后期强度增长快,在低温环境(0℃以上)增长缓慢,抗硫酸盐侵蚀和耐热较好,水化热低;但干缩变形和析水性较大,抗冻和耐磨性较差。

(4)火山灰质硅酸盐水泥。简称"火山灰水泥",是在硅酸盐水泥熟料中,加入火山灰质混合材料和适量石膏磨细而成的水硬性胶凝材料。它的特点是:在低温环境中强度增长慢,高温环境(蒸汽养护)强度增长快,水化热低,抗硫酸盐侵蚀性较好;但抗冻和耐磨性差,干缩变形也大。

(5)粉煤灰硅酸盐水泥。简称"粉煤灰水泥",是在硅酸盐水泥熟料中,加入粉煤灰和适量石膏磨细而成的水硬性胶凝材料。它的特点是:早期强度低,水化热比火山灰水泥还低,干缩性较小,抗腐蚀性能好,但抗冻和耐磨性较差。

2)水泥的选用

常用水泥的选用应符合如表8-6所示的规定。

表8-6　常用水泥的选用

混凝土工程特点或所处环境条件		优先选用	可以使用	不得使用
环境条件	在普通气候环境中的混凝土	普通硅酸盐水泥	矿渣硅酸盐水泥、火山灰质硅酸盐水泥、粉煤灰硅酸盐水泥	
	在干燥环境中的混凝土	普通硅酸盐水泥	矿渣硅酸盐水泥	火山灰质硅酸盐水泥、粉煤灰硅酸盐水泥
	在高湿度环境中或永远处在水下的混凝土	矿渣硅酸盐水泥	普通硅酸盐水泥、火山灰质硅酸盐水泥、粉煤灰硅酸盐水泥	
	严寒地区的露天混凝土,寒冷地区的处在水位升降范围内的混凝土	普通硅酸盐水泥(标号≥325)	矿渣硅酸盐水泥(标号≥325)	火山灰质硅酸盐水泥、粉煤灰硅酸盐水泥
	严寒地区处在水位升降范围内的混凝土	普通硅酸盐水泥(标号≥425)		火山灰质硅酸盐水泥、灰煤灰硅酸盐水泥、矿渣硅酸盐水泥
	受侵蚀性环境水或侵蚀性气体作用的混凝土	根据侵蚀性介质的种类、浓度等具体条件按专门(或设计)规定选用		
工程特点	原大体积的混凝土	粉煤灰硅酸盐水泥、矿渣硅酸盐水泥	普通硅酸盐水泥、火山灰质硅酸盐水泥	硅酸盐水泥、快硬硅酸盐水泥
	要求快硬的混凝土	快硬硅酸盐水泥、硅酸盐水泥	普通硅酸盐水泥	矿渣硅酸盐水泥、火山灰质硅酸盐水泥、粉煤灰硅酸盐水泥
	高强(大于C46)的混凝土	硅酸盐水泥	普通硅酸盐水泥、矿渣硅酸盐水泥	火山灰质硅酸盐水泥、粉煤灰硅酸盐水泥
	有抗渗性要求的混凝土	普通硅酸盐水泥、火山灰质硅酸盐水泥		矿渣硅酸盐水泥
	有耐磨性要求的混凝土	硅酸盐水泥、普通硅酸盐水泥(标号≥325)	矿渣硅酸盐水泥(标号≥325)	火山灰质硅酸盐水泥、粉煤灰硅酸盐水泥

2. 砂的分类及用途

1)砂的分类

一般均采用天然砂,天然砂又分为河砂、山砂和海砂。按砂的粒径大小又分为粗砂、中砂、细砂和特细砂。在建筑工程上,目前均以平均粒径或细度模数(M_x)来区分。

(1)粗砂。平均粒径在0.5 mm以上,细度模数M_x为3.7~3.1。

(2)中砂。平均粒径为0.35~0.5 mm,细度模数M_x为3.0~2.3。

(3)细砂。平均粒径为0.25~0.35 mm,细度模数M_x为2.2~1.6。

(4)特细砂。平均粒径在0.25 mm以下,细度模数M_x为1.5~0.7。

2)混凝土用砂

(1)细度模数应为3.7~1.6,并应满足《混凝土工程施工及验收规范》中的级配要求。

(2)对细度模数为1.5~0.7的特细砂,应按建设部颁发的《特细砂混凝土配制及应用规程》(GBJ 19—65)的有关规定执行。

(3)山砂应按各地区的有关规定使用。

3. 石子的分类及用途

1)石子的分类

石子一般指粒径大于5 mm的岩石颗粒,按其形状分为碎石和卵石两种。按石子在混凝土中的级配可分为5~20 mm、5~40 mm和5~80 mm三种。其中,5~20 mm一般称为一级级配,5~40 mm一般称为二级级配,5~80 mm称为三级级配。

2)各类石子的用途

一级级配石子多用于薄板、薄壁、薄型构件和钢筋较密的混凝土结构,二级级配石子一般用于梁、柱等钢筋混凝土结构,三级级配石子一般用于无筋或少筋的大体积混凝土结构。同时,石子粒径还应满足不得大于结构截面最小尺寸的1/4、钢筋最小净距的3/4等要求。对于混凝土空心板,允许粒径为1/2孔壁的1/2厚。

4. 水的要求

(1)水中不应含有能影响水泥正常硬化的有害物质。

(2)pH小于4的酸性水和硫酸盐含量超过水重的1%的水,不能应用。

(3)海水不得用于钢筋混凝土和预应力混凝土结构中。

(4)一般应采用饮用的自来水或洁净的天然水。

5. 外加剂

为改善混凝土的工艺性能,一般在混凝土中会掺入适量的外加剂。掺入适量外加剂不但能加快工程施工进度,而且能节约水泥。但应注意掺入量要经过试验,使用时要由专人负责,精确称量,与水配成混合溶液,倒入拌合用水中搅拌均匀后再拌入混凝土中进行搅拌。外加剂根据不同用途分为以下几种:

(1)早强剂。主要用来提高混凝土的早期强度,可加快施工进度,保证冬期施工质量。

（2）减水剂。主要用来减少拌和用水，降低水灰比，改善和易性，增加流动性，改善混凝土的物理性能，促使其强度增长而节约水泥。

（3）速凝剂。主要用于气温过低时提高滑升模板的滑升速度、加快喷射混凝土凝结硬化的速度，并使其具有黏结力强、抗渗性能好等特点。

（4）缓凝剂。主要用于夏季推迟混凝土凝结的时间，以满足施工工艺的要求。

（5）抗冻剂。主要用来降低混凝土中水的冰点，使混凝土在负温情况下仍能凝结硬化。

（6）防锈剂。将其掺入混凝土中，用来达到防止钢筋生锈的目的。

（7）加气剂。主要用于在混凝土中产生封闭的微小气泡，以达到改善混凝土的和易性、增加坍落度、提高其抗冻和抗渗性的效果。

（8）消泡剂。主要用来消散混凝土中多余的空气或其他气体，增加混凝土的密实性。

三、混凝土施工

1. 搅拌机注意事项

（1）搅拌机应放置在平坦的位置，用方木垫起前后轮轴，将轮胎架空，以免在开机时发生移动。

（2）停机后，鼓筒应清洗洁净，且筒内不得有积水。

（3）电动机应设有开关箱，并应装漏电保护器。停机不用或下班后，应拉闸断电，并锁好开关箱。

2. 浇筑混凝土注意事项

（1）使用平板振动器或振动棒的作业人员，应穿胶鞋、戴绝缘手套。振捣设备应设有开关箱，并装有漏电保护器。

（2）已浇完的混凝土，应加以覆盖和浇水，使混凝土在规定的养护期内，始终能保持足够的湿润状态。

（3）水平运输采用手推车向料斗内倒混凝土时，应有挡车措施，不得用力过猛或撒把。

（4）垂直运输采用井架时，手推车车把不得伸出笼外，车轮前后应挡牢，并要做到稳起稳落。

（5）浇筑混凝土所使用的溜槽必须固定牢固，若使用串筒，则串筒节间应连接牢靠。在操作部位应设护身栏杆，严禁直接站在溜槽帮上操作。

（6）用泵送混凝土时，输送管道的接头应紧密可靠不漏浆，安全阀必须完好，管道的架子要牢固，输送前要试送，检修时必须卸压。

（7）浇灌框架、梁、柱的混凝土应设操作台，严禁直接站在模板或支撑上操作，以免踩滑或踏断坠落。

（8）浇筑拱形结构，应自两边拱脚对称同时进行；浇筑圈梁、雨篷、阳台等应有防护措施;浇筑料仓,应将下口先行封闭,并搭设操作平台,以防坠落。

(9)禁止人员在混凝土养护窑(池)边上站立或行走,同时应将窑盖板和地沟孔洞盖板盖牢、盖严,严防失足坠落。

(10)夜间浇筑混凝土时,应有足够的照明设备。

第三节 预应力混凝土工程

对钢筋预先施加应力,能充分发挥钢筋的抗拉高强性能和混凝土的抗压高强性能,提高构件的抗裂度和刚度,减轻自重,增强耐久性,节约材料。制作预应力混凝土构件,与普通混凝土相比增加了张拉工序,相应也增添了张拉设备机具和锚固装置。钢筋张拉工序中的主要安全问题,是防止钢筋及机具在受力状态下突然失控而发生物体打击事故。钢筋张拉按对钢筋施加预应力的工序时间分为先张法、后张法和同张法三类,按张拉钢筋的方法可分为机械张拉法和电热张拉法两种。

一、钢筋的预加应力

对钢筋或钢丝进行机械张拉、预加应力的方式有多种,有卷扬机张拉、液压拉伸机或穿心式千斤顶高压油泵张拉、液压千斤顶张拉、电动或手动螺杆张拉、倒链或荷重控制张拉等。所用机具如各类锚具夹具、台座横梁、拉钩、承力架等,均须根据所需承受的张拉力和施工工艺、技术规范和施工方案要求选用、制作。对钢筋或钢丝施加预应力时,无论是单控还是双控,均需有对钢筋延伸率、应力的限位控制装置。控制应力所用各类测力计应定期校核,防止因测力器失灵而超拉或断筋伤人。进行测量钢筋的伸长值和加楔、拧紧螺栓等作业时,必须先停止张拉,操作人员应站在钢筋两侧作业。

1. 先张法预加应力

用卷扬机进行先张法作业时,台座两端应设置防护设施。张拉时,沿台座长度方向每隔 4～5 m 设一个防护架,两端严禁站人,亦不准人员进入台座。当预应力筋拉至控制张拉力后,宜停 2～3 min 时间,在打紧夹具(或拧紧螺母)顶紧锚塞时,用力不要过猛,以防钢丝或钢筋折断。在拧紧螺母时,还应注意观察压力表读数,使之始终保持在控制的张拉力范围以内。先张法预加应力示意如图 8－1 所示。

2. 后张法预加应力

后张法张拉钢筋时,作业区应有明显标志,禁止非工作人员进入。进行张拉作业时,构件两端不准站人,并要设置防护措施。使用液压千斤顶,其支脚必须放置平正并与构件对准。直线预应力筋,应使张拉力的作用线与孔道中心线重合;曲线预应力筋,应使张拉力的作用线与孔道中心末端的切线重合。选择高压油泵的位置时,应考虑在张拉过程中构件可能出现突然破坏时操作人员能立即避开。张拉屋架预应力筋时,油泵位置宜在屋架端头上弦的侧面。油泵与千斤顶之间的所有连接点及紫铜管的喇叭口,必须完整无

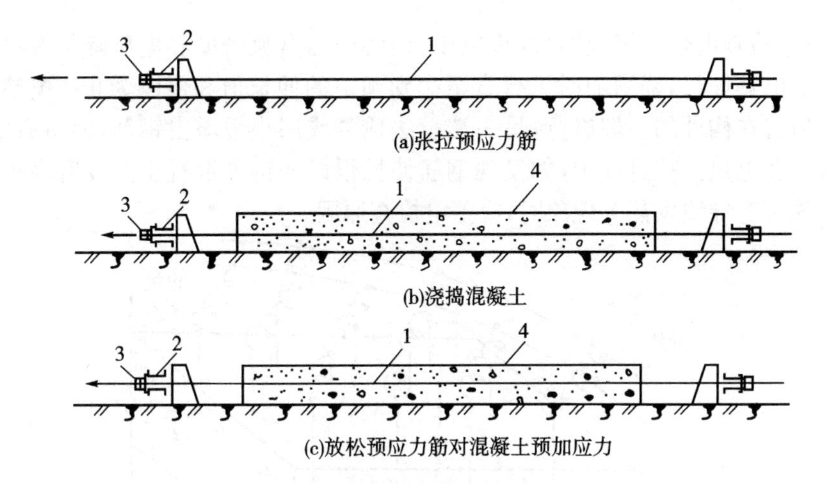

图 8－1　先张法预加应力示意

1—预应力筋；2—承力设备；3—夹具；4—混凝土构件

损。连接喇叭口的螺母要拧紧，油表接头处要用纱布包扎，以防漏油喷射伤眼。后张法预加应力示意如图 8－2 所示。

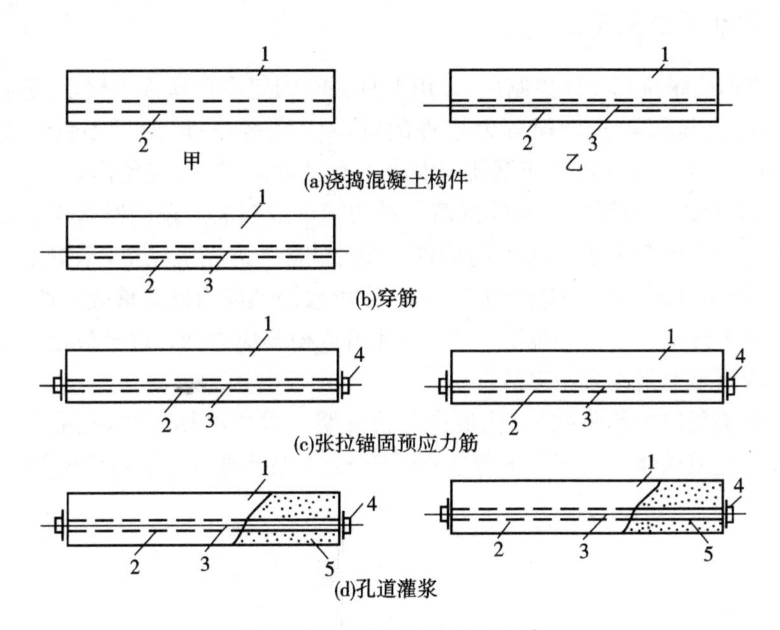

图 8－2　后张法预加应力示意

1—混凝土构件；2—孔道；3—预应力筋；4—锚具；5—灰浆

3. 电热法预加应力

电极电热养护法示意如图 8－3 所示。其电源线路应由专业电工按电业规定安装，并做好钢筋的绝缘处理。电热张拉构件的两端必须设置安全防护装置和明确警戒区域。操作人员必须穿胶鞋，戴绝缘手套，操作时应站在构件的侧面。正式开始电热张拉前应进行试张拉，检查电热系统线路、次级电压、钢筋中的电流密度和电压降是否符合要求。随着钢筋的电热伸长，锚固随时进行直至达到预定的伸长值和停电为止。电热张拉中，测量伸长值宜在构件的一端进行，另一端设法顶紧或用小锤敲击钢筋，使所有的伸长集中在一端。在电热张拉过程中，如发现钢筋伸长很慢而构件混凝土温度升高很快、电热设备发出噪声有导线发热等现象时，应停电检查原因。

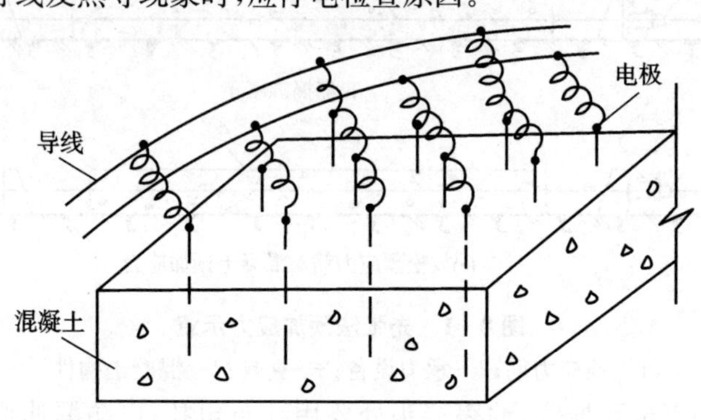

图 8－3　电极电热养护法示意

二、预应力混凝土施工

先张法将钢筋张拉到设计控制应力，用夹具临时固定在台座或钢模上，绑扎及立模工作完毕后，即可浇筑混凝土。预应力构件的混凝土强度，一般要求不低于 29.40 MPa（300 kgf/cm^2）。为了保证钢丝或钢筋与混凝土有良好的黏结、避免作业中发生事故，浇筑混凝土时，不允许人员踩踏或物体碰撞张紧的钢丝或钢筋。振动器捣实时也不应触碰钢丝或钢筋。一条预应力生产线上的构件混凝土，应一次浇筑完毕，不留施工缝隙。混凝土养护台，当强度达到设计强度的 70%时，方可放松预应力筋。重叠生产时，需待最后一层构件混凝土强度达设计强度的 70%后，才可放松预应力筋。过早放松会引起较大的预应力损失或因钢筋滑动发生事故。

采用后张法预应力筋张拉后，孔道应尽快灌浆。采用电热法时，孔道灌浆应在钢筋冷却后进行。孔道灌浆应采用强度等级不低于 32.5 级普通硅酸盐水泥配制的水泥浆。

第九章 屋面及防水工程

第一节 屋面施工

一、作业前

(1)不适应高处作业的人员不得进行屋面工程施工。

(2)作业人员进入现场,必须遵守安全生产纪律。作业人员应穿着轻便,禁止穿硬底鞋、高跟鞋、塑料鞋或带钉的鞋。

(3)检查安全设施是否齐全可靠,尤其是护栏、安全网、板梯等。

(4)冬期施工应有防滑措施,屋面的霜雪必须清扫干净。作业人员必要时应系好安全带。

二、作业时

(1)屋面坡度大于25°时,挂瓦必须使用移动板梯,板梯必须有牢固的挂钩。没有外架子时,檐口应搭设防护栏杆和防护立网。

(2)用屋架承重结构时,运瓦上屋面应两坡同时进行,脚要踏在椽条或桁条上,不要踏在挂瓦条中间。在平瓦屋面上行走时,脚要踩踏在瓦头上,不能踩踏在瓦片中间。

(3)波形瓦屋面施工应遵守以下规定:①必须搭设临时走道板,并将其搁支在桁条上;②屋面檐口周围应设不低于1.4m高的防护栏杆;③屋面运瓦、铺瓦均应沿两坡对称进行;④作业人员应将工具、螺栓、垫片等放在工具袋内,严禁散铺在屋面,在边缘处作业人员应系好安全带;⑤在波瓦上行走时,应踩踏在钉位或桁条上,不应在两桁之间的瓦面上行走,严禁在瓦面上跳动、踩踏或随意敲打。

(4)波形薄钢板屋面施工应遵守以下规定:①作业前,应检查屋面檩条是否平稳、牢固;②波瓦应顺坡堆放,每垛不得超过3张,禁止将材料放于不固定的横椽上,避免滚下发生事故;③在坡屋面钉铺薄钢板时,必须用带棱的防滑板梯,没有屋面板的工程,必须将防滑板反面两头钉牢挂钩及木楞;④剪下的碎钢板,应及时清除;⑤有霜、结冰或刮6级及以上大风时禁止作业。

(5)作业中出现的碎瓦、杂物等应集中下运,不得随意抛掷。

三、作业后

作业结束,应将屋面清理干净,将杂物集中下运。

第二节　防 水 施 工

一、作业前

(1)防水作业人员必须使用规定的防护用品，患有皮肤病、眼结膜病或对沥青严重过敏者不得从事沥青作业。

(2)检查运输工具，应牢固可靠。用滑轮吊运时，上面的操作平台应设防护栏杆；提升时，应拉牵绳，防止油桶摆动。

(3)熬制沥青的地点不得设在电线的垂直下方，一般应距建筑物 25 m；锅与烟囱的距离应大于 80 cm，锅与锅的距离应大于 2 m；火口与锅边应有高 70 cm 的隔离设施，临时堆放沥青、燃料的场地，离锅不小于 5 m。

二、作业时

(1)用熔化桶装沥青，应先将桶盖和气眼全部打开，用铁条串通后，方准烘烤。烘烤中应经常疏通油孔和气眼，严禁火焰与油直接接触。

(2)熬油前，应清除锅内杂质和积水。

(3)熬油必须有人看守，随时控制油温。熬油量不得超过油锅容量的 3/4。下料应慢慢溜放，严禁大块投放。

(4)锅内沥青着火，应立即用铁板盖住；停止鼓风，封闭炉门，熄灭炉火。严禁向燃烧的沥青浇水，应用干砂、湿麻袋灭火。

(5)配制冷底子油，下料应分批、少量、缓慢，且应不停搅拌。油量不得超过锅容量的 1/2，温度不得超过 80℃，并严禁烟火。

(6)装运沥青的勺、桶、壶等工具，不得用焊锡，盛油量不得超过容器的 2/3，桶宜加盖。肩挑或手推车，道路要平坦，绳具要牢固，吊运垂直下方不得有人。

(7)屋面铺贴卷材，四周应设 1.2 m 高的围栏，靠近屋面四周沿边应侧身作业。

(8)在地下室、基础、池壁、管道、容器内等处进行有毒、有害的涂料防水作业时，应定时轮换间歇，通风换气。

(9)涂料防水作业时，应符合以下规定：①配制材料的现场应有安全及防火措施；②配制、施工作业时，应戴手套、口罩，穿工作服等；③搅拌材料时，加料口及出料口应关严，传动部件加防护罩。

(10)地下防水修堵施工时，应符合以下规定：①堵漏施工照明用电应将电压降至 36～12V；②配促凝剂时，作业人员应戴口罩、手套；③处理漏水部位，需戴胶皮手套。

(11)灌浆堵漏施工时，应符合以下规定：①作业前应检查工具、管路及接头处的牢固程度；②配制浆液和灌浆时，作业人员应戴眼镜、口罩、手套等防护用品；③在通风不良处施工时,应有通风设备或排气设施;④氰凝浆液具有可燃性,施工时应禁止吸烟,远离火源,并设置消防器材。

三、作业后

(1)作业结束,应将沥青锅余火熄灭,关闭炉门,盖好锅盖。

(2)剩余涂料及其他材料应退库,不得随意堆放。

(3)作业后的有害、有毒场所,应暂停进入,并加快通风换气。

第十章　建筑机械

第一节　土方工程机械

土方工程施工主要有开挖、装卸、运输、回填、夯实等工序。目前，开挖机械主要有推土机、铲运机、单斗挖土机(包括正修、反铲、拉铲、抓铲等)、多斗挖土机、装载机，压实机械常用的有光碾压路机、振动压路机等。

一、推土机

1. 分类

(1)推土机可分为履带式和轮胎式两大类。其中，履带式推土机可在松软潮湿、坚硬土质及各种恶劣条件下工作，在施工中应用广泛；轮胎式推土机运行灵活、调运方便，但因附着牵引性较差，只适于在坚实平整的场地上作业，故使用范围受到一定的限制。

(2)按照铲刀安装方式不同，推土机可分为固定式和回转式。固定式推土机如图10－1所示，其铲刀方向不变，保持垂直于拖拉机的轴线(称直铲或正铲推土机)；回转式推土机的铲刀可在水平方向回旋一个角度，以进行斜铲作业，另外其铲刀还可以在垂直

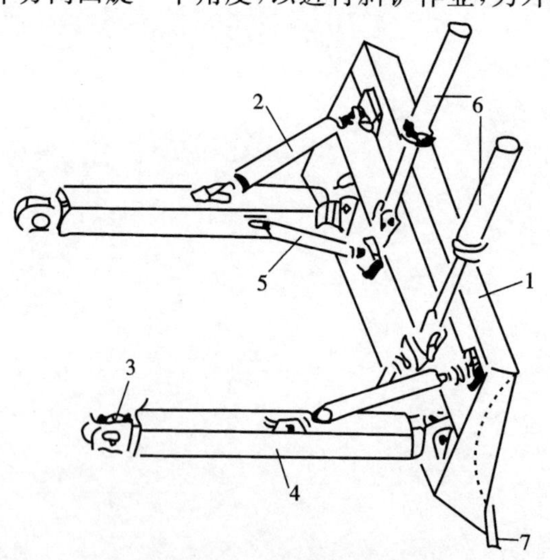

图10－1　固定式推土机工作装置构造

1—铲刀；2—垂直斜撑；3—连接柄；4—推臂；
5—水平斜撑；6—液压缸；7—刀片

面内倾斜一定角度，以进行侧铲作业。

（3）按照操作方式不同，推土机可分为机械式操作和液压式操作。前者提升铲刀主要依靠绞盘，通过钢丝绳来操作，下降或切入土体依靠铲刀自重来实现，铲刀笨重，但因其结构简单，故目前仍在使用。液压式操作比较轻便，升降灵活，可借助拖拉机底盘的重量，对硬土进行强制切入，其使用寿命较长，被广泛使用。

（4）常用推土机主要有机械履带推土机、液压履带推土机、液压轮胎推土机等三种。

推土机技术性能如表 10－1 所示。

表 10－1　推土机技术性能

型　　号	额定功率（kW）	结构重（t）	推　土　装　量				接地比压（N/cm²）	最大牵引力（kN）
			推土板（mm×mm）	安装方式	操纵方式	切土深度（mm）		
东方红 600	56	5.9	2 280×788	固定式	液压式	290		36
移山－80	67	14.9	3 100×1 100 3 720×1 040	固　定 回　转	机械式		6.3	99
T_2－100	67	16.0	3 800×860	回　转	液压式	650	6.8	90
上海 120	90	16.2	3 760×1 000	回　转	液压式	300	6.5	118
TY－240	180	36.5	4 200×1 600	回　转	液压式	600		320

2. 推土机使用要求

（1）推土机在坚硬土壤或多石土壤地带作业时，应先进行爆破或用松土器翻松土壤。

（2）不得用推土机推石灰、烟灰等粉尘物料或用作碾碎石块的作业。

（3）牵引其他机械设备时，必须有专人负责指挥。钢丝绳的连接必须牢固可靠。在坡道及长距离牵引时，应用牵引杆连接。

（4）作业前应重点检查：①各系统管路应无裂纹或渗漏；②各部螺栓联结件应紧固；③各操纵杆和制动踏板的行程、履带的松紧度、轮胎气压等均应符合要求；④绞盘、液压缸等处应无污泥。

（5）推土机行驶前严禁人员站在履带或刀片的支架上，机械四周应无障碍物，确认安全后，方可开动。严禁拖、顶启动。

（6）运行中不得将脚搁在制动踏板上，变速应在停机状态下进行，且不得强行啮合。

（7）在石子和黏土路面高速行驶或上下坡时，不得急转弯。需要原地旋转和急转弯时，应用低速进行。

（8）超越障碍物时，必须低速行驶，不得斜行或脱开一侧转向离合器超越。

（9）在浅水地带行驶或作业时，应先查明水深，水深应以冷却风扇叶不接触水面为限。下水前和出水后，均应对行走装置加注润滑脂。

（10）推土机上下坡均应用低速挡行驶，上坡不得换挡，下坡不得空挡滑行。横向行驶的坡度不得超过 10°。如需在陡坡上推土时，应先进行挖填，使机身保持稳定，方可作业。

(11)在上坡途中,如内燃机突然熄火,应立即放下刀片,并锁住自动踏板。待分离主离合器后,方可重新启动。

(12)无液力变矩器的推土机在作业中有超载趋势时,应稍微提升刀片或变换低速挡。

(13)填沟作业驶近边坡时,刀片不得越出边缘。后退时应先换挡,再提升倒车。

(14)在深沟、基坑或陡坡地区作业时,必须有专人指挥。基坑垂直边坡高度一般不超过 2 m。

(15)推房屋的围墙或旧房墙面时,其高度一般不超过 2.5 m。严禁推带有钢筋或与地基基础连接的混凝土桩等建筑物。

(16)推树干时应注意树干倒向和高空架设物。

(17)两台以上推土机在同一地区作业时,前后距离应大于 8 m、左右距离应大于 1.5 m。

(18)履带式推土机严禁长距离倒退行驶。

(19)停机时,应先分离离合器,落下刀片,锁住自动踏板,将主离合器操纵杆、变速杆置于空挡,然后再关闭内燃机。坡道停机,应将变速杆挂低速挡,接合主离合器,并将轮胎或履带揳住。

(20)工作结束后,应将推土机开到平坦安全之处,落下刀片,关闭内燃机,锁好门窗。

二、铲运机

铲运机是一种综合完成铲装、运输和卸土 3 个工序的土方机械。铲运机在运行过程中进行铲土,由于卸土工序在运行中进行,故可以将土平铺成一定厚度的土层,在大土方量工程施工中,更显示其优越性。在含水量大的黏土场地作业时,铲运机轮胎易陷入泥中或打滑。

1. 分类

(1)按牵引方式分为拖拉式和自行式。拖拉式铲运机用拖拉机牵引,运行速度低,适于运距短的工程;自行式铲运机的牵引车与铲斗通过牵引装置连接构成一整机,与拖拉式相比,其运行速度快,生产效率高,但挖土时需用助铲。

(2)按卸土方式分为自由卸载式、强制卸载式和半强制卸载式。自由卸载式完全靠物料自重卸载,对黏土和湿土卸不净,只适于非黏性土壤;强制卸载式以铲斗后壁作为推土板,沿侧壁和底板将土推出铲斗,卸土干净但功耗大;半强制卸载式利用铲斗的旋转,斗内土被倒出,土黏附得较少,功耗小。

(3)常用铲运机主要有以下几种:①自行轮胎式铲运机;②链板轮胎式铲运机;③自装轮胎式铲运机;④双动轮胎式铲运机;⑤自行履带式铲运机;⑥机械拖式铲运机;⑦液压拖式铲运机。

铲运机的工作情况如图 10-2 所示。

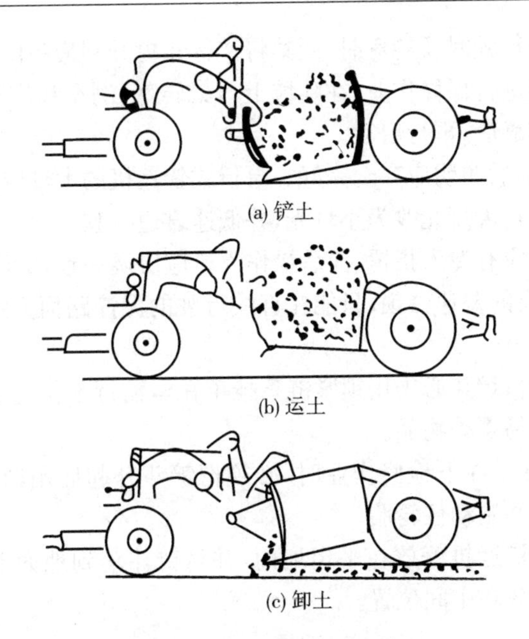

(a) 铲土

(b) 运土

(c) 卸土

图 10-2　铲运机的工作情况

(4)铲运机主要技术参数如表 10-2 所示。

表 10-2　铲运机主要技术参数

基本参数	型号								
	CL-7	CL-11	CL-16	CL-24	CL-40	CL-11-2	CL-16-2	CL-24-2	CL-40-2
铲斗几何容积(×1000 L)	7	11	16	24	40	11	16	24	40
最高行驶速度(km/h)	50								
整机净重(t)	16	24	40	57	75	34	51	66	88
牵引车净重(t)	11	17	24	36	58				
最大切削深度(mm)	250	300		350		300		350	
运输刀片离地(mm)	400	500							
比功率(kW/m^3)	21		19	16	15	28			

2. 使用要求

(1)在四级以上土壤作业时,应先翻松土壤,并清除障碍物。

(2)作业前,应按使用说明书的要求,对各有关部位进行检查,确认正常后方可启动。

(3)作业时,除驾驶人员外,严禁任何人滞留机上。

(4)两台铲运机同时作业时,前后距离拖式铲运机不得少于 10 m,自行式铲运机不得少于 20 m;平行作业时,两机间隔不得少于 2 m。

(5)上下坡道时,应低速行驶,不得途中换挡,下坡时严禁脱挡滑行。行驶的横向坡度不得超过 6°,坡宽应大于机身 2 m 以上。在新填筑的土堤上作业时,离坡边缘不得少于 1 m。

(6)需要在斜坡横向作业时,须先挖填,使机身保持稳定;作业中不得倒退。

(7)在不平场地上行驶时及转弯时,严禁将铲运斗提升到最高位置。

(8)在坡道上不得进行保修作业,在陡坡上严禁转弯、倒车和停车。在坡上熄火时应先将铲斗落地,制动牢靠后,再行启动。

(9)夜间作业时,前后照明应齐全完好。自行式铲运机的大灯应照出30m远,如遇对面来车,应在百米以外将大灯光改为小灯光,并低速靠边行驶。

(10)拖拉陷车时,应有专人指挥,前后操作人员应协调一致,确认安全后,方可起步。

(11)自行式铲运机的差速器锁,只能在直线行驶的泥泞路面上短时使用。严禁在差速器锁住时转弯。

(12)非作业行驶时,铲斗必须用锁紧链条挂牢在运输行驶位置上。机上任何部位均不得载人或装载易燃、易爆等物品。

(13)修理斗门或在铲斗下检修作业时,必须把铲斗升起后用销子或锁紧链条固定,再用垫木将斗身顶住,并制动住轮胎。

(14)作业后,应将铲运机停放在平坦地面,并将铲斗落到地面上。液压操作的应将液压缸缩回,将操纵杆放在中间位置。

三、装载机

装载机可用来对砂石等散状物料进行铲、挖、装、运、卸等作业,也可用来平整场地。更换不同的工作装置后,还能完成重物起吊、搬运等作业,或用作牵引动力。装载机因其用途多样,运转灵活,得到广泛的使用。

1. 分类

(1)按其结构形式,可分为单斗装载机和多斗装载机,其中以单斗装载机应用最广。

(2)按其行走装置,可分为轮胎式和履带式。轮胎式运行速度高、机动灵活,适于作业分散、转移频繁的施工,其缺点是重心高、稳定性差,对作业场地要求高;履带式牵引力大、稳定性好,适于路面条件差、作业集中的场所。

(3)按其动力装置、功率大小,可分为小型(100马力,即73.55kW以下)、中型(100～200马力,即73.55～147.10kW)、大型(200～700马力,即147.10～514.85kW)、特大型(700马力,即514.85kW以上)。

(4)按其卸料方式,可分为前卸式、后卸式、侧卸式和回转式。

(5)国产装载机一般用装载能力的吨位作为产品分级标志,拼音字母"Z"代表装载机;Z后面的数字表示额定吨位数的10倍;"Y"表示全液压传动;"L"表示轮胎式。例如"ZL50"即表示轮胎式装载机额定承载能力为5t。

国产装载机主要有以下几种:①机械履带装载机;②液压履带装载机;③液压轮胎装载机;④隧道型轮胎装载机。

2. 安全使用要点

(1)不得在倾斜度超过规定的场地上工作,作业区内不得有障碍物及无关人员。

(2)运送距离不宜过大,行驶道路应平坦。在石方施工场地作业时,轮式装载机应在轮胎上加装保护链条或用钢质链板直边轮胎。

(3)作业前,检查液压系统应无渗漏,液压油箱油量应充足,轮胎气压应符合要求,制动器灵敏可靠。

(4)起步前,应先鸣笛示意,将铲斗提升到离地面 0.5 m 左右。作业时,应使用低速挡。用高速挡行驶时,不得进行升降和翻转铲斗动作。严禁铲斗载人。

(5)装料时,铲斗应从正面插入物料,防止铲斗单边受力。

(6)铲臂向上或向下动作到最大限度时,应速将操纵杆回到空挡位置,防止在安全阀作用下发出噪声或引起故障。

(7)运转中,发现异常情况,应立即停车检查,待故障排除后,方可继续作业。

(8)作业后,应将铲斗平放在地面上,将操纵杆放在空挡位置,拉紧平制动器。

四、挖掘机

1. 分类

(1)挖掘机有单斗挖掘机和多斗挖掘机两大类。按动力装置分,有电驱动和内燃机驱动;按传动装置分,有机械传动和液压传动;按行走机构分,有履带式和轮胎式等。

(2)挖掘机主要由工作装置、转台及行走机构等组成。其中,工作装置包括铲斗、动臂及提升机构、变幅机构,转台包括动力装置、传动装置和操纵装置,行走机构包括行走履带及传动装置。挖掘机工作装置可根据需要,换装成正铲、反铲、拉铲和抓斗,有的还可以安装更多类型的工作装置,可一机多用。施工中常用的液压反铲挖掘机如图 10-3 所示,正铲工作装置如图 10-4 所示。

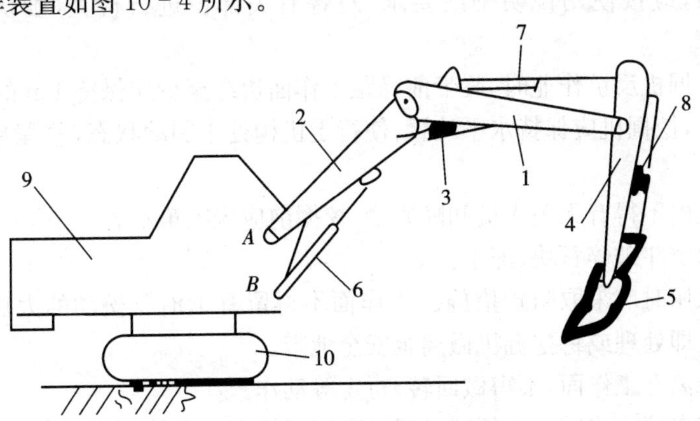

图 10-3　液压反铲挖掘机

1—上动臂;2—下动臂;3—调位油缸;4—斗杆;5—铲斗;6—动臂油缸;7—斗杆油缸;8—铲斗油缸;9—转台;10—行走机构

(3)常用挖掘机可分为 7 组 25 种类型。①单斗挖掘机,主要有履带式机械单斗挖掘机、履带式电动单斗挖掘机、履带式液压单斗挖掘机、履带式隧洞单斗挖掘机、轮胎式机

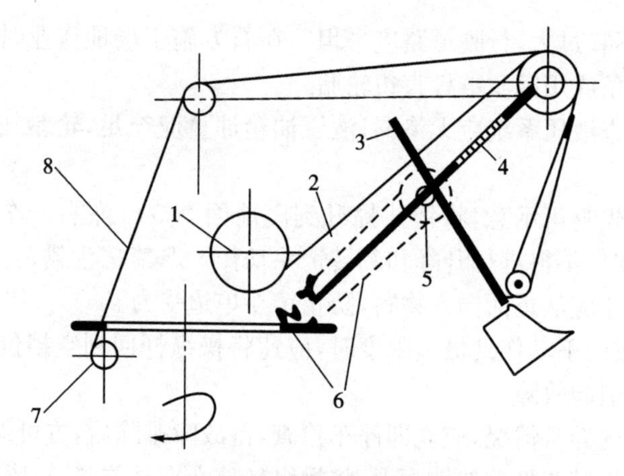

图 10-4　正铲工作装置

1—主绞车；2—提升钢丝绳；3—斗杆；4—动臂；5—推压轴；
6—推压链条；7—变幅绞车；8—变幅钢丝绳

械单斗挖掘机、轮胎式液压单斗挖掘机、轮胎式电动单斗挖掘机、步履式机械单斗挖掘机、步履式液压单斗挖掘机；②多斗挖掘机，主要有机械轮斗挖掘机、液压轮斗挖掘机、电动轮斗挖掘机、机械链斗挖掘机、液压链斗挖掘机、电动链斗挖掘机；③滚切挖掘机；④铣刀挖掘机；⑤多斗挖沟机，主要有机械轮斗挖沟机、液压轮斗挖沟机、电动轮斗挖沟机、机械链斗挖沟机、液压链斗挖沟机、电动链斗挖沟机；⑥隧道掘进机；⑦挖掘装载机。

2. 挖掘机械安全使用要点

(1)严禁挖掘未经爆破的五级及以上岩石或冻土。

(2)作业前，应按使用说明书的要求，对各有关部位进行检查，确认正常后，方可启动。

(3)单斗挖掘机反铲作业时，履带前缘距工作面边缘至少应保持 1 m 的安全距离。

(4)作业时，挖掘机应保持水平位置，使行走机构处于制动状态，揳紧履带或轮胎(支好支脚)。

(5)作业区内不得有无关人员和障碍物，挖掘前应先鸣笛示意。

(6)不得用铲斗破碎石块、冻土。

(7)挖掘悬崖时应采取防护措施。工作面不得留有伞沿及松动的大块石，如发现有塌方危险，应立即处理或将挖掘机撤离至安全地带。

(8)铲斗未离开工作面，不得做回转、行走等动作。

(9)在汽车未停稳或铲斗必须越过驾驶室而司机未离开前不得装车。

(10)作业或行走时，严禁靠近架空输电线路。挖掘机与架空输电导线的安全距离不得小于如表 10-3 所示的规定。

表 10-3　挖掘机与架空输电导线的安全距离

输电导线电压	1 kV 以下	1～15 kV	20～40 kV	60～110 kV	220 kV
允许与输电导线垂直方向最近距离(m)	1.5	3	4	5	6

(11)操作人员离开驾驶室时，必须将铲斗落地。

(12)上下坡道时不得超过本机允许最大坡度，下坡用慢速行驶，严禁在坡道上变速和空挡滑行。

(13)检查轮胎气压应符合标准要求，经常清除有损轮胎的异物。

(14)检查液压挖掘机的各有关部位应无漏油现象。

(15)液压挖掘机作业时，应注意液压缸的极限位置，防止限位块被摇出。

(16)液压挖掘机作业时，如发现挖掘力突然变化，应停机检查。严禁在未查明原因前擅自调整分配阀压力。

(17)作业结束后，应将挖掘机停在坚实、平坦、安全的地方，并将铲斗落地。

五、压路机

1. 光碾轮压路机

1)光碾轮压路机工作装置和种类

(1)光碾轮压路机的工作装置是几个由钢板卷成或由铸钢铸成的圆柱形中空(内装压重材料)滚轮组成的。工作时，利用光面的碾压轮和机身重量对地面进行压实或压光。

(2)按其碾压轮和轮轴数目，可分为二轮二轴式、三轮二轴式和三轮三轴式；按其机械自重大小，可分为轻型(2～6 t)、中型(6～10 t)和重型(10～15 t)。

(3)常用压路机类型主要有拖式光轮压路机、拖式凸块压路机、拖式羊脚压路机、拖式格栅压路机、两轮压路机、三轮压路机。

2)安全要点

(1)变换压路机的前进、后退方向时，要在滚轮停止转动后进行。

(2)在新筑道路上碾压时，应从中间向两侧碾压，距路基边缘不能太近，应至少保持 0.5 m 的安全距离；修筑山区道路时，要从内侧向外侧碾压，距路基边缘不少于 1 m。

(3)上坡时变速应在制动后进行，下坡时不得脱挡滑行。

(4)两台以上同时作业时，前后间距应保持 3 m 以上；在坡道上不得纵队行驶，防止碰撞。

(5)需要增加机重时，可在滚轮内加黄沙或水。但应注意气温降至 0 ℃时，不得用水增重，防止冻胀。

(6)在运行中，不能进行维修和加油。需在机车底部进行修理作业时，必须将发动机熄火后，用制动器制动并揳住滚轮。

(7)压路机作业结束后，应停放在平坦、坚实的地方。严寒季节停机时，应用木板垫在滚轮下方与地面隔离，防止滚轮与地面冻结。

2. 振动压路机

1)振动压路机工作原理和种类

(1)振动压路机实际上是将振动装置安装在压路机上的一种机械，主要由原动机、振动装置和夯架等三部分组成。振动压路机是利用偏心振动装置在高速旋转时所产生的离心作用，对被压材料进行振动压实。由于被压材料的颗粒产生共振，改变了原来结构，产生了相对移动，互相填补空隙，所以其密度大大增加。

与滚轮压路机相比，振动压路机在压实质量、压实厚度和生产效率等方面都优于滚轮压路机，其缺点是不适于在黏土上作业。另外，其振动产生的噪声，会给操作环境带来污染。

(2)振动压路机主要有振动夯实机、振动压路机和振动拖轮。

(3)常用振动压路机主要包括轮胎驱动光轮振动压路机、轮胎驱动凸块振动压路机、钢轮轮胎组合振动压路机、两轮串联振动压路机、两轮并联振动压路机、四轮振动压路机、平扶振动压路机。

2)安全注意事项

(1)自行式振动压路机只能在压路机行走后再行起振，并应在压路机停车前停振。

(2)在坚硬的路面上行走时严禁振动，防止给机车造成过大的反力而损坏机件。

(3)碾压松软路基时，应先在不振动情况下碾压1～2遍，然后再振动碾压。严禁在尚未起振的情况下调节振动频率。

(4)换向离合器、起振离合器和制动器的调整，必须在主离合器完全脱开后进行。在急转弯时不许用快速挡，防止翻车。

第二节　建筑起重机

一、建筑起重机分类

建筑起重机除塔式起重机外，还有以下7类22种。

(1)汽车起重机。主要包括机械式汽车起重机、液压式汽车起重机、电动式汽车起重机。

(2)轮胎起重机。主要包括机械式轮胎起重机、液压式轮胎起重机、电动式轮胎起重机。

(3)履带起重机。主要包括机械式履带起重机、液压式履带起重机、电动式履带起重机。

(4)管道起重机。主要包括机械式管道起重机、液压式管道起重机。

(5)桅杆起重机。主要包括斜撑式桅杆起重机、缆绳式桅杆起重机。

(6)缆索起重机。主要包括辐射式缆索起重机、平移式缆索起重机、固定式缆索起重机。

(7)卷扬机。主要包括单筒快速卷扬机、单筒慢速卷扬机、单筒多速卷扬机、双筒快速卷扬机、双筒慢速卷扬机、手动卷扬机。

各类起重机的安全装置与塔吊基本相同,这里不再叙述。

二、轮式起重机使用注意事项

(一)轮式起重机稳定性计算

1. 行驶稳定性计算

1)纵向行驶稳定性计算

起重机在行驶过程中,由于某种原因(如上坡),当其前轮(转向轮)对地面的法向作用力为零时,则起重机前轮不能控制行驶的方向;当其后轮(驱动轮)对地面的法向作用力所引起的牵引力为零时,则车辆失去行驶能力。

如图 10-5 所示为起重机在上坡道上行驶受力状态。由于上大坡,故不考虑惯性力和风力。此时,起重机前轮对地面的作用力 $Z_1=0$,各作用力在后轮与地面的接触点 Q_2 上,力矩平衡式为:

$$Gh_g\sin\alpha-GL_2\cos\alpha=0 \quad (10-1)$$

失去操纵稳定的极限坡度为:

$$\alpha_\varphi=\tan^{-1}\frac{L_2}{(h_g)} \quad (10-2)$$

当车辆下滑力接近驱动轮上的黏着力,即 $F=Zf$ 时,驱动轮打滑,这时的极限坡度角有两种情况。

后轮驱动:
$$\alpha_\varphi=\tan^{-1}\left(\frac{L_1\varphi}{L-h_g\varphi}\right) \quad (10-3)$$

全轮驱动:
$$\alpha f=\tan^{-1}f \quad (10-4)$$

式中,f——黏着系数,一般取 0.7～0.8。

从以上计算式中可以看出,不论是后轮驱动还是全轮驱动,车辆的行驶稳定条件应满足:

$$\frac{L_2}{h_g}>f \quad (10-5)$$

2)横向行驶稳定性计算

起重机在弯道上或直道上转向行驶时,由于受到侧向力(如惯性离心力、横向风力等)的影响,致使起重机侧向滑移或横向倾覆。如图 10-6 所示为起重机横向行驶时的受力状态。

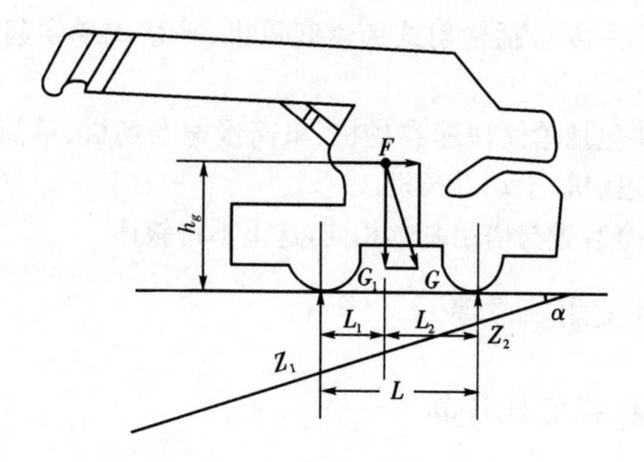

图 10－5　起重机上坡行驶受力状态

G—起重机总重量；α—坡度角；h_g—起重机重心高度；L—轴距；L_1，L_2—前、后轮至重心的距离；Z_1，Z_2—前、后轮支点反力；F—G沿斜坡向下的分力；G_1—G垂直于斜坡的分力

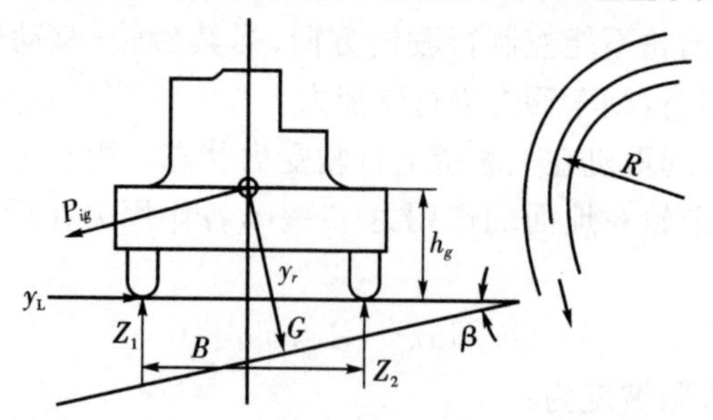

图 10－6　起重机横向行驶受力状态

G—起重机自重；R—平均转弯半径；h_g—起重机重心高度；B—轮距；P_{ig}—惯性离心力；Z_1，Z_2—车轮垂直支承反力；y_L，y_r—车轮水平支承反力；β—横向坡度角

此时在车辆重心上的作用力有起重机自重力 G 和惯性离心力 P_{ig}。当 $Z_r=0$ 时，起重机侧向左倾覆极限条件为：

$$\tan\beta_0=\frac{\left(\frac{V^2}{g\cdot R}\cdot h_g\right)-\frac{B}{2}}{h_g+\frac{V^2}{gR}\cdot\frac{B}{2}}\qquad(10-6)$$

从式 10－6 可以看出，横向坡度角不得小于 β_0。若在水平路面（$\beta=0$）上，当转弯半径为 R 时，车辆的转向允许速度可按下列公式计算：

$$V_{\beta\max}=\sqrt{\frac{gRB}{2h_g}}\qquad(10-7)$$

式中，g——重力加速度。

当侧向力大于或等于侧向黏着力时，其极限条件为：

$$\tan\beta_0=\frac{\frac{V^2}{gR}-\varphi}{1+\frac{V^2}{gR}\varphi} \tag{10-8}$$

从式 10－8 可以看出，当在水平路面上、转向半径为 R 时，车辆不致侧向滑移的最大允许速度为：

$$V_{\beta\max}=\sqrt{g\cdot\varphi R} \tag{10-9}$$

从以上两式可以看出，起重机横向行驶稳定性的基本条件为：

$$\frac{B}{2h_g}>\varphi \tag{10-10}$$

2. 稳定性计算

在起吊临界起重量时，起重机处于稳定的临界状态，即在倾覆线内，外侧静力矩互相平衡，即稳定力矩 M_s＝倾翻力矩 M_r。轮式起重机倾覆线如图 10－7 所示。如图 10－8 所示为静起重的稳定计算图式。

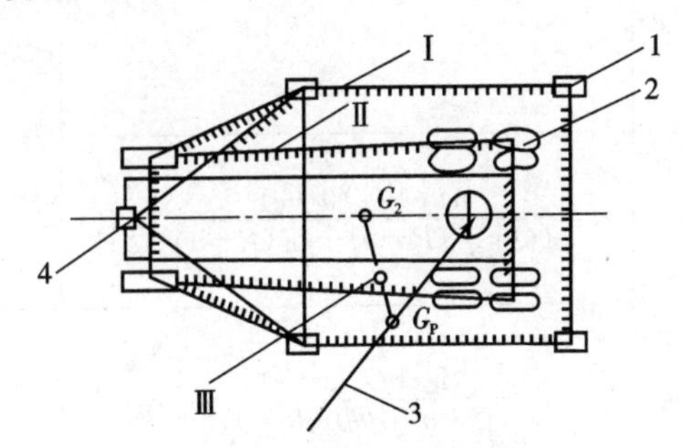

图 10－7　轮式起重机的倾覆线

1—支腿；2—轮胎；3—起重臂；4—第五支腿；

Ⅰ—用支腿的倾覆线；Ⅱ—不用支腿的倾覆线；Ⅲ—整机重心位置

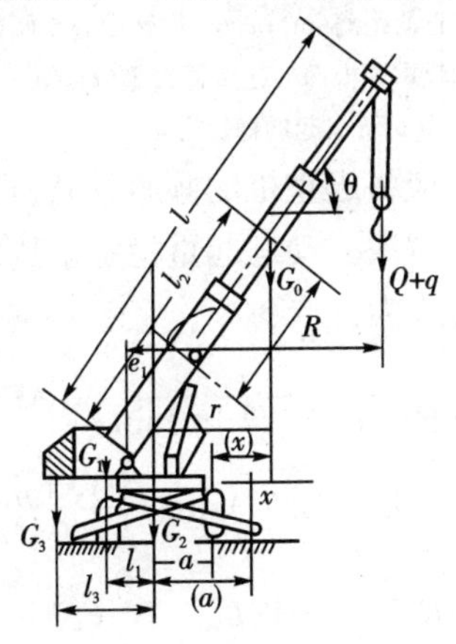

图 10－8　静起重稳定计算图式

静稳定安全系数 K 值可按表 10－4 所列的公式进行计算。

表 10－4　静稳定安全系数 K 不同计算方法

序号	稳定力矩 M_s	倾翻力矩 M_r	稳定安全系数 $K=\frac{M_s}{M_r}$	临界起重量 Q_{CT}	$[K]$值
1	$M_s=M_{sg}-G_b\times(r-a)=M_{sg}+G_r\times(a+e)-G_h\times(R-a)$	$M_r=(Q+q)\times(R-a)$	$K=\frac{M_{sg}+G_r(a+e)}{(Q+q)(R-a)}-\frac{G_h}{Q+q}\geqslant[K]$	$Q_{CT}=KQ+(K-1)q$	1.4 $[K_0]=1.5$
2	$M_s=M_{sg}$	$M_r=(Q+q)\times(R-a)+G_b(r-a)=(Q+q)\times(R-a)-G_r(a+e)+G_h(R-a)$	$K=\frac{M_{sg}}{(Q+q)(R-a)-G_r(a+e)+G_h(R-a)}\geqslant[K]$	$Q_{CT}=KQ+(K-1)\left[q+G_b\frac{r-a}{R-a}\right]=KQ+(K-1)\left[q+G_h-G_r\times\frac{a+e}{R-a}\right]$	1.33 $[K_0]=1.4$
3	$M_s=M_{sg}+G_r\times(a+e)$	$M_r=(Q+q)\times(R-a)+G_h(R-a)$	$K=\frac{M_{sg}+G_r(a+e)}{(Q+q)(R-a)+G_h(R-a)}\geqslant[K]$	$Q_{CT}=KQ+(K-1)\times(q+G_h)$	1.25 $[K_0]=1.35$
4	$M_s=M_{sg}+G_r\times(a+e)$	$M_T=(Q+q)\times(R-a)+G_h r\times(R-a)$	$K=\frac{M_{sg}+G_r(a+e)}{(Q+q+rG_h)(R-a)}\geqslant[K]$	$Q_{CT}=KQ+(K-1)\times q+(K_r-1)G_h$	$R=0.85$ $[K]=1.30$ $[K_0]=1.45$

注：$[K_0]$为不用支腿吊重时最小稳定系数，$[K]$为用支腿吊重时最小稳定系数。

表中，Q——起重机吊物的重量(t)；q——起重机吊具的自重(t)；R——起重幅度(m)；G_b——起重臂自重(t)；r——起重臂重心至回转中心的距离(m)；a——回转中心至倾覆线距离(m)；e——起重臂下铰点至回转中心的距离(m)；G_r——作用在起重臂根部的起重臂自重(t)；G_h——作用在起重臂端部的起重臂自重(t)；M_{sg}——由回转、底盘、平衡重等重量所引起的稳定力矩。

起重机动态稳定系数计算，应将起重机的倾斜、回转惯性离心力、起升惯性力和风力等考虑进去，一般用静平衡方程解决。动态起重稳定系数的计算图式，如图 10－9 所示。

动态稳定系数 K' 的计算公式为：

$$K'=\frac{1}{(Q+q)[(R-a)+(H+b)\sin\alpha]}\Big[M_s-G_b(r-a)-(G_1h_1+G_2h_2+G_3h_3+G_bh_b)\sin\alpha-\frac{(Q+q)n^2R}{900-n^2h_g}(H+b)-\frac{(Q+q)V}{gt}(R-a)-W_1h_W-W_2(H+b)\Big]\geqslant1.15 \tag{10-11}$$

式中，h_1、h_2、h_3、h_b——自重 G_1、G_2、G_3、G_b的重心高度；

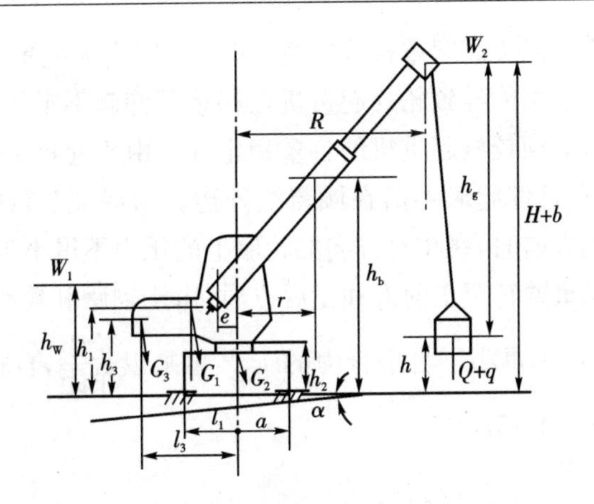

图 10-9 轮式起重机动态稳定系数计算图式

R——幅度；

r——起重臂重心至回转中心距离；

α——起重机倾斜度，用支腿时眼睛找平，一般控制在 $1°\sim1°30'$，不用支腿时为 $3°$（$\cos\alpha\approx1$）；

$H+b$——起重臂头部离地高度；

h——重物离地面高度；

h_g——货物重心至起重臂头部距离，$h_g=H+b-h$；

V——重物起升速度；

t——启动时间；

g——重力加速度；

W_1、W_2——作用在起重机上和重物上的风力合力（工作风压时风力）；

h_W——风力 W_1 作用点高度；

n——回转速度。

$$M_{sg}=G_1(l_1+a)+G_2+G_3(l_3+a) \qquad (10-12)$$

式中，G_1——回转部分重量（t）；

G_2——底盘重量（t）；

G_3——平衡重重量（t）；

l_1——G_1 至回转中心的距离（m）；

l_3——G_3 至回转中心的距离（m）。

由于液压支腿具有良好的调平性，所以在计算起重机动态稳定系数时有时可不考虑倾斜的影响（$\alpha=0$）。在实际计算中，中小型轮式起重机可以只计算静稳定系数，而对大型长臂轮式起重机才考虑动稳定性问题。这时，可先计算静稳定系数再核算动稳定系数。

增大稳定力矩 M_s 可以提高起重机稳定性，可以采用增大配重（平衡重）G_3 的方法获得。但要注意配重过大，可能导致轮式起重机在起重臂仰起不工作（此时不用支腿）时向相反方向倾覆。因此，必须校核起重机的自重稳定性。由于起重机不工作，无外载荷，故起重机自重合力在起重臂仰起时不落在倾覆线外边。为保证起重机有一定静稳定安全度，规定起重臂在正侧方向时，在相对方向的轮胎上的压力不得小于自重合力的15%，如图10－10所示。当起重臂转至正前方和正后方时，由于轴距和轮距不相等，故受力最小的轮胎上的支承反力 R 不得小于自重合力的15%再乘以$\frac{轮距}{轴距}$，自重合力 G 距倾覆线另一侧的距离不变，即 $x \geqslant 0.15B$。

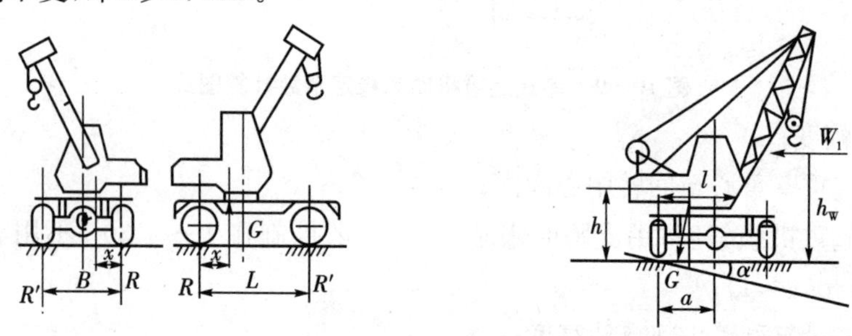

图10－10　自重稳定性计算图式

L——轴距；x——倾覆线另一侧轮胎至自重合力 G 的距离；R、R'——轮胎支承反力

在考虑到倾斜的影响和非工时风力作用，自重动态稳定系数也可以由下式近似求得：

$$K' = \frac{G[(a-l)\cos\alpha - h\sin\alpha]}{W'_1 \cdot h_W} \geqslant 1.15 \qquad (10-13)$$

式中，l——自重合力 G 至回转中心距离；

h——自重合力 G 重心高度；

α——倾斜角度（取3°），$\cos\alpha \approx 1$；

W'_1——作用在机身上的风力合力（以9级风计算）；

h_W——风力 W'_1 作用点高度。

此外，若轮式起重机不用支腿，起重臂全部外伸平置或仰起慢速行驶时不满足上述两种自身稳定条件，则必须在使用说明书上注明。

（二）轮式起重机使用的一般要求

（1）起重机用火车或轮船运输时，可沿着13°以下的斜坡自行行驶到铁路平板车或轮船上。铁路运输时，将起重臂、斜支架、操纵室顶棚、变幅滑轮组拆下放于平板车上，并用枕木垫好。回转平台与机架面须用木楔揳紧，防止转动。此外，还要支上支腿以减少轮胎负荷，刹紧手制动器，轮胎前后须用木楔揳紧，并用钢丝绳将机身四角拉紧。拆下的附件，亦必须捆绑牢固,任何方向绝不允许有移动。

冬天严寒季节,必须将散热器内的水及蓄电池内的酸液放出。

(2)起重机使用时,无论是用支腿还是不用支腿,依照起重机性能提升最大荷载时必须先将重物提升至离地面 20～50 cm,试验离合器、制动器是否可靠,稳定性是否良好。

(3)在进行任何作业前,起重机司机必须发出信号。

(4)起重机不打支腿工作时,轮胎气压应为 70 N/cm^2。

(5)在正常工作条件下,起重机应处于水平位置。如在不平场地作业,则机架倾斜度不得超过 3°,并应放下支腿,在支腿下方垫以方木。

(6)禁止吊拔埋在地下或被其他物件压着的重物。

(7)负载起落起重臂时,只允许低速进行,且起重幅度及起重量不得超过规定范围。

三、履带式起重机使用注意事项

(1)驾驶员必须执行各项检查与保养规定。发动机启动前,必须将所有操纵手柄放在空挡位置。发动机启动后应注意机油表、柴油表、电流表、温度表等指示是否正常和是否有异响。应先确认发动机运转正常,再接合主离合器,进行空载运转,确认正常后,方可作业。

(2)起重机工作前应注意在起重机起重臂回转范围内有无障碍物。

(3)起重机起重臂最大仰角不得超过原厂规定。无资料可查时,最大仰角不得超过 78°。

(4)起重机吊起满荷载重物时,应先吊离地面 20～50 cm,检查并确认起重机的稳定性制动器可靠和绑扎牢固后,才能继续起吊。

(5)物体起吊时,驾驶员的脚应放在制动器踏板上,并密切注意起吊重物升降状态,勿使起重吊钩到达顶点。

(6)起重最大额定重物时,起重机必须置于坚实的水平地面上。如地面松软或不平,则应采取措施。起吊时,一切动作应以极缓慢的速度进行,禁止同时进行两种动作。

(7)起重机不得在架空输电线路下工作。在通过架空输电线路时应将起重臂落下,以免碰撞电线。

(8)工作完毕后,应将起重机柴油机电门关闭,操纵手柄置于空挡位置,制动手柄推到制动位置,冬季还应将水阀打开,放掉冷却水,并将司机室门窗锁住后,驾驶员方可离开。

(9)如遇重大物件必须使用两台起重机同时起吊时,重物重量不得超过两台起重机所允许起重量总和的 75%。绑扎时应注意载荷的分配情况,应使每台起重机分别担负的负荷不得超过该机允许载荷的 80%,以免其中任何一台负荷过大而造成事故。在起吊时必须对两机进行统一指挥,使两者互相配合,动作协调。在整个吊装过程中,两台起重机吊钩滑轮组均应基本保持垂直状态。

为保证安全作业，最好使两机同时起钩。如遇特殊情况不能同时，则在起吊时应使主机先将构件吊起，在落钩时则令副机先将构件落到需要位置。

四、电动葫芦使用注意事项

(1)电动葫芦在未安装前，切勿通电试运转。新安装的电动葫芦，应先进行空车试运转。

(2)电动葫芦在使用前，应进行超负荷试验。其方法和步骤如下：①静载试验，即指将超过额定起重量25%的重物吊离地面10 cm，先停留10 min，然后将重物放下，检查各部状况是否良好。②动载试验，即指将超过额定起重量10%的重物吊起，做重物升降和吊重行走动作数次，然后将重物放下，检查机械传动和电气部分是否正常。

静、动载试验合格后，方准投入使用。

(3)电动葫芦的使用环境应符合有关的技术要求，通用型电动葫芦不准用于易燃、易爆、腐蚀及湿热等环境。

(4)不准超负荷吊重，禁止用电动葫芦斜吊或拖拉重物。

(5)电动葫芦高度限位器是为了防止吊钩起升超过极限的安全装置。不能用限位开关代替正常操作。

(6)停止工作时，应将重物放下，不允许将重物悬挂在空中。

(7)工作完毕后，应将电源切断。

(8)在正常使用情况下，每10 d应检查润滑1次。

(9)电动葫芦钢丝绳的技术条件及保养应按有关规定执行。

五、手拉葫芦使用注意事项

(1)使用前应认真检查。检查转动部分是否灵活，是否有卡链现象，链条是否有断节及裂纹，制动器是否安全可靠，销子是否牢固，吊挂绳索及支架横梁是否结实稳固。经检查合格方可使用。

(2)在使用时，应检查起重链条是否打扭。如有打扭现象，待调整好后方可使用。

(3)在使用时，先将手链反拉，将起重链条倒松，使倒链有足够的起升距离。操作时注意慢慢拉紧，使链条逐渐受力，检查无异常现象后，方可正式操作。

(4)在起重作业中，严禁超载使用。在使用时不论处于什么位置，拉链应与链轮方向一致，防止拉链脱槽。拉链时用力要均匀，不得过快过猛。当用于水平方向时，应在细链的入口处垫物承托链条，以防发生故障。

(5)在使用过程中，应根据倒链起重能力的大小决定拉链的人数。手拉链拉不动时，应查明原因，不能贸然增加人数或猛拉，以免起重链条受力过大而断裂。

(6)起吊物体时,如需要暂时将物体悬空,应将手拉链拴在起重链上,防止倒链自锁失灵造成意外事故。

(7)转动部件要定期润滑,防止链条锈蚀。严重锈蚀及有断痕或裂纹的链条应报废更新,不得凑合使用。

(8)每6个月应对链条和钢丝绳检查一次,每12个月应以葫芦额定载荷的25%进行一次试验。

第三节　桩 工 机 械

一、桩工机械分类

根据不同施工方法,桩工机械可分为预制桩和灌注桩两类。

1. 预制桩施工机械

预制桩的施工方法主要有三种,即打入法、振动法、压入法。

(1)打入法。是指用桩锤冲击桩头,使桩贯入土中。打入法使用的桩机主要有三种:①蒸汽锤,其以蒸汽或压缩空气为动力,在柴油锤发展起来后,逐渐被淘汰;②柴油锤,工作原理类似柴油发动机,是目前使用较普遍的桩机,但公害较严重;③液压锤,是一种新型打桩机械,具有冲击频率高、冲击能量大、公害少等优点,但其构造复杂,造价高。

(2)振动法。用振动锤使桩身产生高频振动,桩尖和桩身的振动使周围土的阻力大大减小,在桩的自重上施加压力,便可使桩贯入土中。

(3)压入法。将桩头套在压桩机的卡头上,通过压桩机的液压装置,给桩以强大静压力,把桩压入土中。压入法具有噪声小、桩头不受损坏的优点,但桩机笨重。

2. 灌注桩施工机械

灌注桩的施工关键在成孔,有挤土成孔和取土成孔两种方法。

(1)挤土成孔法。把一根钢管打入土中,至设计深度后,将钢管拔出,即可成孔。其使用桩机与打预制桩相同,一般采用振动锤,既可将钢管打入,又可将钢管拔出。

(2)取土成孔法。使用的桩机主要有四种:①螺旋钻孔机,其工作原理类似麻花钻,边钻孔边出土,是施工小直径桩孔的主要设备;②反循环钻机,这种钻机的钻头只进行切土作业,构造很简单,取土的方法是把土制成泥浆,用空气提升法或喷水提升法,将泥浆取出;③回转斗钻孔机,其挖土、取土装置是一个钻斗,钻斗下有切土刀,斗内可以装土;④全套管钻孔机:是一种大直径成孔设备,它利用冲抓锥挖土、取土,为防止孔壁坍落,在冲抓的同时,将一套管压入。

二、柴油打桩机

按其桩锤结构的不同,柴油打桩机可分为导杆式、汽缸式和筒式三种。

1. 导杆式柴油锤

(1)构造。锤的冲击部分沿导杆上下移动。导杆上端是横梁,下端固定在底座上,底座有活塞,活塞装有喷油器并与高压油泵相连,高压油泵由运动的汽缸驱动。调节油门,使高压油泵喷油量增加或减少。如图10－11所示。

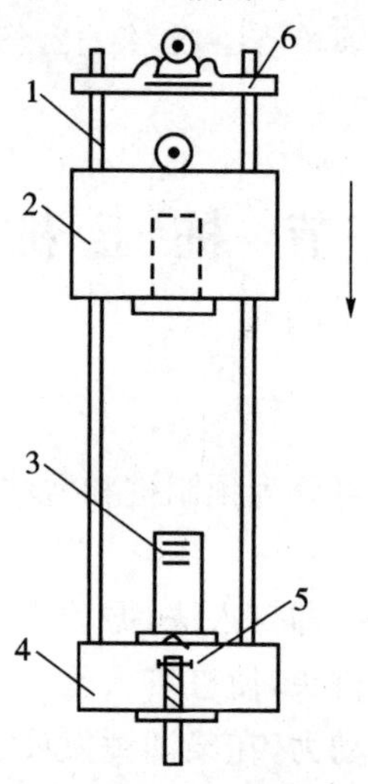

图 10－11　导杆式柴油锤

1—导杆;2—汽缸;3—活塞;4—底座;5—高压油泵;6—横梁

(2)操作方法。桩锤起吊前,汽缸应在下方,防止偶然自动落锤发生事故。工作开始时,放下钩架,使其与汽缸勾连,然后开动卷扬机,把钩架与汽缸一起提升。搬动操作杆,使汽缸落下,桩锤开动。当汽缸快要落到活塞上时,拉动油门,使油泵供油。若油门拉住不动,则油泵停止供油,桩锤停止工作。

2. 筒式柴油锤

(1)构造。主要由锤体、燃料供给系统、滑润系统、冷却系统及起落架等组成,如图10－12所示。

筒式柴油锤的汽缸是固定的,冲击部分是活塞。活塞下端呈球形,汽缸底部有一球形凹窝。当活塞向下运动时,低压油泵把柴油压入球形凹窝中;当活塞冲击在汽缸底部时,由于柴油雾化燃烧产生的力使活塞向上跳动。筒式柴油锤每分钟冲击 50～60 次,配置万能式桩架,可打直桩及斜桩。

锤体。全部工作机构设置在锤体内,锤体由上汽缸、下汽缸、上活塞、下活塞等组成。其中,上活塞是桩锤的冲击部分,下活塞承受上活塞的冲击并传给桩头的部件。

冷却系统有水冷却和空气冷却两种。起落架是用来启动桩锤和提升桩锤的装置,主要由导向和牵引机构、启动机构、提锤机构、卡锁机构等组成。起落架如图 10－13 所示,拉杆起落架拉杆动作如图 10－14 所示。

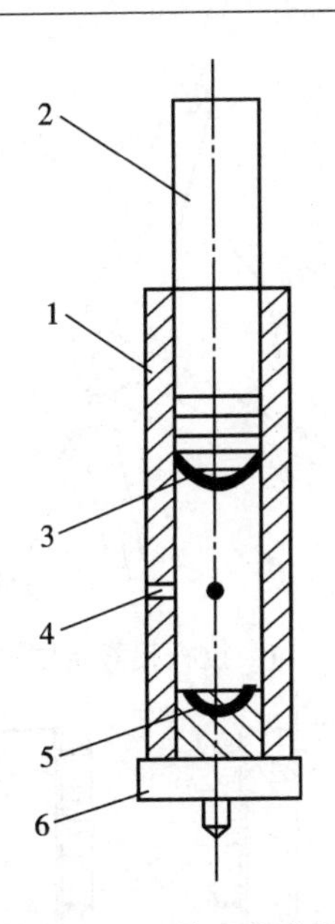

图 10-12　筒式柴油锤

1—汽缸；2—活塞；3—球头；4—进排气孔；5—球形凹窝；6—底座

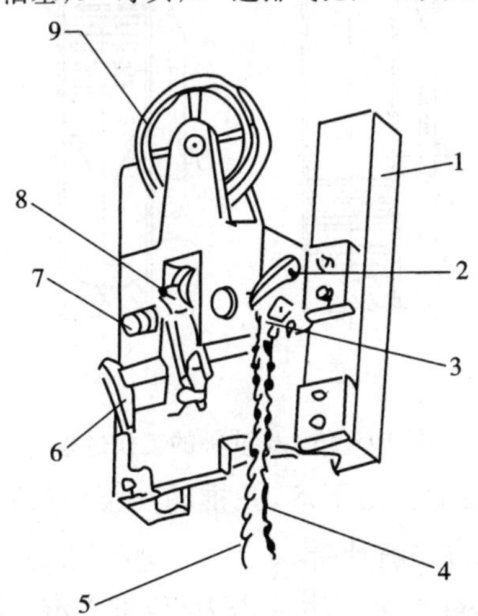

图 10-13　起落架

1—导向板；2—提锤机构拉杆；3—机械锁；4—机械锁操纵绳；5—拉杆操纵绳；

6—启动机构摇杆；7—提锤机构齿爪；8—启动机构启动钩；9—滑轮

(2)用起落架提升桩锤过程。起落架有两个作用：一是把锤芯提起，形成势能，为启动桩锤作用；二是把整个桩锤提起，为桩就位后打桩起到固定桩的作用。

柴油锤的工作过程，可以用吸、压、爆、排四个字来说明，如图 10-15 所示。

吸：起落架提升，拉动操作杆，起落架挂住锤芯(上活塞)，提起上活塞。

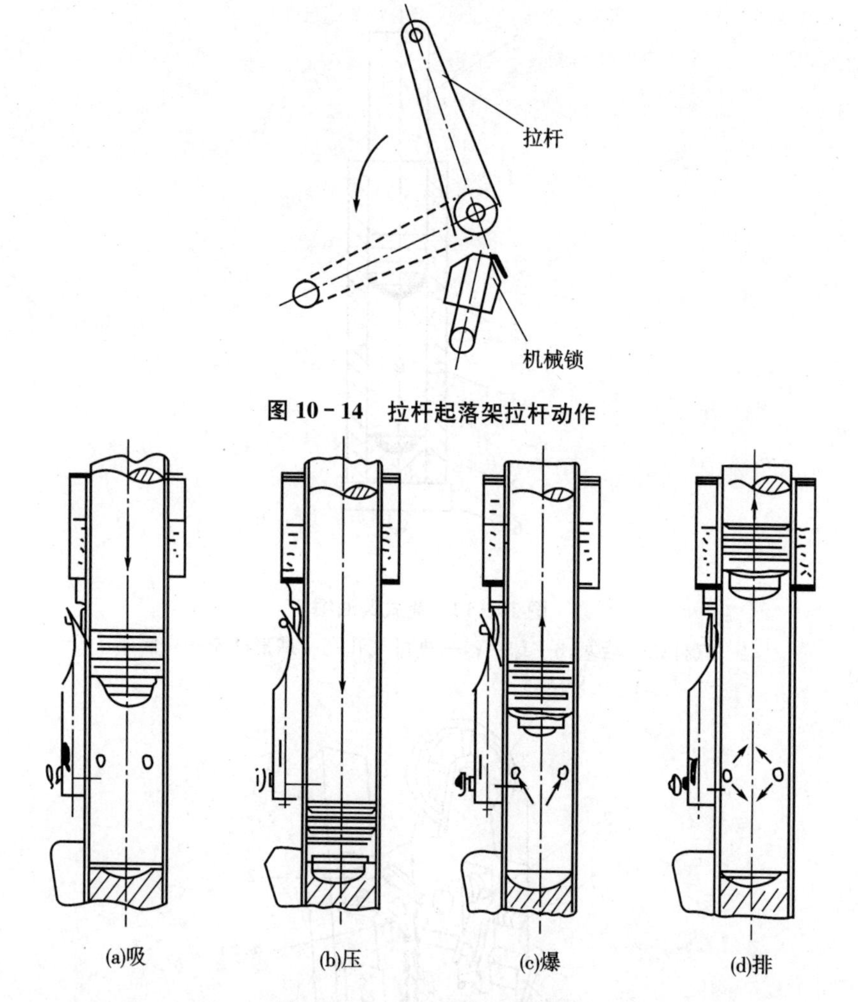

图 10-14　拉杆起落架拉杆动作

图 10-15　柴油锤的工作过程

压:上活塞在自重的作用下自由下落,并推动油泵向汽缸内注油。随着活塞下降压缩增加,汽缸内空气温度、压力逐渐升高。

爆:当上活塞冲击下活塞时,会产生冲击力,使桩下沉。同时,汽缸内雾化的燃油与高温高压的气体混合(即燃烧爆发),会对下沉的桩进行第二次冲击,又使上活塞再跳起。

排:因活塞跳起,重新露出进、排气孔,废气排出,又输入新鲜空气。

3. 使用安全要点

(1)桩机施工场地坡度按规定一般不大于 1%,地耐力不小于 80 kN/m²,按原机说明书检验轨道铺设情况。路基、轨道是抗架稳定的保证,施工场地若未按说明书要求,则容易造成桩架翻倒事故。

(2)竖立桩机导杆前,要检查各连接件并卡紧轨钳,制动住行走及回转机构。导杆两侧和前方必须系好缆风绳，以便随立起的角度拉紧缆风绳，保证稳定立起。

(3)桩机使用前，要先进行空载试运转，确认卷扬机、钢丝绳及各部连接件无误，然后再锁牢导杆下部的制动保险锁及防偏制动锁(作业时均应拔出)。

(4)桩锤应按施工规范要求选用。将锤运到桩架正前方，不能斜吊。

(5)吊桩时，必须在桩上拴好溜绳，将桩锤落到下部，以保持桩机的稳定。

(6)吊桩、吊锤时，不能与回转、行走等动作同时进行，以免出现偏心，致桩机倾斜。

(7)桩入土 3 m 以上时，严禁用桩机行走、回转等动作纠正桩的垂直度。

(8)起落架提起桩锤和提起锤芯，都是操纵拉杆和机械锁完成的，操作人员在作业时须全神贯注，避免误操作。否则会出现桩帽上升离开桩头，使桩身失稳倾倒。

(9)施工中桩机倾斜度不可过大。当桩存放在上坡，需要在下坡处进行打桩作业时，不得用桩机吊桩，以免造成桩架翻倒。

三、振动打桩机

振动打桩机的工作原理，是使桩身产生高频振动，桩即可克服土体的阻力，靠其自重或稍加压力下沉。振动打桩机不仅适合打桩而且适于拔桩。振动锤使用方便，噪声小，不用设置导向桩架，只要有起重机配合即可。

1. 振动锤的构造

主要由电动机、振动器、夹桩器和吸振器组成。

(1)振动器。主要由电动机带动的装有偏心块的转轴组成。通常用两根轴，且两根轴以相同的速度、相反的方向转动产生振动。

(2)夹桩器。振动锤工作时，必须与桩进行刚性连接，使桩与振动锤成为一个整体，因此振动锤下部都有夹桩器装置。大型振动锤采用液压夹桩器，夹持力大，操作迅速。

(3)吸振器。由弹簧组成，小型振动锤的吸振器多用橡胶制成。吸振器安置在吊钩与振锤之间，在拔桩时，可吸收振动锤传给桩架或起重机的垂直振动力。

2. 使用安全要点

(1)启动电压降一般不超过额定电压的 10%，否则要加大导线截面。

(2)电机绝缘电阻不得小于 0.5 MΩ，达不到要求时，可进行烘干处理。

(3)对夹桩器进行试夹试验，试夹时，必须垫以钢板，以免损坏。当发现夹桩器磨损超过规定值时，应及时补焊或更换。

(4)用吊车悬挂振动锤时，吊钩应有保险装置，防止脱钩。振动锤悬挂于钢架的耳环上时，必须装有保险钢丝绳。

(5)启动振动锤时，电压应稳定，发现问题应及时查明原因，不得强行启动。启动后，须待振幅达到规定时再进行作业。

(6)雨天施工，电机应有防雨措施。

(7)液压夹桩器压力应保持在规定范围内。拔桩时应在桩上拴好吊装钢丝绳后，方可松开防夹器具，防止倒桩。沉桩过程中不要取下吊桩钢丝绳。

(8)拔桩时，当桩尖接近地面 1～2 m 时，应停止振动，改用起重机拔出。

(9)作业后应将振动锤落到最下部垫稳垫实，带桩管的振动锤在作业后可将桩管插入地下 1/2，以保持稳定。

(10)作业后，切断电源，对操纵箱等电器部分进行防雨遮盖。

四、桩架

桩架是用来悬挂桩锤、吊桩、插桩的，在打桩过程中起着导向作用。由于桩架结构要承受自重、桩锤重、桩及辅助设备等重量，所以要求其有足够的强度和刚度。

在打桩过程中，因为移动打桩设备及安装桩锤等所需时间较长，所以选择适当的桩架，可以缩短辅助工作时间。可按照桩锤的种类、桩的长度、施工条件等选择。常用的桩架一般有轨道式、履带式、三点式等。

1. 轨道式桩架

桩架可借助本身的动力，做吊桩、吊锤、回转、倾斜、起架、落架等动作。桩架主要机构有行走机构、平台、挺杆和斜撑杆。

(1)行走机构。承受整机重量，由行走平台、行走台车和驱动机构组成。行走平台桩架的底盘、行走台车由行走驱动机构带动，在轨道上行走。

(2)回转平台、挺杆和斜撑杆。在行走平台上面有回转平台、挺杆和斜撑杆三大部分。回转平台可沿回转道旋转。挺杆是桩架的主体，可以根据打桩作业的要求加减节数，挺杆前面装有桩锤导轨，两侧有扶梯(或升降梯)，挺杆根部装有移动小车，可以带动挺杆，与斜撑杆伸缩配合，对准桩位便于作业。两根斜撑杆用以支撑挺杆垂直或倾斜作业，斜撑杆长度的调整，可以用丝杠或液压方式进行。

2. 履带式桩架和三点式桩架

履带式桩架和三点式桩架可不用铺设轨道，在地面上自行运行。

(1)履带式桩架是以履带式起重机为底盘，以起重臂悬吊桩架的立柱，并与可伸缩的支撑相连接而成的。由于桩架、桩锤及桩的总重量较大，所以应对选用起重机的吨位进行核算，必要时可增加配重。履带式桩架横向承载能力较弱，且由于立柱必须竖直不能倾斜安装，故不能打斜桩。悬挂式履带桩架如图 10－16 所示。

(2)三点式桩架的立柱是由两个斜撑杆和下部托架构成的，因其中间立柱及两侧斜撑构成了三个支持点，故称三点式。三点式也以履带起重机为底盘，但要拆除起重臂杆，增加两个斜撑杆，斜撑的下支座为两个液压支腿，可进行调整。立柱可以倾斜，以适应打斜桩的需要。三点式在性能方面优于悬挂式，因三点式的工作幅度小，故稳定性好。另外，三点式桩架横向载荷能力大。三点式履带桩架如图 10－17 所示。

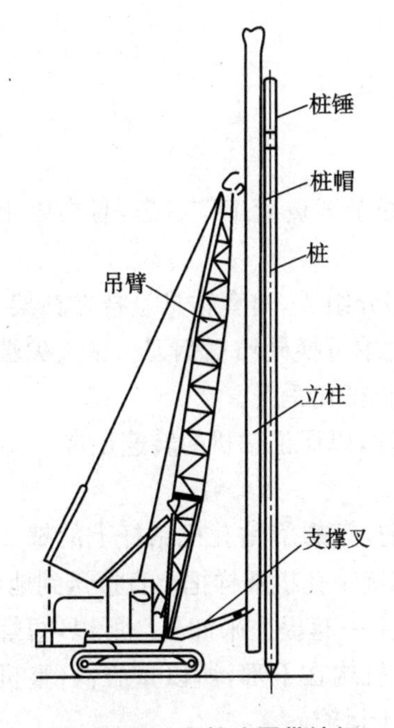

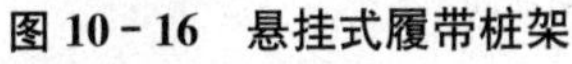
图 10－16 悬挂式履带桩架

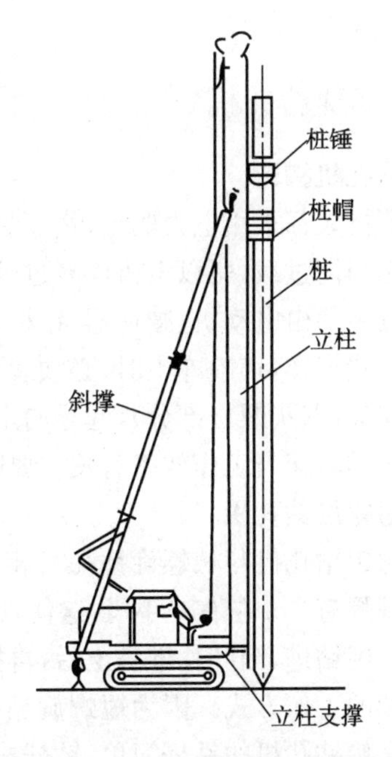

图 10－17 三点式履带桩架

3. 使用安全要点

桩架在作业和移动中，经常会因失稳而发生桩架倾倒事故，究其原因，多数因场地地面松软、地耐力达不到一般规定的 80 kN/m² 或不能满足说明书要求所致。

（1）场地地面为黏性土时，由于渗透系数小，所以要在作业前一个月采取降水措施，以保证桩架作业要求的场地条件。

（2）回填土的场地地面，不得回填污泥和冻土块，以达到地耐力的要求。

（3）使用路基箱时，路基箱间距不能过大，且不能放置在回填土坑、沟的边缘，以免造成沉陷不均。

（4）当桩机在上坡吊桩，回转到下坡打桩时，不准在上坡调整挺杆的垂直度，否则会因重心前移而发生桩架倾覆。

（5）在软质土场所移动桩架时，因地面高低不平易发生歪斜倾倒，故要做好预防工作。

（6）悬挂式履带桩机侧向稳定性差，使用时要设置缆风绳。但在移动桩机时，必须设专人随桩机的移动松紧缆风绳，以防因配合不当而拉倒桩机。

（7）蒸汽打桩机架的移动，不是在轨道上进行，而是在桩架下面铺设道木，道木上横放钢管，借助卷扬机的牵引力，桩架在滚动的钢管上移动。所以铺设道木要测量好距离。冬季应扫除积雪，撒上沙子，防止走滑。桩架移动时，应有专人指挥，统一协调进行。

（8）蒸汽打桩机架的上人扶梯，必须装设防护圈，冬季扶梯上要包扎麻绳等材料以防滑。

五、螺旋钻孔机

1. 钻孔机构造

钻孔机大都采用电力驱动，由于钻孔机经常处于满负荷工作状态，且会因土质变化及工作不当而过载，所以电机应有过载保护装置。

钻具主要由电动机、减速器、钻杆、钻头器等部分组成，整套钻具悬挂在钻架上工作。钻头的形式多样，切削冻土时，必须装合金刀头，夏季可换硬质锰钢刀。钻头尖端处装有一个导向尖(双头螺旋部分)，起导向定位作用，防止桩孔歪斜。

钻机的转速与工作效率有关。要随时清理叶片，以保证钻机的转速正常。

2. 短螺旋钻孔机

短螺旋钻孔机与长螺旋钻孔机相似，不同是的，短螺旋钻孔机钻杆上的螺旋叶片只在其下部焊有2m左右一小段，这使其不能像长螺旋钻孔机那样把土直接送到地面，而是先进行切削钻进，当叶片堆满土后，再把钻杆连同土一起提上来卸土。所以，短螺旋钻孔机是断续的工作方式。因为短螺旋钻孔机的传动机构在下部，所以重心低，整机稳定性好。短螺旋钻孔机的钻杆简单，钻杆接长迅速，便于运输。

3. 使用安全要点

(1)启动电压降不超过额定电压的10%，否则应加大导线截面。

(2)电机的绝缘电阻不得小于0.5MΩ，达不到要求时，可进行烘干处理。

(3)钻杆的偏斜度不得超过全长的1%。10m以上的钻杆，不得在地面接好后一次吊装，以防因自重造成弯曲变形。

(4)钻机应放置平稳、坚实，如使用汽车式钻机，应打好支腿架起轮胎。

(5)启动后，应先将操纵杆置空挡位置，空转运行，经检查确认无误后再进行作业。

(6)钻机应安装钻深限位报警装置，当钻机发出下钻限位报警信号时，应停钻，并将钻杆稍稍提升，待解除报警信号后，再继续下钻。

(7)钻孔时，如遇卡钻，应立即切断电源，在没有查清原因之前，不得强行启动。

(8)作业时，发生机架摇晃、移动、偏斜等现象时，应立即停钻，待查明原因并处理后再行作业。

(9)作业中，设专人负责监护电缆。如遇停电，应将各控制器归置零位，切断电源，将钻头接触地面。

(10)孔径达到要求时，应停止扩削，使管内存土全部输送到地面即可停钻。成孔后，必须将孔口加盖保护。

(11)钻孔时，严禁用手清除螺旋叶片上的泥土。发现紧固螺栓松动时，应停机及时处理。

(12)作业后，清除叶片上泥土，将钻头下降至地面，各操纵杆置于空挡，切断电源。

六、静力压桩机

1. 机构组成

静力压桩机是对预制桩采用静力压入法的桩工机械。由于施工时无噪声、无振动、无污染，所以适于在市区内使用。静力压桩机主要由夹桩、压桩、纵横行走、回转、顶升、调平及吊桩等机构组成，各机构均为液压驱动，可随负荷大小改变各机构的工作速度。压桩机的行走装置利用设置在底盘下的两条船形轨道（纵船、横船）上行走，每次行走一定距离，当走到船形轨道尽端时，开动千斤顶组，将桩架全部顶起，使船形轨道升起离地，再开动轨道行走齿轮，移动船形轨道，以此达到运行和校对桩位的目的。

目前生产的压桩机已有80 t、120 t、150 t、160 t等。今后还会有更大吨位的压桩机，以适应不同工程的施工条件。

2. 使用安全要点

(1)压桩机作业比较安全，但要严格按照桩机说明书要求使用，各机构不可超载工作。

(2)施工前，对桩机各部及电气线路要进行检查，按照规定做好接地保护。

(3)顶升油缸或回程动作要分层次交换进行。单个油缸动作时，每次不得超过50 mm；两个油缸同时动作时，每次不得超过100 mm。

(4)作业时应设围栏和标志，非作业人员要离开桩机10 m以外。作业人员也不得靠近桩机底座的升降部位。

(5)起重机在吊桩和落桩过程中应保持稳定，严禁行走及调整，桩不得在空中停留。

(6)作业人员应密切配合，随时调整桩的垂直度，以免断桩。

(7)胶泥接桩时，当上段桩被夹持提起时，起重机吊钩仍需将桩吊牢，防止滑落、胶泥溅出伤人。

(8)压桩时，如液压油温达80℃，应待降温后再继续施工。

(9)在施工中，出现浮机现象时，应使桩机先回位，然后再继续施工。

(10)操纵手柄变换位置时，必须先回到中位然后再变位，避免动作过猛，机车出现冲击震动。

(11)停止作业时，应先使短船运行至桩机中间位置，停落在平整地面上，然后再使各机构油缸活塞杆全部回程，避免活塞杆外露发生锈蚀，最后断开电源。

第四节 混凝土搅拌机械

一、混凝土搅拌机

1. 分类

混凝土搅拌机是制备混凝土的专用机械，其种类很多。按混凝土搅拌机的工作性质分周期性搅拌机和连续作用搅拌机两大类，按混凝土的搅拌原理分自落式搅拌机和强制式搅拌机两大类，按搅拌筒形状分鼓筒式、锥式（含双锥形及梨形）和圆盘式搅拌机等。此外，国外还有裂筒式、圆槽式（又称“卧轴式”）等新型混凝土搅拌机。目前普遍使用的是周期性混凝土搅拌机，其具体分类如表10－5所示。

表10－5　周期性混凝土搅拌机

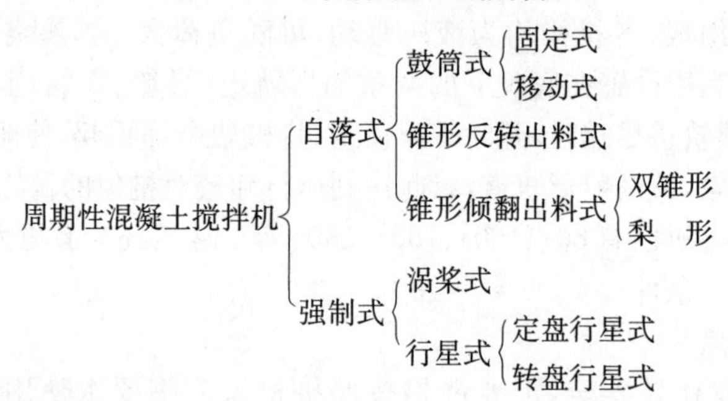

2. 各类混凝土搅拌机的使用

1）自落式混凝土搅拌机的使用

（1）新机使用前应按照混凝土搅拌机使用说明书的要求，对各系统和部件逐项进行检验及必要的试运转。空车运转，检查搅拌筒或搅拌叶的转动方向，各工作装置的操作、制动，确认正常，方可作业。

（2）固定式混凝土搅拌机，应安装在牢固的台座上。当长期使用时，应埋置地脚螺栓；如短期使用，则可在机座下铺设枕木并找平放稳。

（3）对于移动式混凝土搅拌机，应安装在平坦坚硬的地坪上且应用方木或撑架架牢，并保持水平而轮胎不受力。使用时间超过三个月以上时，应将轮胎卸下妥善保管，轮轴端部应做好清洁和防锈工作。

（4）对某些需挖设上料斗地坑的搅拌机（如JZ 350型混凝土搅拌机，其地坑长1.5m、宽1.4m、深1.1m，沿上料轨道一面倾斜60°），其坑口周围应垫高夯实，以防地面水流入坑内。上料轨道架的底端支承面应夯实或铺砖，架的后面亦需用骨木料加以支承，防止工作时轨道变形。

（5）混凝土搅拌机启动后，应先待搅拌筒达到正常转速后再进行上料。上料后要及时加水，添加新料必须先将搅拌机内原有的混凝土全部卸出后才能进行。不得中途停机或在满载荷时启动搅拌机，反转出料者除外。

（6）在混凝土搅拌机使用中，切勿使砂石落入机器运转部分中去，以免使运转部件卡住损坏。上料斗提升后，斗下不能有人通过或停留，以免制动器失灵发生意外事故。如必须在斗下检修或进行清理工作，须停机并将上料斗用保险链条挂牢。

（7）作业中，如发生故障不能继续运转时，应立即切断电源，先将搅拌筒内的混凝土清除干净，再进行检修。

(8)作业后,应对搅拌机进行全面清洗。操作人员如需进入筒内进行清洗,则必须切断电源,并设专人在外监护,或卸去熔断器并锁好电闸箱,然后方可进入。

(9)上料斗的摇把应用销子固定,以免人进到筒内进行清理,身体碰触摇把使料斗提升,发生挤压事故。

(10)作业后,应将料斗降落到料斗坑底。如需要升起,则应用链条扣牢。

2)强制式混凝土搅拌机的使用

强制式混凝土搅拌机的使用,除参照自落式的各种要求外,还应注意以下几点:

(1)搅拌的混凝土骨料应严格筛选,最大粒径不得超过允许值,以防卡料。每次搅拌时加入搅拌筒的物料不应超过规定的进料容量,以免动力过载。

(2)搅拌叶片和搅拌筒底及侧壁的间隙,应经常检查是否符合规定要求。当间隙超过标准时,会使筒壁和筒底黏结的残料层过厚,增加清洗时的困难并降低搅拌效率;如搅拌叶片磨损,应及时调整、修补或更换。

二、混凝土泵送设备

1. 分类

混凝土泵送设备按输送泵的转移方式分,有固定式、拖式、汽车式;按构造和工作原理分,有活塞式、挤压式和风动式,其中,活塞式又可分机械式和液压式。目前,发展较快、使用较广的是液压活塞式混凝土输送泵和布料杆式混凝土输送泵车。

2. 使用安全要点

(1)砂石粒径、水泥标号及配合比应按出厂说明书要求满足泵机可泵性的要求。

(2)泵送设备的停车制动和锁紧制动应同时使用,轮胎应楔紧,水源供应应正常,水箱应储满清水,料斗内应无杂物,各润滑点应润滑正常。

(3)泵送设备的各部螺栓应紧固,管道接头应紧固密封,防护装置应齐全可靠。

(4)各部位操纵开关、调整手柄、手轮、控制杆、旋塞等均应在正确位置。液压系统应正常无泄漏。

(5)准备好清洗管、清洗用品、接球器及有关装置。作业前,必须用按规定配制的水泥砂浆润滑管道。无关人员必须离开管道。

(6)支腿应全部伸出并支牢,未固定前不得启动布料杆。布料杆升离支架后,方可回转。布料杆伸出时应按顺序进行。严禁用布料杆起吊或拖拉物件。

(7)当布料杆处于全伸状态时,严禁移动车身。作业中需要移动时,应将上段布料杆折叠固定,移动速度不超过 10 km/h。布料杆不得使用超过规定直径的配管,装接的软管应系防脱安全绳带。

(8)应随时监视各种仪表和指示灯,发现不正常时,及时调整或处理。如出现输送管堵塞,应进行逆向运转使混凝土返回料斗,必要时应拆管排除堵塞。

(9)泵送工作应连续作业,必须暂停时应每隔 5～10 min(冬季 3～5 min)泵送一次。

若停止较长时间后泵送时，应先逆向运转2～3个行程，然后再顺向泵送。泵送时，料斗内应保持有一定量的混凝土，不得吸空。

(10)应保持水箱内储满清水，发现水质混浊或有较多砂粒时应及时检查处理。

(11)泵送系统受压力时，不得开启任何输送管道和液压管道。液压系统的安全阀不得任意调整。蓄能器只能充入氮气。

(12)作业后，必须先将料斗内和管道内的混凝土全部输出，然后再对泵机、料斗、管道进行清洗。用压缩空气冲洗管道时，管道出口端前方10 m内不得站人，且应用金属网篮等收集冲出的泡沫橡胶及砂石粒。对凝固的混凝土，应采用刮刀清除。

(13)严禁用压缩空气冲洗布料杆配管。布料杆的折叠收缩应按顺序进行。

(14)各部位操纵开关、调整手柄、手轮、控制杆、旋塞等均应复位，液压系统卸荷。

三、混凝土振捣器

1. 分类

按混凝土传播振动的作用方式不同，混凝土振捣器可分为插入式内部振捣器、附着式外部振捣器、平板式表面振捣器及振动平台等四类。

2. 使用安全要点

(1)插入式内部振捣器电动机电源上应安装漏电保护装置，熔断器选配应符合要求，接地应安全可靠。电动机未接地线或接地不良者严禁开机使用。

(2)操作人员应掌握一般安全用电知识。在操作振捣器作业时，操作人员应穿胶鞋、戴橡胶绝缘手套。

(3)振捣器停止使用时，应立即关闭电动机；搬动振捣器时，应切断电源，以确保安全。不得用软管和电缆线拖拉、扯动电动机。

(4)电缆线上不得有裸露之处，电缆线必须放置在干燥、明亮处。不允许在电缆线上堆放其他物品，也不允许车辆在其上面直接通过，更不许用电缆线吊挂振捣器等物。

(5)振捣器作业时，软管弯曲半径不得小于50 cm，软管不得有断裂。

(6)振捣器启振时，必须由操作人员掌握，不得将启振的振动棒平放在钢板或水泥板等坚硬物上，以免撞坏发生危险。

(7)严禁用振捣棒撬拨钢筋和模板，严禁将振动棒当大锤使用。操作时勿使振捣棒头夹到钢筋里或其他硬物里而受到损坏。

(8)用绳拉平板振捣器时，拉绳应干燥绝缘，移动或转向时不得用脚踢电动机。振捣器与平板应保持紧固，电源线必须固定在平板上，电器开关应装在手把上。

(9)在一个构件上同时使用几台附着式振捣器工作时，所有振捣器的频率必须相同。

(10)作业后，必须做好清洗、保养工作。振捣器要安放在干燥处。

第五节　钢筋加工机械

钢筋机械事故隐患主要包括：机械漏电，发生触电事故；加工时，操作方法不当，钢筋末端摇动或弹击伤人；用手抹除钢屑、钢末时划伤手，或用嘴吹时，钢屑、钢末落入眼睛使眼睛受伤；操作人员不慎，被切伤手指或传动装置咬伤碰伤手指；调直机调直块未固定，防护罩未盖好就开机，导致调直块飞出伤人；剪切、调直或弯曲超过规格的钢筋或过硬的钢筋使机械损坏。

一、钢筋加工机械

1. 概述

钢筋加工机械常用的有钢筋切断机、钢筋调直机、钢筋弯曲机、钢筋镦头机等。

(1)钢筋切断机。是把钢筋原材和已矫直的钢筋切断成所需长度的专用机械。

(2)钢筋调直机。是一种将成盘的钢筋和经冷拔的低碳钢丝调直的加工机械。它具有一机多用功能，能在一次操作中完成钢筋调直、输送、切断等作业，同时兼有清除表面氧化铁皮和污迹的作用。

(3)钢筋弯曲机。又称“冷弯机”，是一种将经过调直、切断后的钢筋加工成构件中所需要配置的形状，如端部弯钩、起弯钢筋等的机械。

(4)钢筋镦头机。是实现钢筋镦头的设备，如预应力混凝土的钢筋，为便于拉伸，需要将其两端镦粗。

2. 钢筋切断机安全使用技术

(1)接送料的工作台面应和切刀下部保持水平，工作台的长度可根据加工材料长度确定。

(2)启动前，应检查并确认切刀无裂纹，刀架螺栓紧固，防护罩牢靠；用手转动皮带轮，检查齿轮啮合间隙，调整切刀间隙。

(3)启动后，应先使机械空转，检查各传动部分及轴承运转正常后，方可作业。

(4)机械未达到正常转速时，不得切料。切料时，应使用切刀的中、下部位，紧握钢筋对准刃口迅速投入，操作人员应站在固定刀片一侧用力压住钢筋，防止钢筋末端弹出伤人。严禁用两手在刀片两边握住钢筋俯身送料。

(5)不得剪切直径及强度超过机械铭牌规定的钢筋或烧红的钢筋。一次切断多根钢筋时，其总截面积应在规定范围内。

(6)切断短料时，手和切刀之间的距离应保持在 150 mm 以上。如手握端与切刀距离小于 400 mm，则应采用套管或夹具将钢筋短头压住或夹牢。

(7)运转中，严禁用手直接清除切刀附近的断头和杂物。钢筋摆动周围和切刀周围，不得停留非操作人员。

3. 钢筋弯曲机安全使用技术

(1)工作台和弯曲机台面应保持水平,作业前应准备好各种芯轴及工具。

(2)应检查并确认芯轴、挡铁轴、转盘等无裂纹或损伤,防护罩坚固可靠,空载运转正常后,方可作业。

(3)作业时,应将钢筋需弯一端插入转盘固定销的间隙内,另一端紧靠机身固定销,并用手压紧;应检查机身固定销并确认安放在挡住钢筋的一侧,方可开动。

(4)作业中,严禁更换轴芯、销子或变换角度及调速,也不得进行清扫和加油。

(5)在弯曲钢筋的作业半径内和机身不设固定销的一侧严禁站人。

二、钢筋强化机械

1. 概述

钢筋强化机械主要有钢筋冷拉机、钢筋冷拔机、钢筋轧扭机等。

(1)钢筋冷拉机。钢筋冷拉机是一种对热轧钢筋在正常温度下进行强力拉伸的机械。冷拉是把钢筋拉伸到超过钢材本身的屈服点,然后放松,以使钢筋获得新的弹性阶段,钢筋强度提高20%~25%。通过冷拉不仅可使钢筋被拉直、拉伸,而且还可以起到除锈和检验钢材的作用。

(2)钢筋冷拔机。钢筋冷拔机是在强拉力的作用下将钢筋在常温下通过一个比其直径小0.5~1.0 mm的孔模(即钨合金拔丝模),钢筋在拉应力和压应力作用下被强行从孔模中拔过去,直径缩小,强度提高40%~90%,塑性则相应降低,成为低碳冷拔钢丝。

(3)钢筋轧扭机。钢筋轧扭机是由多台钢筋机械组成的冷轧扭生产线,它能连续地完成将直径6.5~10 mm的普通盘圆钢筋调直、压扁、扭转、定长、切断、落料等钢筋轧扭全过程。

2. 钢筋冷拉机安全使用技术

(1)应在冷拉场地两端地锚外侧设置警戒区,并应安装防护栏及警告标志。无关人员不得在此停留。操作人员在作业时必须离开钢筋2 m以外(该条为强制性条文,必须执行)。

(2)作业前应检查,冷拉夹具、夹齿应完好,滑轮、拖拉小车应润滑灵活,拉钩、地锚及防护装置均应齐全牢固。确认正常后,方可作业。

(3)卷扬机操作人员必须在看到指挥人员发出信号,并待所有人员离开危险区后方可作业。

3. 钢筋冷拔机使用安全技术

(1)应先检查并确认机械各连接件牢固、模具无裂纹、轧头和模具的规格配套,然后再启动主机空载运转,确认正常后,方可作业。

(2)轧头时,应先使钢筋的一端穿过模具100~150 mm,再用夹具夹牢。

(3)作业时,操作人员的手和轧辊应保持300~500 mm的距离,不得用手直接接触钢筋和滚筒。

(4)拔丝过程中，当出现断丝或钢筋打结乱盘时，应立即停机，待处理完毕后，方可开机。

三、钢筋预应力机械

1. 概述

钢筋预应力机械是在预应力混凝土结构中，用于对钢筋施加张拉力的专用设备，分为机械式、液压式和电热式三种。常用的是液压式拉伸机，它主要由液压千斤顶、高压油泵及连接两者的高压油管等组成。

2. 钢筋预应力机械使用安全技术

(1)作业场地两端外侧应设有防护栏杆和警告标志。

(2)高压油泵启动前，应先将各油路调节阀松开，再开动油泵；空载运转正常后，应先紧闭回油阀，再逐渐拧开进油阀，待压力表指示值达到要求、油路无泄漏，确认正常后，方可作业。

(3)作业中，操作应平稳、均匀。张拉时，两端不得站人。拉伸机在有压力情况下，严禁拆卸液压系统的任何零件。

(4)高压油泵不得超载作业，安全阀应按设备额定油压调整，严禁随意调整。

(5)在测量钢丝的伸长时，应先停止拉伸，操作人员必须站在侧面操作。

四、钢筋焊接机械

1. 概述

焊接机械类型繁多，用于钢筋焊接的主要有对焊机、点焊机和弧焊机。

(1)对焊机。对焊机主要有UN、UN_1、UN_5、UN_8等系列。钢筋对焊常用的是UN_1系列，这种对焊机专用于电阻焊接、闪光焊接低碳钢、有色金属等，按其额定功率不同，有UN_1-25、UN_1-75、UN_1-100型杠杆加压式对焊机和UN_1-150型气压自动加压式对焊机等不同类型。

(2)点焊机。点焊机按照时间调节器的形式和加压机构的不同，可分为杠杆弹簧式(脚踏式)、电动凸轮式和气-液压传动式三种类型；按照上、下电极臂的长度，可分为长臂式和短臂式两种形式。

(3)弧焊机。弧焊机可分为交流弧焊机和直流弧焊机两种。其中，直流弧焊机又有旋转式直流焊机和弧焊整流器两种类型，前者是由电动机带动弧焊发电机整流发电，后者是一种将交流电变为直流电的手弧焊电源。

2. 事故隐患

由于外界环境因素，如遇雨雪、潮湿、高温等恶劣天气，电焊机仍在使用，又未采取相应的安全防范措施，造成人体触电伤害等；电焊机及相关设备本身存在安全隐患而造成对操作人员的伤害事故；因操作人员违章操作或未采取自我安全防护措施而造成对人员的伤害。

3. 使用安全技术

钢筋焊接机械使用安全技术要求如表 10－6 所示。

表 10－6　钢筋焊接机械使用安全技术

钢筋焊接机械	使用安全技术要点
对焊机	(1)对焊机应安置在室内，并应有可靠的接地或接零。当多台焊机并列安装时，其相互间距不得小于 3m，应分别接在不同相位的电网上，并应分别有各自的刀型开关； (2)焊接前，应检查并确认对焊机的压力机构灵活，夹具牢固，气压、液压系统无泄漏，一切正常后，方可施焊； (3)焊接前，应根据所焊接钢筋截面，调整二次电压，不得焊接超过对焊机规定直径的钢筋
点焊机	(1)点焊机通电后，应检查并确认电气设备、操作机构、冷却系统、气路系统及机体外壳无漏电现象； (2)作业时，气路、水冷系统应畅通，气体应保持干燥，排水温度不得超过 40℃，排水量可根据气温调节
交流电焊机	(1)多台电焊机集中使用时，应分接在三相电源网络上，使三相负载平衡； (2)多台电焊机的接地装置，应分别由接地极处引接，不得串联； (3)移动电焊机时，应切断电源，不得用拖拉电缆的方法移动焊机。当焊接中突然停电时，应立即切断电源
直流电焊机	(1)启动时，应检查并确认转子的旋转方向符合焊机标志的箭头方向； (2)当数台电焊机在同一场地作业时，应逐台启动； (3)运行中，当需调节焊接电流和极性开关时，不得在负荷时进行；调节不得过快、过猛

第六节　木 工 机 械

一、带锯机

1. 作业前

(1)作业场地应有齐全可靠的消防器材，严禁吸烟或有其他明火，作业场地不得存放油棉纱等易燃品。

(2)机械的安全防护装置应齐全可靠，各部连接紧固，作业台上不得放置杂物。

(3)机械的带轮、锯轮、锯片等高速转动部件应在安装时做平衡试验。

(4)根据木材材质的粗细、软硬、湿度等选择合适的进给速度。

(5)作业前，应清除木材中的铁钉、铁丝等金属物。

(6)检查锯条，如锯条齿侧的裂纹长度超过12mm、锯条接头处裂纹长度超过10mm，或连续缺齿两个，或接头超过三个的锯条均不得使用。裂纹在以上规定内，必须在裂纹终端冲一止缝孔。

(7)调整锯条松紧度，适当后先试运转，机械声响应正常，无串条现象。

(8)带锯机张紧装置的重锤应根据锯条的宽度与厚度调节挡位或增减副砣，不得用增加重锤重量的办法解决锯条口松或串条等问题。

2. 作业时

(1)操作人员应站在锯条两侧，跑车开动后，轨道前后不准站人，严禁在开动中上下跑车。

(2)原木进锯前，应调好尺寸，进锯后不得调整，进锯速度不能过快。

(3)在木材的尾端越过锯条0.5m后，方可倒车。倒车速度不宜过快，要注意木楂、节疤碰卡锯条。

(4)平台式带锯作业，上下手要配合一致。送料、接型时，不得将手送进台面；锯短料时，应用推棍送料；回送木料时，要离开锯条50mm以上，并须注意木楂、节疤碰卡锯条。

(5)装有气力吸尘罩的带锯机，开车前应先启动排尘风机，排尘风道应不变形、不漏风。当木屑堵塞吸尘管口时，严禁用木棒在锯轮背侧清理管口。

(6)严禁在机械运行中测量尺寸、清理机械上面和底部的木屑、刨花。

(7)排除故障或拆装锯条时，必须待机械停稳后，切断电源，方可进行。

3. 作业后

作业后，应切断电源，锁好闸箱，清理木屑和杂物，并擦拭、润滑机件。

二、压刨机

1. 作业前

(1)作业场所应有齐全可靠的消防器材，严禁吸烟或有其他明火，作业场所不得存放油棉纱等易燃品。

(2)检查机械各部件，安全防护设施齐全可靠，各部位连接紧固，作业台面不得放置杂物。

(3)压刨机的刀轴应在安装时做平衡试验。

(4)根据需要调整好床面与刨刃的距离，并进行试刨。

(5)检查木料，对木材中的铁钉、铁丝等金属物应清除干净。

2. 作业时

(1)操作时，送料和接料应站在机械一侧，上手送料时，手应远离滚筒。操作时禁止戴手套。

(2)每次吃刀深度不宜超过3mm。

(3)刨长料时，料应平直推进，不得歪斜。如木料走横，则应立即停机，将台床降落后再调正木料。

(4)如木料不走时，应用其他材料推送，不允许直接用手推送。

(5)不同厚度的木料，严禁同时刨削。

(6)遇木料有硬节、破裂等缺陷时，必须先处理后压刨；遇木楂、节疤等，送料速度应缓慢，严禁将手按在节疤上送料。

(7)装有气力吸尘罩的压刨机，应开启排尘风机，然后再开启刨机，应经常注意排尘管道不变形、不漏风。

(8)严格按规定选择熔丝，严禁随意改用代用品。

3. 作业后

作业后，应切断电源，锁好闸箱，清除压刨机上下的木屑，并擦拭、润滑机件。

三、平刨机

1. 作业前

(1)手压平刨作业前，应仔细检查机械各部件，检查安全防护装置，不允许有失灵现象。

(2)检查刨刃锋利程度，对已钝刨刃应及时更换。

(3)平刨机刀轴安装时，应做平衡试验。

(4)工作场所应有齐全可靠的消防器材，严禁在工作场所吸烟或有其他明火，不得存放油棉纱等易燃品。

(5)刨刀片和刀片螺钉的厚度、重量必须一致，刀架夹板必须平整贴紧，合金刀片焊缝高度不得超过刀头。刀片紧固螺钉应嵌入刀片槽内，槽端离刀背不得小于10 mm。紧固刀片螺钉时，用力应均匀，不得过松、过紧。

2. 作业时

(1)装有气力除尘装置的，开车前应启动排尘风机，注意排尘管道应不变形、不漏风。

(2)操作人员衣袖应扎紧，不准戴手套。

(3)操作时操作人员应左手压木料，右手均匀推送，切勿将手指按于木料侧面。

(4)两人同时操作时，须待木料推过刨刃150 mm以上时，下手方可接拖。

(5)吃刀深度一般为1～2 mm。对吃刀深度，应经1～3 m的试车后，确认无误，方可正式作业。

(6)刨短、薄木料时，应用推板推压送木料。长度不足400 mm或窄而薄的小料，不得上手压刨。

(7)刨料时，应先刨大面做标准面，再刨小面。

(8)严禁在机械运行中测量尺寸或清理机械上面和底部的木屑、刨花。

(9)机械运转时，不得进行维修，不得移动或拆除护手装置进行刨削。

3. 作业后

作业后，应切断电源，锁好闸箱，清理刨机上下的木屑、刨花，并擦拭、润滑机件。

四、圆锯机

1. 作业前

(1)作业前,检查机械是否完好,电器开关等是否良好。

(2)圆锯机必须装置安全罩、挡板和滴水装置,检查是否正常。

(3)检查锯片是否有断或裂的现象。使用的锯片必须平整,锯齿尖锐,不得连续缺两个齿;裂纹长度不得超过 20 mm,裂缝末端应冲止裂孔。

(4)锯片安装应保持与轴同心。

(5)工作场所应有齐全可靠的消防器材,严禁在工作场所吸烟或有其他明火,不得存放油棉纱等易燃物品。

2. 作业时

(1)操作人员应站在锯片左边位置,与锯片在同一直线上。当锯线走偏时,应逐渐纠正,不准硬扳。

(2)送料时,木料应拿平,不要摆动或抬高压低,不要送料过猛。

(3)两人操作时,下手应待木料出锯台 150 mm 以上时,方可接拉。料锯至尽头时,不得直接用手推按。

(4)锯短料时,必须用推杆送料。

(5)木料卡住锯片时,应立即停车处理。

(6)严格按规定选用熔丝,严禁随意改用代用品。

(7)严禁在机械运转中测量工件尺寸或清理机械上下面的木屑。

(8)排除故障、拆装锯片必须待机械停稳后,切断电源,方可进行。

3. 作业后

作业后,应切断电源,锁好闸箱,清理机械上下面的木屑,并擦拭、润滑机件。

五、木工车床与铣床

1. 作业前

(1)检查车床各部装置及工、卡具,应灵活可靠。

(2)检查铣床各部装置,检查铣刀固定螺栓的紧固度,不得有过紧或过松现象。

(3)检查木料,将铁钉、铁丝等金属物从木料中清除。

(4)根据木料的软硬情况,选择合适的进刀量和转速。

(5)方形木料,必须先加工成圆柱体后,再上车床加工。有节疤或裂缝的木料,不得上车床切削。

(6)工作场所应有齐全可靠的消防器材,严禁吸烟或有其他明火,不得存放油棉纱等易燃物品。

2. 作业时

1)木工车床

(1)加工工件应卡紧并用顶针顶紧,盘车试转,确认无误后,方可开车。

(2)操作人员衣袖应扎紧,不准戴手套。

(3)作业时,不得用手试摸工件的光滑程度。砂纸打磨时,应将刀架移开后进行。

(4)车床转动时,无论何种情况,均不得用手制动。

(5)车床转动时,严禁测量工件尺寸和清理机械上下面的木屑。

(6)排除故障时,应待机械停稳后,切断电源,方可进行。

2)木工铣床

(1)根据木质软硬,选择进刀量和转速。

(2)遇有木料硬节时,应低速慢推,木料推过刨口 150 mm 后,再进行接料。

(3)当木料铣切到头时,应将手移到铣刀的前面。

(4)裁硬木口,一次不得超过深 15 mm、高 50 mm;裁松木口,一次不得超过深 20 mm、高 60 mm。严禁在中间插刀。

(5)铣床工作时,严禁测量工件尺寸或清理机械上下面的木屑。

(6)排除故障时,应待机械停稳后,切断电源,方可进行。

3. 作业后

作业后,应切断电源,锁好闸箱,清理机械上下面的木屑,并擦拭、润滑机件。

第七节 焊工机械

一、气焊与气割安全技术

气焊是利用可燃气体与氧气混合燃烧所产生的大量热量,熔化焊件和焊丝而进行金属连接的一种熔焊方法;气割则是利用这种高热,将金属加热到熔点以上,然后通过高压氧气,使其剧烈燃烧成为液态金属氧化物并加以吹除而实现金属断开的一种切割方法。

气焊(割)常用的可燃气体是乙炔,它与氧气的混合是利用特制的焊(割)炬来完成的。乙炔与氧气混合燃烧所产生的火焰称为氧炔焰,其温度可达 3 150 ℃,比其他可燃气体的燃烧温度高得多。用氧炔焰进行气焊(割)的方法称为氧炔焰焊(割)。

1. 乙炔

乙炔(C_2H_2)在常温常压下为无色气体,略溶于水,易溶于丙酮,相对密度 0.91,比空气轻。制备工业乙炔时,因其内含有硫化氢、氨等杂质成分,故其具有刺激性臭味。乙炔是易燃易爆气体,自燃点 335 ℃。乙炔的爆炸极限在空气中为 2.2%~81%(体积分数)。乙炔的分子是不稳定的,容易分解,并释放出大量的热,如果分解在封闭空间进行,则可能会因温度升高、压力急剧增大而发生爆炸。

当温度为 2~58 ℃、压力为 0.15 MPa 时,乙炔会自行分解爆炸。乙炔与纯铜及银接触能生成乙炔铜、乙炔银等爆炸性物质，受到撞击或者加热至100～120 ℃，也能发生爆炸。乙炔中磷化氢超过0.15%时，如有空气存在，则会因磷化氢自燃而引起乙炔燃烧爆炸。此外，乙炔与氯气混合、日光照射或加热会发生爆炸。由于乙炔具有易燃易爆的危险性，因此，在使用乙炔时，必须特别注意以下安全事项：

(1)由于乙炔与氧气或空气混合后能形成爆炸性气体，因此，乙炔相关设备、配件、管道必须严密无泄漏。

(2)在可能散发乙炔气体的生产场所，必须严禁烟火并保持良好的通风。

(3)禁止在离乙炔设备10 m以内进行明火作业、吸烟或燃烧物件。

(4)禁止使用含铜量超过70%的材料制造乙炔设备；与乙炔接触的器具，含铜量也应低于70%，防止产生乙炔铜爆炸物质。

2. 电石

电石，又名“碳化钙”，是将焦炭和生石灰放在电炉中熔炼而成的。用水分解碳化钙制取乙炔是现代工业生产乙炔的主要方法。分解所产生的热量为474 kcal(1 983.2 kJ/kg)。这些热量如果不能及时散发或被水冷却，乙炔气体温度会上升到300 ℃以上，压力会超过0.15 MPa，就有发生爆炸的危险。水量不足时，碳化钙的分解会使反应区的温度超过200 ℃，在这种情况下，碳化钙又会夺取氢氧化钙中的水分产生乙炔，并使氢氧化钙形成密实的外皮包围着碳化钙块，使碳化钙因剧烈过热而引起爆炸。

由于电石中含有过量的磷、硫，故在制取乙炔时会生成磷化氢、硫化氧等有害气体。磷化氢的自燃点很低(100℃时就能自燃)，这就成为乙炔燃烧、爆炸的火源。

大块电石粉碎工作应在单独房间内进行，锤子应用有色金属制成。粉碎后应及时将粉末收集于密闭的铁桶内再行销毁，不要堆积在地上或室外。

电石的运输、储存及使用必须特别注意以下几点：

(1)搬运电石桶要轻拿轻放，防止剧烈震动。卸车时避免互相摩擦冲撞。严禁用扔、摔、滚动等方法搬运装卸电石桶。为避免万一爆炸时产生严重后果，搬运工人还应注意把头部及身体要害部位躲开桶盖。

(2)由于电石桶内可能出现乙炔-空气混合体，因此，在打开桶盖时，严禁使用可能引起火花的工具，操作时不准抽烟或者接近明火。一般工作场所，电石储存量不得超过200 kg。超过储量，应放入专用电石仓库储存。

(3)电石库应是符合一、二级耐火等级且为单层轻质屋顶的仓库。仓库地面应高于室外地面，保持干燥和通风良好。库内禁止采暖及敷设自来水管，也禁止修建下水道及阴沟等。

(4)库房一切电气开关必须设置在库房外。室内照明必须防爆。库房要配置足够的防火设备，并安设避雷装置。

(5)电石桶入库前，应仔细检查有无破损，如发现电石桶的严密性受到损坏，应改装到另一密闭桶内。

3. 氧气瓶与氧气压力调节器

氧气是助燃气体，本身不燃烧。气焊（气割）用的多是瓶装高压（压力为 1.5 MPa）氧气，而压缩的气态氧与矿物油、油脂或细微的可燃物质接触时，也可造成失火或爆炸。

氧气压力调节器用以把气瓶内的高压氧气减压到所需工作压力，并保持工作压力的稳定，同时操作人员可通过压力调节器上的压力表知道瓶内的氧气压力和输出氧气压力。连接氧气压力调节器前，应慢慢拧开瓶嘴开关放出一些气体，以吹除水分、灰尘或其他污物。连接时，注意丝扣应完好，且必须旋转 5 扣以上。拧紧后，应慢慢打开氧气开关对氧气表进行检查。进行连接、检查时，操作人员应站在侧面，禁止面对调节器。

二、电焊安全技术

电焊是利用电能的热效应，使被焊金属局部达到液态或接近液态而熔合成为一体的加工方法。不同电焊的发热原理和利用方式也不相同，常用的电焊种类有电弧焊接、接触焊接和电渣焊接。电弧焊接，是将电源电压加在焊条和焊件之间，引弧后使焊条与焊件保持一定间隙，电流在间隙中形成高温电网弧，使焊条和焊件接缝处金属熔化，把不相连的部件熔接成一体。接触焊接，是将电源的电压通过两个电极加在准备焊接的两个工件上，电弧通过两个工件的接触面（接触面电阻较大）后，发热使温度升高而使其熔接为一体。为了提高焊接的效果，通常在两个工件的接触面之间，利用机械装置施加压力。电渣焊接，是在焊件两部分之间的间隙中撒入焊剂，使焊条（或焊丝）在焊剂的掩盖下引弧，焊剂在高温下熔融而变成有导电性的电渣，这时电弧熄火，但电流仍然继续通过，发出的热量大部分为电渣所吸收，外传给焊件，逐步将焊件熔接成一体。

电焊作业中如不注意安全防护，或不遵守电气安全规定，就会导致电击、电光性眼炎、电弧灼伤以及火灾和爆炸等事故。在电焊作业中，应采取相应的安全防护措施。

1. 防止触电

（1）电焊机绝缘必须良好。变压器的一次绕组与二次绕组之间、引线和引线之间、绕组及引线与外壳之间，其绝缘电阻均不得小于 0.5 MΩ。

（2）电焊机的电源线，应使用绝缘良好的橡胶线，且长度一般不宜超过 3 m。如临时需要较长的电源线时，则电源线不可拖在地上，且应在离地面 2.5 m 以上布设。

（3）由于电焊机的把线和回线负担很大的焊接电流，所以断面要粗，并要绝缘良好。禁止使用厂房的金属结构和管道作为电焊回线的一部分。

（4）电焊机外壳应有良好的保护接地或接零。但要特别注意，电焊机二次回线端与焊件不应同时接地或接零。

（5）在金属容器内，或在潮湿的工地及地沟内的金属构架或天车上焊接时，除手和脚必须绝缘保护外，照明电源的电压应为 12 V。

2. 防火防爆

（1）电焊室天棚、墙壁和地面应是耐火材料制成，室内应清除易燃易爆物品。在其他场所进行电焊作业时，其周围 10 m 以内不得有易燃易爆物品。油漆工和木工不得上下并行作业。电焊与易燃易爆物品之间应用石棉板或铁板妥善隔离。

(2)修理油罐、油箱、油桶等容器和锅炉、压缩空气储气罐等受压容器时，必须将内部存放的物质全部放净。特别是存放过易燃易爆物质的容器，必须用蒸汽、热水等彻底清洗干净，经技术鉴定合格，所有孔盖或阀门全部敞开后，方可施焊。对于任何受压容器，均不允许在带压的情况下焊接作业。

3. 防止电弧伤害

电焊工人作业时，应戴镶有特别滤光镜片的面罩，穿白色的细帆布工作服。为了减少弧光反射，电焊室的墙壁和防光屏的内表面应刷成灰色；为了保护焊接现场其他工作人员的眼睛免受伤害，可设置石棉板、薄铁板或活动式防光屏。

三、气瓶使用、运输、储存安全技术

1. 气瓶使用中的安全注意事项

(1)使用气瓶前要对瓶体外表面进行检查，检查瓶阀各部件是否完好，检查气瓶漆色和标志以及气瓶技术状况，符合要求方可操作使用。

(2)开启瓶阀时应用手或专用工具缓慢进行，绝对不准使用锤子、錾子、管钳等工具开启瓶阀，以免损坏阀件或造成事故。

(3)在瓶阀上安装减压阀或和汇流管连接前，应先把瓶阀开启 1/4 圈以吹洗瓶阀内的油污灰垢。操作人员应站在瓶阀出气口的侧面，以防被气流和吹出的杂物冲伤。

(4)瓶阀和减压阀冻结时，严禁用火烤。可用清洁的热水、蒸汽或热压缩空气进行加热使其解冻。

(5)气瓶不得靠近热源、可燃或助燃性气体。气瓶与明火的距离一般不得小于 10 m。夏季要防止日光暴晒。

(6)瓶内的气体不能全部用尽，必须留有剩余压力，以防止外界介质渗入，并供充装气体分析使用。一般来说，压缩气体应留 0.2～0.3 MPa以上的剩余压力，液化气体应留 0.05～0.1 MPa以上的剩余压力。

(7)氧气瓶操作人员的手、手套和工具，不得沾有油脂。

2. 气瓶储存安全注意事项

(1)气瓶在入库前必须逐瓶检查验收。气瓶外表面的漆色和标志等均应与本库相符，液化气体瓶的充装量必须称重核对。

(2)旋紧瓶帽，放置整齐，留有通道，妥善固定气瓶。卧放时应防止滚动，头部朝向一方。高压气瓶堆放不应超过 5 层。

(3)盛装有毒介质的气瓶或所装介质若相互接触能引起燃烧、爆炸的气瓶，必须分室储存，并设置防毒用具或灭火器材。

(4)盛装易于起聚合反应介质的气瓶，如溶解乙炔气瓶等，必须规定储存期限，并不得置于有射线辐射的场所。

(5)储存气瓶的仓库建筑，应符合防火防爆要求和规定，应与生活区、厂区和其他建筑物保持安全距离。门窗应向外开，门窗玻璃应用毛玻璃，或在透明玻璃上涂刷白漆，以防气瓶被阳光暴晒或促进某些介质发生相互反应而爆炸。

(6)库内的地面应平坦而又粗糙不滑，储存可燃性气体的气瓶库，其地面可用沥青、水泥做成。

(7)储存可燃性介质和毒性介质的气瓶库应设有自然通风或机械通风设备。

(8)储存可燃、爆炸性气体气瓶的仓库，库内照明设备必须防爆，电气开关和熔断器都应设置在库外，同时应安设避雷装置。

(9)为便于气瓶装卸，库房应设有装卸平台。

3. 气瓶运输安全注意事项

(1)搬运气瓶时，要旋紧瓶帽，注意轻装轻卸，严禁用肩扛、背负、拖拉、抛滑或其他容易造成掉跌碰撞的办法搬运。

(2)用车装运气瓶应妥善固定。汽车装运气瓶一般应横向放置，头部朝向一方，装车高度不得超过车厢高度。夏季要有遮阳措施，防止暴晒。车厢内禁止坐人，并严禁烟火。运输可燃、有毒介质气瓶时，应备有灭火器材和防毒面具。

(3)易燃物资、油脂和带有油污的物品，不得与氧气瓶或强氧化剂气瓶同车运输，所装介质相互接触后能引起燃烧、爆炸的气瓶也不得同车运输。

(4)按照交通管理部门有关规定，运输工具应挂有“危险品”标志。运输可燃、易燃或有毒介质气瓶的车辆，严禁在人员稠密地区、学校或危险性场所停车。

第八节　打夯机械

一、安全使用注意事项

(1)每台夯机的电机必须是加强绝缘电机或双重绝缘电机，并装有漏电保护装置，操作开关要使用定向开关；每台夯机必须单独使用刀库或插座。

(2)夯机的操作手柄要加装绝缘材料。

(3)每班工作前必须对夯机进行检查，内容包括：①各种电器部件的绝缘及灵敏程度，零线是否完好；②偏心块连接是否牢固，大带轮及固定套是否有轴向窜动现象；③电缆线是否有扭结、破裂、折损等可能造成漏电的现象；④整体结构是否有开焊、严重变形现象。

(4)每台夯机设两名操作人员。一人操作夯机，一人随机整理电线。操作人员均需戴绝缘手套、穿胶鞋。

(5)操作夯机者应先根据现场情况和工作要求确定行夯路线，操作时按行夯路线随夯机直线行走。严禁强行推进、后拉、按压手柄、猛拐弯或撒把不扶任夯机自由行走。

(6)随机整理电线者应随时将电缆线整理通顺,盘圈送行,并应与夯机保持3～4 m余量。发现有电缆线扭结缠绕、破裂及漏电现象,应及时切断电源停止作业。

(7)夯机作业前方2 m以内不得有人。多台夯机同时作业时,其并列间距不得小于5 m,纵距不得小于2 m。

(8)夯机不得打冻土、坚石、混有砖石碎块的杂土以及一边偏硬的回填土。在边坡作业时应注意保持夯机平稳,防止夯机翻倒坠落。

(9)经常保持机身整洁,托盘内落入石块、积土较多、杂物或底部黏土过多出现啃土现象时必须停机断电清除,严禁在运转中清除。

(10)搬运夯机时,须切断电源,并将电线盘好,夯头绑住。往坑槽下运送时,应用绳索系送,严禁推扔夯机。

(11)停止操作时,切断电源,锁好电源闸箱。

(12)夯机用后应妥善保管,遮盖防雨布,并将其底部垫高。

(13)夯机的电气设备发生故障或雨后使用夯机,应由专业电工进行检查、修理,确定电气设备完好后,方可使用。

(14)长期搁置不用的夯机,在使用前必须测量绝缘电阻。未测量检查合格的夯机,严禁使用。

二、常见事故分析

(1)夯机漏电,发生触电事故。

(2)夯头或偏心块作业中掉落砸人。

(3)操作者操作时操作不当、用力过猛、跌倒、撞伤或被砸。

(4)夯机失去控制,破坏建筑设施及其他装置,并使本身机械损坏。

第九节　其他机械

一、卷扬机

1. 性能

(1)卷扬机在建筑施工中使用广泛,它可以单独使用也可以作为其他起重机械的卷扬机构。卷扬机种类较多,按动力分,有手动、电动、蒸汽、内燃等;按卷筒数分,有单筒、双筒、多筒等;按速度分,有快速、慢速等。卷扬机常用形式主要有电动单筒卷扬机和电动双筒卷扬机。

卷扬机的标准传动形式是卷筒通过离合器而连接于原动机,其上配有制动器,原动机始终按同一方向转动。提升时,靠上离合器;下降时,离合器打开,卷扬机卷筒由于载荷重力的作用而反转,重物下降,其转动速度,用制动器控制。另一种卷扬机是由电动机、齿轮减速机、卷筒、制动器等构成的，其载荷的提升和下降均为一种速度，由电机的正反转控制，电机正转时物料上升，反转时下降。

（2）基本参数。①钢丝绳额定拉力（kN）：钢丝绳在卷扬机和卷筒上绕到最外层时，出绳端的最大拉力；②钢丝绳平均速度（m/min）：卷筒上多层缠绕的钢丝绳各层线速度的平均值；③钢丝绳安全系数：卷扬机传动牵引钢丝绳安全系数一般不小于5，对不同情况应按有关规定执行；④钢丝绳的破断力＞安全系数×额定拉力；⑤钢丝绳的下滑量：快速卷扬机200 mm以内，慢速卷扬机100 mm以内。

慢速、快速卷扬机基本参数如表10－7、表10－8所示。

表10－7　慢速卷扬机基本参数

基本参数	单筒						
钢丝绳额定拉力（kN）	3	5	8	12	20	32	50
卷筒容绳量（m）	150	250	400	600	700	800	800
钢线绳平均速度（$m \cdot min^{-1}$）	9～12			8～11		7～10	
钢丝绳直径 d（mm）	≥15	≥20	≥26	≥31	≥40	≥52	≥65
卷筒直径 D（mm）	$D \geqslant 18d$						

表10－8　快速卷扬机基本参数

基本参数	单筒						双筒			
钢丝绳额定拉力（kN）	0.5	1	2	3	5	8	2	3	5	8
卷筒容绳量（m）	100	120	150	200	350	500	150	200	350	500
钢丝绳平均速度（$m \cdot min^{-1}$）	30～40		30～35			28～32	30～35			28～32
钢丝绳直径 d（mm）	≥7.7	≥9.3	≥13	≥15	≥20	≥26	≥13	≥15	≥20	26
卷筒直径 D（mm）	$D>18d$									

2. 使用安全要点

（1）安装位置要求视野良好。施工过程中的建筑物、脚手架以及现场堆放材料、构件等，都不能影响司机对操作范围内全过程的监视。

（2）地基坚固。卷扬机应尽量远离危险作业区域，选择地势较高、土质坚固的地方，埋设地锚用钢丝绳与卷扬机座锁牢，前方应打桩，防止卷扬机移动和倾覆。

（3）卷筒方向。卷筒与导向滑轮中心对正；从卷筒到第一个导向滑轮的距离，按规定带槽卷筒应大于卷筒宽度的15倍、无槽卷筒应大于20倍，以防卷筒运转时钢丝绳相互错叠和导向轮翼缘与钢丝绳磨损。

（4）搭设操作棚。操作棚可保护机械设备及电气不受潮并给操作人员创造安全作业条件。如果处于危险作业区域之内，操作棚顶部应符合防护棚的要求。

（5）卷扬机司机应经专业培训持证上岗。作业时要精神集中，发现视线内有障碍物时要及时清除，信号不清时不得进行操作。

（6）作业前，应先空转以确认电气、制动良好，环境条件适宜，才能操作；操作人员应详细了解当班作业的主要内容和工作量。

(7)在被吊物没有完全落在地面时,司机不得离岗。休息或暂停作业时,必须将物件或吊笼降至地面。作业结束后,应切断电源,关好电闸箱。

(8)使用单转卷扬机,必须用刹车控制下降速度;要注意不能过快或过急刹车,要缓缓落下。

(9)留在卷筒上的钢丝绳最少应保留5圈。

(10)司机应随时注意操作条件及钢丝绳的磨损情况。发现荷载变化,在第一次提升时,应先离地0.5m稍停,检查无问题时再继续上升。

(11)禁止使用搬把型开关,防止发生碰撞误操作。

(12)钢丝绳要定期涂抹黄油并要放在专用的槽道里,以防碾压倾轧破坏钢丝绳的强度。

二、机动翻斗车

1. 构造和基本参数

(1)构造。机动翻斗车是一种方便灵活的水平运输机械,在建筑施工中常用于运输砂浆、混凝土熟料以及散装物料等。各地大多使用载重量1t的翻斗车。这种翻斗车采用前轴驱动,后轮转向,整车无拖挂装置;前桥与车架成刚性连接,后桥用销轴与车架铰接,能绕销轴转动,确保在不平整的道路上正常行驶;使用方便,效率高。

翻斗车主要由柴油机、胶带张紧装置、离合器、变速箱、传动轴、驱动桥、制动器、转向桥、翻斗锁紧机构等组成。

(2)基本参数。机动翻斗车基本参数如表10-9所示。

表10-9　机动翻斗车基本参数

名称			厂牌			
			建设牌	城建牌	团结牌	朝阳牌
型号			FC	CJ-1	73型	—
基本参数	几何容量(L)		476	467	476	477
	装载重量(kg)		1000			
	装混凝土容量(L)		400			
	行驶速度($km \cdot h^{-1}$)	Ⅰ	6.75	7.8	4.4	7
		Ⅱ	12	12.8	9.88	12
		Ⅲ	21.2	22.2	20.4	9
		Ⅳ		35.7		29
	外形尺寸(mm)	长	2650	2850	2940	2945
		宽	1600	1650	1500	1600
		高	1450	1560	1120	1460
	重量(kg)		1100		1120	1200

2. 使用安全要点

(1)机动翻斗车属厂内运输车辆,司机应按有关规定培训考核,持证上岗。

(2)车上除司机外不得带人行驶(机动翻斗车一般只有驾驶员座位,如其他人员上车，无固定座位，且现场作业路面不好，行驶不安全）。驾驶时应以1挡起步为宜，严禁用3挡起步。下坡时，不得脱挡滑行。

（3）向坑槽或混土料斗内卸料时，应保持安全距离，并设置轮胎的防护挡板，防止车辆到槽边自动下溜或卸料时翻车。

（4）翻斗车卸料时，应先将车停稳，再抬起锁紧机构手柄进行卸料。禁止在制动的同时进行翻斗卸料，避免造成惯性移位事故。

（5）卸料时不得行驶。

（6）作业结束后要及时冲洗。司机离车，必须将内燃机熄火，并挂挡拉紧手制动器。

三、蛙式打夯机

1. 构造及基本参数

（1）构造。蛙式打夯机是一种建筑施工中常见的小型压实机械，虽有不同型式，但构造基本相同。主要由机械结构和电气控制两部分组成。

蛙式打夯机机械结构部分由拖盘、传动机构、前轴装置、夯头架、操纵手柄组成，电气控制部分包括电动机、控制开关及胶皮电缆等。夯头架上的偏心块与皮带松紧度可以调整，因偏心块的旋转使蛙夯跳动、冲击，夯实土体。

（2）基本参数。蛙夯基本参数如表10-10所示。

表10-10　蛙夯基本参数

项　目		机　型		
		HW-20	HW-25	HW-60
基本参数	机重(kg)	125	151	280
	夯击次数(次/min)	140～150	145～146	140～150
	电机功率(kW)	1.5	1.5～2.2	2.8

2. 使用安全要点

（1）蛙夯只适于夯实灰土、素土地基以及场地平整作业，不能用于夯实坚硬或软硬不均土质相差较大的地面，更不得夯打混有碎石、碎砖的杂土。

（2）作业前，应对工作面进行清理，排除障碍；搬运蛙夯到沟槽中作业时，应使用起重设备，上下槽时选用跳板。

（3）无论是在作业前还是作业中，凡需搬运蛙夯时，必须切断电源，不准带电搬运，以防造成蛙夯误动作。

（4）蛙夯属于手持移动式电动工具，必须按照电气规定，在电源首端装设漏电保护器，并对蛙夯外壳做好保护接地。

（5）操作人员应穿戴好绝缘用品。

（6）蛙夯操作必须有两个人同时进行，一人扶夯一人提电线，提线人也需穿戴好绝缘用品；两人要密切配合，防止拉线过紧和夯打在线路上造成事故。

（7）蛙夯的电气开关与入线处的连接，要随时进行检查，避免入接线处因震动、磨损等原因导致松动或绝缘失效。

(8)在夯打室内土时,夯头要避开墙基础,防止因夯头处软硬相差过大而砸断电线。

(9)两台以上蛙夯同时作业时,左右间距不得小于 5 m,前后不得小于 10 m。相互之间的胶皮电缆不得缠绕交叉且应远离夯头。

四、水泵

水泵的种类也不少,建筑施工中主要使用的是离心式水泵。在离心式水泵中,又以单级单吸式离心水泵使用最多。离心式水泵如图 10－18 所示。

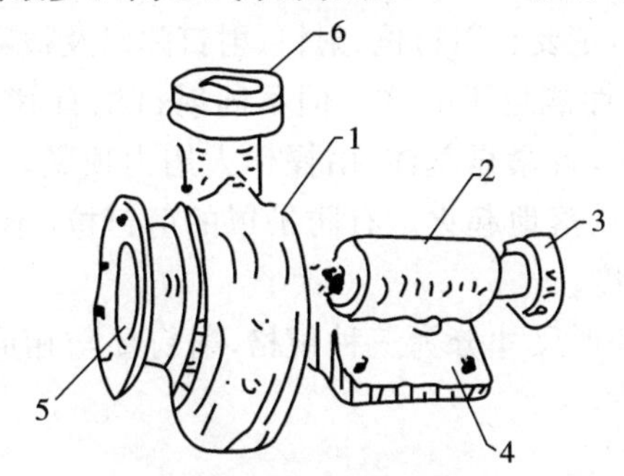

图 10－18　离心式水泵

1—泵壳;2—轴承盒;3—联轴节;4—泵座;5—吸水口;6—出水口

1. 单级单吸式水泵

单级单吸式水泵中的"单级"是指叶轮为一个,"单吸"是指进水口为一面。泵主要由泵座、泵壳、轴承盒、进水口、出水口、泵轴、叶轮等组成。

(1)泵壳多用生铁铸成,外形似蜗牛壳,上侧有出水口,中侧有进水口,进水口与出水口的轴线相互垂直,用法兰盘与进水管、出水管相连接。泵壳顶上装有放气阀门和供启动用的注水漏斗,泵壳下部装有放水阀口,便于停车后放净泵壳内的水,以防生锈或积水。

(2)叶轮是水泵的重要部件,利用叶轮高速旋转实现抽水。叶轮主要有封闭式叶轮、半封闭式叶轮和开敞式叶轮等几种。其中,封闭式适于水质较清的水,开放式适于杂质多的污水。

2. 操作要点

(1)水泵的安装应牢固、平稳,有防雨、防冻措施。多台水泵并列安装时,相互间距不应小于80 cm。管径较大的进、出水管,须用支架支撑,转动部分要有防护装置。

(2)电动机轴应与水泵轴同心,螺栓要紧固,管路要密封,接口要严密,吸水管阀应无堵塞、无漏水。

(3)启动时,应先将出水阀关闭,待启动后再逐渐打开。

(4)运行中,若发现漏水、漏气、填料部位发热、机温升高、电流突然增大等不正常现象,要停机检修。

(5)水泵运行中,不得从机上跨越。

(6)升降吸水管时,要站到有防护栏杆的平台上操作。

(7)作业结束时,应先关闭出水阀再停机。

五、射钉枪

1. 射钉枪构造

射钉枪是随紧固技术的发展而研制出的一种利用火药燃烧时释放的能量,将特制的钉子打入混凝土、砖等结构中的手持工具。

射钉紧固系统的构成,主要有射钉枪、射钉、射钉弹以及被紧固的构件和基体等。

(1)射钉枪种类不同,性能也不一样。但不同射钉枪有其共同的要求,即枪在使用时,必须与紧固件保持垂直,且紧靠基体,由操作人用力顶紧,才能发射。有的射钉枪装有保险装置,防止射钉打飞、落地起火。有防护罩的射钉枪,不安装防护罩就打不响,这增加了射钉枪使用的安全度。

(2)射钉弹。根据其外形尺寸分为三种规格,射钉要与相应规格的活塞和枪管配套使用。

2. 使用安全要点

(1)射钉枪必须由经培训考核合格者按规定程序操作,不准乱射。

(2)要制定从发放、保管、使用到维修等各环节的管理制度,并由专人负责,发现故障时,不能随意修拆。

(3)在薄墙、轻质墙上射钉时,对面不得有人停留和经过,要设专人监护,防止射穿基体伤人。

(4)发射后,钉帽不要留在被紧固件的外面,如遇以上情况时,可以装上威力小一级的射钉弹,不装射钉,再进行一次补射。

(5)每次用完后,必须将枪机用煤油浸泡后,擦油存放,防止锈蚀。

(6)射钉枪发生卡弹等故障时,应停止使用,采取安全措施后由专业人员进行检查修理。

(7)射钉弹属于危险爆炸物品,应限定每次领取数量,并设专人妥善保管。

第十一章　锅炉与压力容器

第一节　锅炉及其结构

锅炉(指蒸汽锅炉)是利用燃料燃烧释放的热能或其他热能加热给水,以获得规定的参数(温度、压力)和品质的蒸汽设备。

锅炉通常由三个部分组成,即锅、炉及附件(附属设备)。锅是指盛装水汽并且承受压力的系统,主要由锅筒、水冷壁管、沸水管、对流管束、集箱、过热器、省煤器等组成,也称为水汽系统。炉是指燃烧系统,如燃烧设备、炉膛(包括锅壳或锅炉的炉胆内空间)、炉墙、烟道、空气预热器等组成的风、烟、燃料系统。附件是一些为锅炉服务的组件、设备,如阀门、仪表、水处理设备等。锅炉的组成如图 11－1 所示。

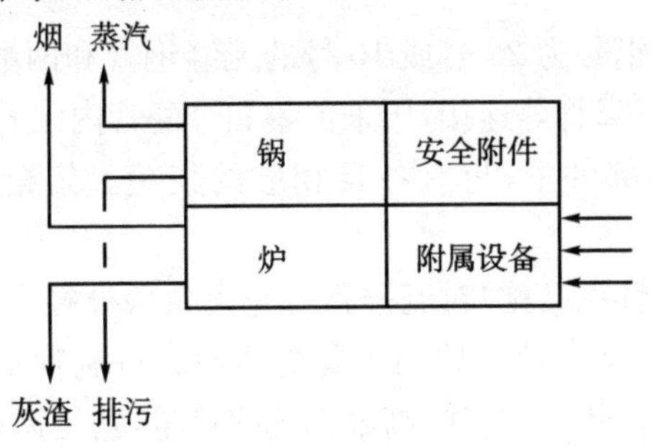

图 11－1　锅炉的组成

一、锅炉结构

1. 对锅炉结构的一般要求

锅炉的结构,是根据所给定的蒸发量或供热量、工作压力、蒸汽温度或额定出口水温、燃料特性和燃烧方式等参数,并遵照《压力容器安全技术监察规程》和强度计算标准等有关规定确定的。一台合格的锅炉,不论属于哪种型式,均应满足“安全运行,节约能源,消烟除尘,保产保暖”的总要求。

(1)从安全角度考虑,对锅炉结构的要求主要包括:①根据《压力容器安全技术监察规程》的规定,选用合格的钢材,并经过严格的质量检验,保证各受压部件具有足够的强度;②结构具有一定的弹性,保证各部分在运行时能够自由伸缩;③水循环要合理可靠,保证各受热面在运行时能够得到良好的冷却;④有符合要求的安全附件(安全阀、压力表、水位计、报警器等),保证锅炉能正常运行;⑤锅炉本体应有合适的人孔、手孔、检查孔、火孔,炉墙部分应有适当的检查孔、看火门、除灰门、吹灰装置以及平台、扶梯等,保证能对锅炉方便地进行操作、检修,清扫内外部。

(2)从经济角度考虑,锅炉结构还要经济合理。

2. 锅炉主要受压部件及其他部件

1)主要受压部件

(1)锅筒。锅筒是锅炉的主要受压部件之一,它的作用是汇集、贮存、净化蒸汽和补充给水。锅筒多由锅炉钢板卷成筒形,两端加封头。在水管锅炉中,通常有上汽包和下汽包,上、下汽包之间用锅炉管焊接或胀接。在锅壳式锅炉的锅筒内,有的要布置烟管,有的要加燃烧室的炉胆等,既是燃烧室又是受热面。

(2)水冷壁。水冷壁是由外径 $\phi51 \sim \phi63.5$ mm 锅炉钢管制成,布置在炉膛四周的辐射受热面。水冷壁既可以吸收炉膛辐射热量,又可以对炉墙起保护作用,还可以降低炉膛温度,防止燃烧煤层结焦。

水冷壁管,上与锅筒相连,下与集箱相连,水冷壁管(上升管)吸收炉膛热量后,管内产生汽水混合物,向上流动,而锅筒内水经下降筒流入下锅筒或集箱,形成自然循环回路。

(3)集箱。集箱是用钢号为 20 号或 10 号的无缝钢管和两端焊接两个端盖制成。它与水冷壁管、对流管束、下降管等连接,用来汇集和分配管内工质的流量。

在过热器、省煤器等部件上,也有各自相应的集箱。集箱外径大部分在 $\phi159$ mm 以上。

(4)对流管束。对流管束又称“对流排管”,它由数根外径为 $\phi38 \sim \phi51$ mm 无缝钢管组成,置于上下锅筒之间,是水管锅炉的主要受热面。对流管束一般放置在炉膛出口后对流烟道内,主要以对流传热方式吸收高温烟气的热量,它是锅炉水循环的一部分。

(5)烟管。烟管采用无缝钢管或有螺纹槽的异型钢管,焊接或胀接在锅筒两端的管板上,是烟管锅炉或水火管组合式锅炉的主要受热面。炉膛内的高温烟气从管内流过时,不断对管外的炉水加热,使水逐渐变成高温水或蒸汽。

(6)火管。火管又称“炉胆”,直径较大,里面可以设置炉排等燃烧设备,是小型内燃式锅炉的主要受热面。

随着炉型的不同,炉胆外形也不相同。卧式锅炉的炉胆多为圆柱形,立式锅炉的炉胆多为上小下大的圆锥形,上部有胆顶(封头)。

2)其他部件

锅炉其他部件主要有炉墙、炉排、锅炉钢架等,这些部件与锅炉主要受压部分共同组成一台完整的锅炉。

二、立式锅壳式锅炉

立式锅壳式锅炉的圆筒形锅壳是立置的,其燃烧室(炉胆)和火管(水管)都在锅壳内，结构紧凑，运输安装方便，占地面积小，使用管理方便。其蒸发量在 1 t/h 以下，压力在 0.49～0.78 MPa。立式锅壳式锅炉全部是手烧固定炉排，燃烧空间小，水冷程度大，排烟温度在 600～700 ℃，热效率低，为 50%～60%。

立式锅壳式锅炉品种主要有以下几类：

1. 立式横水管锅炉

立式横水管锅炉是结构最简单的一种锅炉，它由锅壳、炉胆、横水管和冲天管、筒身、下脚圈等主要部件构成。立式横水管锅炉如图 11－2 所示。

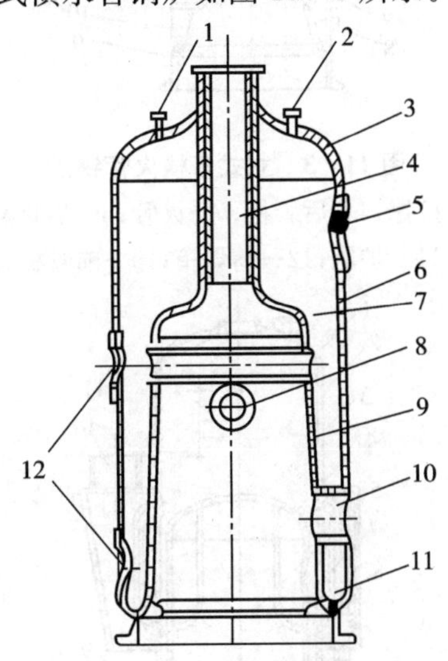

图 11－2　立式横水管锅炉

1—安全阀座；2—总气阀座；3—封头；4—冲天器；5—人孔；6—筒身；7—炉胆顶；8—横水管；9—炉胆；10—炉门；11—下脚圈；12—手孔

2. 立式多横火管锅炉

立式多横火管锅炉又称“考克兰锅炉”，它由锅壳、管板、火管、炉胆、下脚圈等部件组成。立式多横火管锅炉如图 11－3 所示。

3. 立式弯水管锅炉

立式弯水管锅炉是近年发展起来的一种小型立式锅炉。立式弯水管锅炉由锅壳、炉胆、弯水管等主要部件组成，如图 11－4 所示。

4. 立式直水管锅炉

立式直水管锅炉是我国近些年发展起来的一种小型立式锅炉。立式直水管锅炉由锅壳、炉胆、上下管板、直水管等主要部件组成，如图 11－5 所示。

5. 小型立式汽水两用锅炉

小型立式汽水两用炉是一种反烧、节能、污染少、容量小、压力小于 0.1 MPa 型的多用炉。

该型锅炉主要由锅壳、筒身、炉胆、串水管、炉膛管、炉排管、U 形下脚圈、冲天管等组

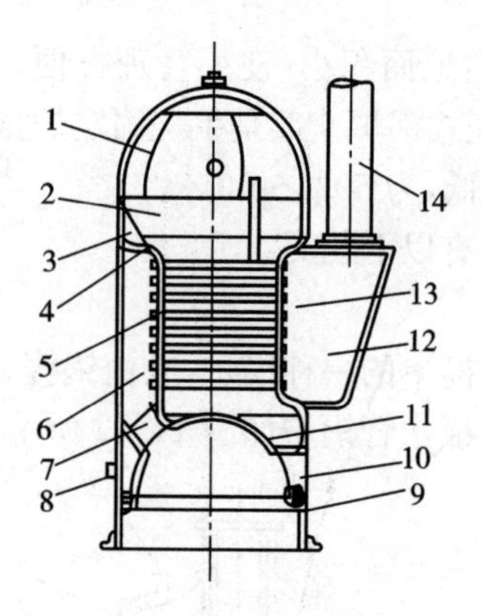

图 11-3　立式多横火管锅炉

1—封头;2—筒身;3—拉撑;4—后管板;5—火管;6—后烟箱;7—喉管;8—手孔;9—下脚圈;10—炉门;11—炉胆;12—前烟箱;13—前管板;14—烟囱

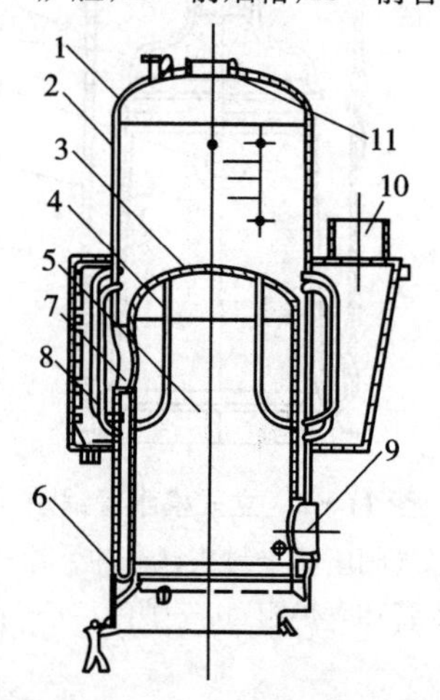

图 11-4　立式弯水管锅炉

1—锅壳封头;2—筒体;3—炉胆顶;4—弯水管;5—炉胆;6—U形下脚圈;7—喉管;8—外部弯水管;9—炉门;10—烟囱出口;11—人孔

成,如图 11-6 所示。

三、卧式锅壳式锅炉

卧式锅壳式锅炉主要分为卧式内燃回火管锅炉、卧式外燃水火管锅炉等。

卧式锅壳式锅炉的锅壳是卧置的,其炉排在炉胆内沿轴向布置。炉排和受热面积可以不受锅壳直径限制,通过变更锅壳长度来变更炉排和受热面积大小,其容量一般比立式锅炉要大。卧式锅壳式锅炉结构简单、紧凑,易于移动安装和检修,对水质要求不太高。但其刚性较大,热膨胀补偿能力差,受热不均匀,易产生温度应力。

目前经常使用的卧式快装锅炉,其蒸发量在 1～6.5 t/h,其蒸汽压力在

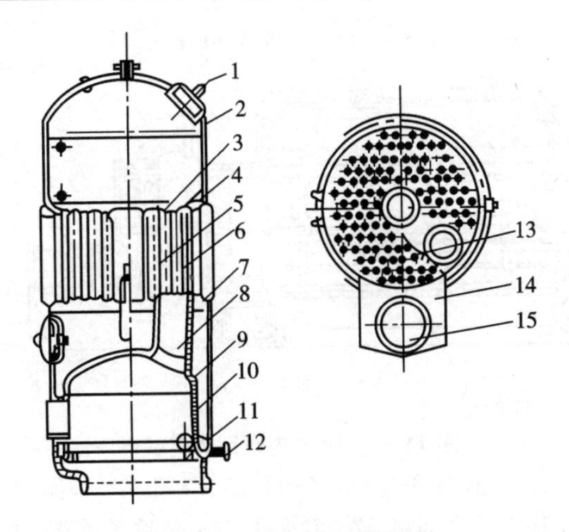

图 11-5　立式直水管锅炉

1—人孔；2—封头；3—锅筒；4—上管板；5—下降管；6—直水管；7—下管板；8—烟气出口管；9—炉胆顶；10—炉胆；11—U 形下脚圈；12—排污管；13—隔烟墙；14—烟箱；15—烟囱

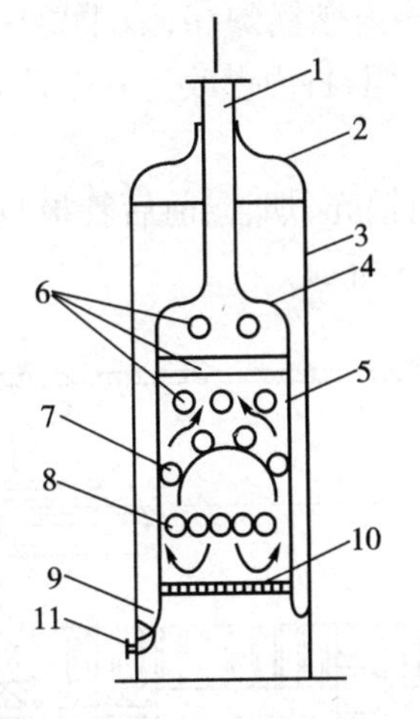

图 11-6　立式汽水两用锅炉

1—冲天管；2—锅壳封头；3—锅筒；4—平封头；5—炉胆；6—串水管；7—炉膛管；8—炉排管；9—U 型下脚圈；10—炉箅；11—排污管

0.78～1.25 MPa。

1. 卧式内燃回火管锅炉

卧式内燃回水管锅炉是取代卧式火筒锅炉而发展起来的一种新型锅炉，目前应用较广泛。卧式内燃回火管锅炉如图 11-7 所示。这种锅炉主要由锅壳、炉胆、前后管板、烟管等部件组成。燃料在炉胆内的链条炉排上燃烧，烟气沿炉胆向后流到后烟箱，先沿锅壳内炉胆两侧烟头管折回到前烟箱，再经锅壳上部烟火管流到后烟箱（后烟道上下部用耐火砖隔开），经过省煤器、除尘器后再由引风机排入烟囱。

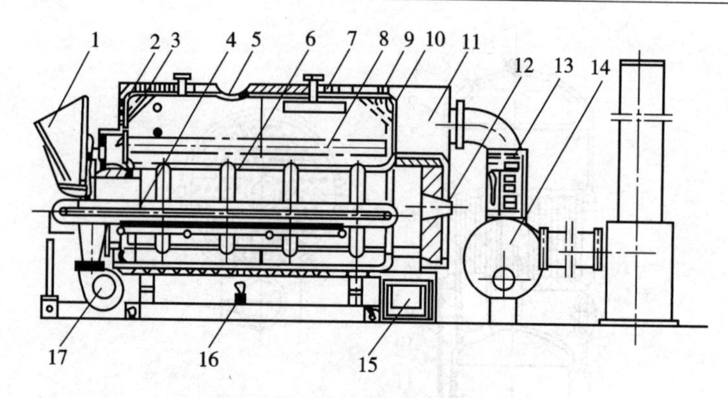

图 11－7　卧式内燃回火管锅炉

1—煤头；2—前封头；3—前烟箱；4—链条炉排；5—人孔；6—炉胆；7—锅壳；8—烟管；9—拉撑；10—后封头；11—后烟箱；12—看火孔；13—铸铁省煤器；14—引风机；15—出灰口；16—排污阀接口；17—鼓风机

2. 卧式外燃水火管锅炉

卧式外燃水火管锅炉与卧式内燃锅炉相比，主要区别在于前者将炉排移至锅壳外部。卧式外燃水火管锅炉没有炉胆，将内燃改为外燃，同时将锅壳两侧加装水冷壁管，属于多回程水火管锅炉。

卧式外燃水火管锅炉主要由锅壳、烟管、前后管板、水冷管、下降管、后棚管、集箱、前后烟箱等组成，其结构如图 11－8 所示。

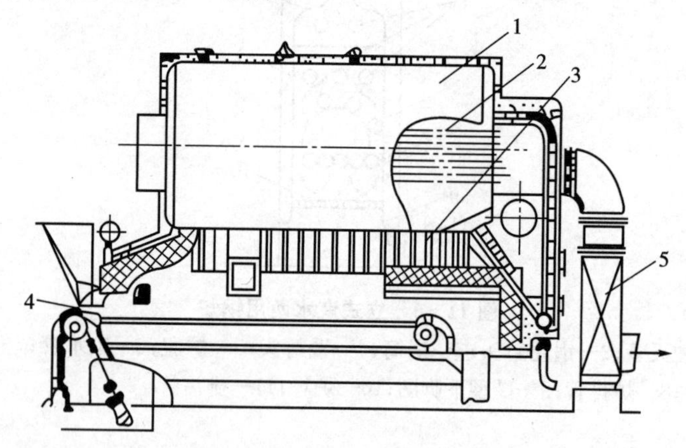

图 11－8　卧式外燃水火管锅炉

1—锅壳；2—烟管；3—水冷壁管；4—链条炉排；5—省煤器

四、锅炉的附属设备

1. 过热器

过热器一般分为立式过热器和卧式过热器两种。过热器一般安装在炉膛出口的位置上，它的作用是把锅筒中产生的湿饱和蒸汽（一般含有 2%的水分），在压力不变的条件下，再加热干燥，成为达到规定过热温度的干饱和蒸汽，以满足生产工艺的需要。过热器常用于工业和电站锅炉上，其结构如图 11－9 所示。

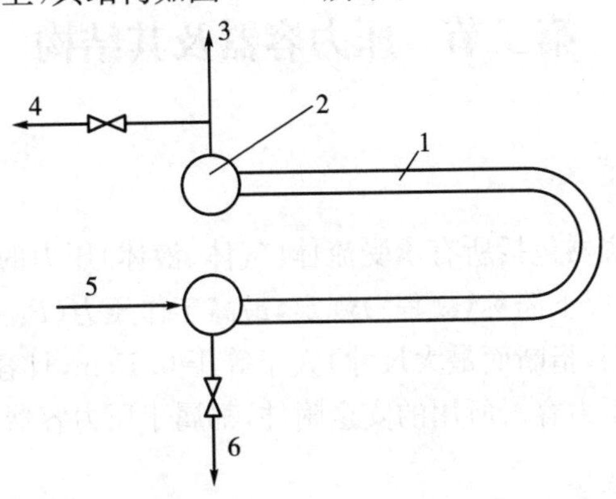

图 11－9 过热器结构示意

1—过热器管；2—集箱；3—过热蒸汽引出管；4—排气管；5—饱和蒸汽引入管；6—疏水管

2. 省煤器

省煤器一般有沸腾式和非沸腾式两种。建筑上常用的是非沸腾式省煤器（即可分式省煤器），一般安装在锅炉尾部烟道上。省煤器是利用烟气余热（烟气温度为 250～350℃）加热给水，达到节约燃料的作用的。由于加装了省煤器，所以热效率可提高 5%～15%。

3. 空气预热器

空气预热器一般安装在省煤器之后，它的作用是利用烟气余热，提高进入炉膛内的助燃空气温度，进而提高炉膛温度，增强燃料的燃烧，提高热效率，并有利于燃烧灰分多、水分较多的劣质煤。空气预热器有板式、管式和旋转式三种。

4. 锅炉通风设备

锅炉通风所用设备多为鼓风机和引风机，锅炉上的风机大都是离心式通风机。

5. 给水设备

给水设备是保证锅炉正常运行的重要设备之一，常用给水设备有离心式水泵、多级泵、蒸汽往复泵等多种。每台锅炉必须装两台独立的给水泵，其中一台必须是汽动给水泵。每台水泵的容量至少是锅炉最大连续蒸发量的 120%。

6. 除尘器

锅炉在正常运行时，排放的烟气中多含有炭黑和飞灰及未燃尽的炭粒，除尘器可先将这些尘粒捕捉后再将烟气排入大气中，保证大气的环境质量，减少大气污染。常用的有旋风式 PW 除尘器和 XZD 型除尘器等。

7. 其他设备

上煤出渣系统也是锅炉房的重要设备之一。此外，为了保证锅炉使用所需的合格的软水，必须对硬水进行软化、处理，所以还需要一套水质软化设备。常用水质软化设备有钠离子交换器及其附属管道等。

第二节　压力容器及其结构

一、压力容器的定义

从广义上讲，压力容器包括所有承受流体（气体、液体）压力的密闭容器。按《压力容器安全技术监察规程》（以下简称《规程》）规定，最高工作压力（P_W）大于或等于 0.1 MPa，容器内直径（非圆形截面，指断面最大尺寸）大于等于 0.15 m，且容积（V）大于等于 25 L，介质为气体，以及上述压力容器所用的安全附件，都属于压力容器。

二、压力容器的分类

《规程》中将压力容器按压力等级、容量大小、介质危害程度以及在生产过程中的作用划为以下三类：

一类容器：低压容器。

二类容器：中压容器；易燃介质或毒性程度为中度危害介质（Ⅲ级浓度为1.0～10 mg/m^3）的低压反应容器和储存容器；毒性程度为极度和高度危害介质（Ⅰ级浓度为小于 0.1 mg/m^3，Ⅱ级浓度为小于 1.0 mg/m^3）的低压容器；低压管壳式余热锅炉；搪玻璃压力容器。

三类容器：毒性程度为极度和高度危害介质的中压容器和 $P \times V$（P 为工作压力，V 为容积）大于等于 0.2 MPa·m^3 的低压容器；易燃或毒性程度危害介质且 $P \times V$ 大于等于 0.5 MPa·m^3 的中压反应容器和 $P \times V$ 大于等于 10 MPa·m^3 的中压储存容器；高压、中压管壳式余热锅炉；高压容器。

三、压力容器的结构

压力容器的结构比较简单，它的主要作用是储装压缩气体和液化气体，或是为这些介质的传热、传质或化学反应提供一个密闭的空间。它主要由一个能够承受压力的壳体和其他必要的连接件和密封件组成。

1. 低压容器

低压容器常用的是球形容器和圆筒形容器结构形式。其他一些特殊形状如方形、椭球形、半圆筒形、半球形等低压容器，只在极个别情况下使用。

（1）球形容器。它的本体是一个球壳，一般采用焊接，旧式的也有铆接的。如容积相同，球形容器表面积比圆筒形容器要小 10%～30%，表面积小，用材量也少，因而节约板材 30%～40%。但因球形容器制造比较困难，工时成本高，故其一般只作为盛装容器，实际生产中，一些大型液化气体罐多采用球形。

(2)圆筒形容器。它是一种使用极为普遍的压力容器。虽然从受力情况来看,圆筒形容器不如球形容器,但其比其他形状容器要好得多。圆筒体的曲面平滑,应力比较均匀,不会因形状突变形成较大的应力变化,且易于制造。实际生产中的空压机贮气罐、水质软化交换罐、分气罐等多采用圆筒形。

常用圆筒形容器的结构主要由一个圆筒体和两端封头组成,如图 11－10 所示。

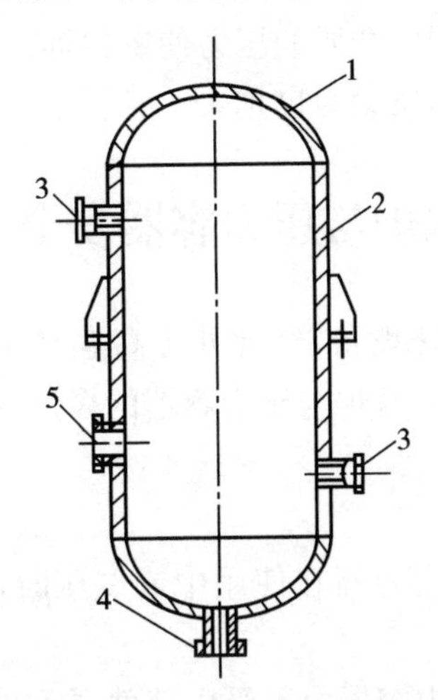

图 11－10　低压圆筒形容器

1—封头;2—圆筒体;3—接管;4—排泄管;5—人孔

2. 高压容器

高压容器大部分是圆筒形容器。它与中低压容器一样,也由一个圆筒体加上两端封头组成。因为高压容器要承受较高的压力,需要较厚的壳壁,因而其在结构上有些地方不同于中低压容器。

1)厚壁筒体

筒体按壳壁构成可分为单层、多层和绕带等三种类型。

(1)单层筒体。结构比较简单,但与多层筒体相比,缺点较多。

(2)多层筒体。壳壁是由数层或数十层紧密结合的金属构成。其优点是壳壁上的应力沿壁厚分布比较均匀,壳体材料可以充分利用;其缺点是热传导情况差,环焊缝不易热处理。

(3)绕带筒体。一般是在一个用钢板卷焊成的筒(称为内筒)外面缠绕多层拉紧的钢带,直至所需的厚度。

2)封头

高压容器,除整体锻造的容器可用锻压收口锻出凸形封头外,其他一般采用平封头。高压容器受加工设备和高压容器上不能开孔等限制,工艺过程所必需的孔都开在封头上,采用平封头可从整体加厚做开孔补强。近年多采用冲压成型的半球形封头。

高压容器使用时的压力高,密封是关键,它直接影响容器的结构、制造成本和投入使用后的安全运行。因此,对密封结构的要求是使用可靠,在正常温度、压力下或在温度、压力波动下,应能始终保持严密不漏。

目前,我国大都采用强制式密封和自紧式密封两种。

(1)强制式密封。利用紧固件强行将端盖与筒体法兰的连接螺栓等方法将密封面压紧达到密封效果。

(2)自紧式密封。利用容器内介质的压力使密封面产生压紧力来达到密封效果。容器内介质压力越大,其密封面的压紧力也越大。

第三节 锅炉与压力容器安全事故及原因

锅炉与压力容器是一种特殊设备,经常处于高温高压条件下运作,若管理不善或使用不当,容易发生各类事故,而且锅炉与压力容器的爆炸具有较大的破坏性。

一、事故分类

(1)爆炸事故。指锅炉、压力容器在使用中或试压时,发生破裂,使压力瞬间降至大气压力的事故。

(2)重大事故。指锅炉、压力容器由于受压部件严重损坏或附件损坏等,被迫停止运行,必须进行修理的事故。

(3)一般事故。指锅炉、压力容器损坏程度不严重,不需要立即停止运行进行修理的事故。

二、锅炉安全事故

1. 水位事故

锅炉的水位事故包括缺水事故和满水事故两类。

(1)缺水事故。缺水事故是指当锅炉水位低于水位表最低安全水位线时造成的事故。锅炉缺水常可造成严重的后果:会使锅炉蒸发器受热面管子受热变形,甚至烧塌,胀口渗漏以致胀管脱落;受热面炉壁钢材过热或过烧、降低以致丧失承载能力;管子爆破,炉墙损坏。锅炉缺水事故若处理不当,甚至会导致锅炉爆炸。

常见的缺水原因主要包括:运行人员监察失误;水位表故障,形成假水位;给水设备或管道故障,无法给水或给水不足;排污后忘记关排污阀;水冷壁、对流管束或省煤器管子破裂漏水。

发现锅炉缺水时,首先应判断是轻微缺水还是严重缺水,然后再施以不同的处理方法:轻微缺水,可以立即向锅炉上水,使水位恢复正常;严重缺水,应立即停炉检查,此时严禁给锅炉上水,否则会造成锅炉爆炸。

(2)满水事故。满水事故是指锅炉水位高于水位表最高水位线时造成的事故。发现锅炉满水，应先冲洗水位表，检查水位表是否有故障，确认满水后，立即关闭给水阀门，停止向锅炉给水，启用省煤器再循环管路，减弱燃烧，开启排污阀、过热器及蒸汽管道上的疏水器，直至水位正常后，再关闭排污阀，查清事故原因并消除事故，之后，调整给水，恢复正常运行。

2. 汽水共腾

汽水共腾，是指锅炉蒸发表面（水面）汽水共同升起，产生大量泡沫并上下波动翻腾的现象。

造成汽水共腾的原因主要是：锅炉给水质量太差，排污不当，造成锅水中悬浮物过多或含盐量过大，碱度过高，锅水黏度过大，使气泡上升阻力增大；负荷增加或压力降低过快，使水面汽化加剧，造成水面波动并使蒸汽带水。处理方法：发现汽水共腾时，应减弱燃烧，降低负荷，关小主汽阀，打开蒸汽管道及过热器，全开连续排污阀，并打开定期排污阀，改善给水质量直至恢复正常。

3. 炉管爆破

炉管爆破是指锅炉蒸发受热面管子、水冷壁、对流管束及烟道管的爆破。炉管爆破的原因主要包括：水质不良，管道壁结垢，阻力增大；水循环不良，传热效果差，导致局部管道超温；管道腐蚀、冲刷使管壁减薄；管材或焊接缺陷等。

发现炉管爆破，必须紧急停炉修理。

4. 炉膛爆炸

炉膛爆炸是指可燃气体、油雾或粉尘与空气混合后，浓度达到爆炸极限，遇有明火而发生在炉膛及烟道中的爆炸。炉膛爆炸，一般是在点火未成功时或炉膛内燃烧不好，可燃气体不完全燃烧，在高温下产生自燃造成的。

防止炉膛爆炸的措施包括：点火前先用引风机通风，以清除炉膛内及烟道中的可燃气体；点火时，应先点火后送燃料气，然后再停送风机。

5. 锅炉爆炸

锅炉爆炸是指锅炉超过设计压力后发生的锅炉汽包破坏现象。锅炉爆炸可能是锅炉汽包这一压力容器设计、制造、材料、缺陷、腐蚀及安全附件失灵等方面原因造成的。

三、压力容器破裂形式

根据压力容器破坏特点，可分为延性破裂、脆性破裂、疲劳破裂、腐蚀破裂、蠕变破裂和压力冲击破裂等多种形式。

（1）延性破裂。压力容器在内部压力作用下，器壁上产生的应力达到材料的强度极限时，在器壁上发生明显的塑性变形，器壁体积将迅速增大。如果压力继续升高，容积迅速增大，至器壁上的应力达到材料的断裂强度时，容器即发生韧性破裂。

（2）脆性破裂。有些压力容器的破裂与延性破裂相反，容器的破裂没有经过明显的塑性变形，根据破裂时的压力计算，器壁的平均应力远远低于材料的强度极限，有的甚至还低于屈服极限。因这种破裂现象和脆性材料的破裂相似，故称为“脆性破裂”；又因为它是在较低的应力状态下发生的，故又称“低应力破裂”。

(3)疲劳破裂。承受交变载荷的金属构件，长时间反复应力的作用会引起金属的疲劳，致使发生破裂。这种由于反复应力的作用引起金属疲劳所造成的破裂叫作疲劳破裂。压力容器在运行中的破坏事故绝大部分为疲劳破裂。

(4)腐蚀破裂。腐蚀破裂是指容器壳体因受到腐蚀介质的腐蚀而产生的一种破裂形式。

(5)蠕变破裂。压力容器在高温和应力的双重作用下，因金属材料产生缓慢而连续的塑性变形即蠕变所导致的破裂叫蠕变破裂。

(6)压力冲击破裂。压力冲击破裂是指容器内的压力由于各种原因急剧升高，使壳体受到高压力的突然冲击而造成的破裂爆炸。

四、锅炉与压力容器事故原因

1. 锅炉事故原因

造成锅炉事故的原因主要有以下几个方面：设计制造方面，因结构不合理、材质不符合要求、焊接质量粗糙、受压元件强度不够，以及其他设计制造不良；管理和操作方面，因管理不善，制度不健全，劳动纪律松弛，违章操作，不严格监视各种安全仪表，不按规定进行定期检验，不及时进行维护检验，无水质处理设施或水质处理不好，以及其他运行管理不善；安全附件不齐全、不灵，安装、改造、修理质量不好，以及其他方面。

2. 压力容器事故原因

压力容器事故原因主要有以下两类：一是设计失误，粗制滥造；二是使用不当，致使容器强度不足而发生破裂。

第四节　锅炉与压力容器的使用安全

一、锅炉房安装、使用、维修的安全要求

(1)固定锅炉应安装在单独建造的锅炉房内。锅炉房不得与人员集中的房间相邻。锅炉房与其他建筑的间距及屋架下弦距锅炉顶部的高度，应符合建筑防火标准。锅炉房应为一、二级耐火等级建筑，但蒸发量不超过 4 t/h、供热量不超过 2.8 MW，且以煤为燃料的锅炉房，允许采用三级耐火等级建筑。

(2)锅炉房内设备布置应便于操作、通行和检修，且应有足够的采光、通风及必要的降温和防冻措施。

(3)锅炉房地面应平整，无积水。房内承重梁、柱等构件与锅炉应有一定的距离或采取其他措施，防止构件因受高温而损坏。

(4)锅炉房每层应有两个出口,分别设在两侧。锅炉前端的总宽度不超过12 m、面积不超过200 m^2的单层锅炉房,可以只开一个出口。通向室外的门应向外开,在运行期间不准锁门或拴住。锅炉房内的工作室或生活室的门应向锅炉房内开。锅炉与墙壁之间至少留有70 cm的间距。

(5)锅炉房应采用轻型屋顶,每平方米一般不宜超过120 kg,否则应开设天窗或高窗。开窗面积至少应为占地面积的10%,以保证锅炉在发生事故时泄压或蒸汽能自由冒出。

(6)锅炉房内操作地点以及水位计、压力表、温度计、流量计等处,应有足够的照明,并应有备用照明设备和工具,以便正常照明电源发生故障时,能继续维持运行。

(7)锅炉房内必须备有防火沙箱(袋)或化学灭火剂。

(8)锅炉房及烟囱在设计时应考虑防震,烟囱应装避雷针等。

二、施工现场临时锅炉房安全要求

(1)施工现场临时锅炉房设置的位置应考虑周围临时建筑物的环境,不宜和木工棚、易燃易爆材料仓库、变压室等相邻。同时,还应考虑使用方便。临时锅炉房的面积大小应根据锅炉房设置的台数并满足有关管理部门的有关规定。

(2)临时锅炉房应有防火措施,便于操作,且有足够的照明;临时用电设施应符合电气规程规定。墙体不准用竹、荆、笆、大泥等材料,应用砖或砌块砌筑或瓦楞铁及石棉板;不准用简易油毡做屋顶,应用瓦楞铁或石棉板做屋顶;屋顶距锅炉最高点要保证有一定的安全距离。

(3)锅炉房大门、窗均应向外开,地面应平整、不积水;锅炉前端至少留有2 m、后端至少留有60 cm,便于操作和维修。

(4)锅炉排污、泄水应通向排污池(箱)。

(5)锅炉上的安全附件及附属设备应齐全、灵敏、可靠,按正规施工进行安装。司炉工必须经过培训,持证上岗。锅炉房要有必要的规章制度,如岗位责任制、安全操作制、交接班制、巡回检查制等。

(6)锅炉房应设置消防用具或设备等。

三、锅炉房安全管理

锅炉房的安全管理制度主要包括:岗位责任制,即明确制定锅炉房管理人员、司炉班长、司炉工、水处理化验员、仪表工、维修工等各类人员的职责;交接班制度,即明确交接班时间、交接内容、交接人员双方签字等;巡回检查制度;定期检查、检修制度;安全操作规程;维护保养、清洁卫生制度;水质管理制度;事故报告制度。

此外,锅炉房安全管理制度还应有锅炉安全运行记录、交接班记录、水质处理设备及水质化验记录、锅炉和附属设备的检修保养记录、检查记录等。

四、压力容器安全管理

压力容器的安全管理工作主要有以下几点：

(1)建立健全压力容器使用登记及技术资料的档案管理。

(2)制定压力容器安全管理制度。

(3)执行《压力容器安全技术监督规程》和压力容器安全技术规范、规章。

(4)加强压力容器检验、焊接及操作人员的安全技术培训和管理。

(5)参与压力容器的订购、设备进厂、安全验收及试车。

(6)检查压力容器的运行、维修和安全附件校验情况。

(7)对压力容器的检验、修理、改造和报废等进行技术审查。

(8)编制并负责组织实施压力容器的年度定期检验计划；向政府管理部门报送当年压力容器数量和变动情况的统计报表，压力容器定期检验计划的实施情况，存在的主要问题和处理情况等。

(9)制定应急救援预案，落实人员、设备等。

(10)做好压力容器事故的抢救、报告、协助调查和善后处理等工作。

第五节　气　瓶

一、概述

气瓶是指在正常环境下(－40～60 ℃)可重复充气使用的、公称工作压力为1.0～30 MPa(表压)、公称容积为0.4～1 000 L的盛装永久气体、液化气体或溶解气体的移动式压力容器。

1. 气瓶分类

(1)气瓶按工作压力可分为高压气瓶(工作压力大于8 MPa)和低压气瓶(工作压力小于5 MPa)类。

(2)气瓶按容积可分为大容积气瓶(100 L$<V\leqslant$1 000 L)、中容积气瓶(12 L$<V\leqslant$100 L)和小容积气瓶(0.4 L$\leqslant V\leqslant$12 L)3类。其中，V为气瓶容积。

(3)按盛装介质的物理状态可分为永久气体气瓶、液化气体和溶解乙炔气瓶等。

2. 钢质气瓶的结构

钢质气瓶一般由瓶体、瓶阀、瓶帽、底座、防震圈组成。焊接钢瓶还有护罩。

3. 气瓶的漆色和标志

为了便于识别气瓶充填气体的种类和气瓶的压力范围，国家对气瓶的漆色和字样做了明确的规定，如表11－1所示。打在气瓶肩部的符号和数据钢印，叫气瓶标志。

表 11-1　几种常见气瓶漆色

序号	气瓶名称	化学式	外表面颜色	字样	字样颜色	色　环
1	氢	H_2	深绿	氢	红	P=14.7 MPa,不加色环; P=19.8 MPa,黄色环一道; P=29.4 MPa,黄色环两道
2	氧	O_2	天蓝	氧	黑	P=14.7 MPa,不加色环; P=19.6 MPa,白色环一道; P=29.4 MPa,白色环两道
3	氨	NH_3	黄	液氨	黑	
4	氯	Cl_2	草绿	液氯	白	
5	空气		黑	空气	白	P=14.7 MPa,不加色环; P=19.6 MPa,白色环一道; P=29.4 MPa,白色环两道
6	氮	N_2	黑	氮	黄	
7	硫化氢	H_2S	白	液化硫化氢	红	
8	二氧化碳	CO_2	铝白	液化二氧化碳	黑	P=14.7 MPa,不加色环; P=19.6 MPa,黑色环一道

二、常用气瓶使用安全要求

1. 氧气瓶的安全要求

(1)氧气瓶应与其他易燃气瓶、油脂、易燃易爆物品分别存放。

(2)存储高压气瓶时应旋紧瓶帽,放置整齐,留有通道,加以固定。

(3)气瓶库房应与高温、明火地点保持 10 m 以上的距离。

(4)氧气瓶在运输时应平放,并加以固定,其高度不得超过车厢肋板。

(5)严禁用自行车、叉车或起重设备吊运高压钢瓶。

(6)氧气瓶应设有防震圈和安全帽,搬运和使用时严禁撞击。

(7)氧气瓶阀不得沾有油脂、灰尘,不得用带油脂的工具、手套或工作服接触氧气瓶阀。

(8)氧气瓶不得在强烈日光下暴晒,夏季露天工作时,应搭设防晒罩(棚)。

(9)氧气瓶与焊炬、割炬、炉子和其他明火的距离应不小于 10 m,与乙炔瓶的距离不得小于 50 m。

(10)开启氧气瓶阀门时,操作人员不得面对减压器,应用专用工具,开启动作要缓慢,压力表指针应灵敏、正常;氧气瓶中的氧气不得全部用净,必须保持不小于 49 kPa 的压强。

(11)严禁使用无减压器的氧气瓶作业。

(12)安装减压器时,应首先检查氧气瓶阀门,接头不得有油脂,并略开阀门清除油垢,然后再安装减压器,作业人员不得正对氧气瓶阀门出气口;关闭氧气阀门时,必须先松开减压器的活门螺丝。

(13)作业中,如发现氧气瓶阀门失灵或损坏不能关闭时,应待瓶内的氧气自动逸尽后,才能进行拆卸修理。

(14)检查瓶口是否漏气时,应用肥皂水涂在瓶口上观察,不得用明火试。冬季阀门被冻结时,可用温水或蒸汽加热,严禁用火烤,等等。

2. 乙炔瓶的安全要求

(1)现场乙炔瓶储存量不得超过 5 瓶,5 瓶以上时应放在储存间。储存间与明火之间的距离不得小于 15 m,并应通风良好,且应设有降温设施、消防设施和通道,避免阳光直射。

(2)储存乙炔瓶时,乙炔瓶应直立,同时应采取防止倾斜的措施。严禁与氯气瓶、氧气瓶及其他易燃、易爆物同间储存。

(3)储存间必须设专人管理,应在醒目的地方设安全标志。

(4)运送乙炔瓶应使用专用小车。装卸乙炔瓶的动作应轻,不得抛、滑、滚、碰,严禁剧烈震动和撞击。

(5)汽车运输乙炔瓶时,乙炔瓶应妥善固定,气瓶宜横向放置,头向一方;直立放置时,车厢高度不得低于瓶高的 2/3。

(6)乙炔瓶在使用时必须直立放置。

(7)乙炔瓶与热源的距离不得小于 10 m,乙炔瓶表面温度不得超过 40 ℃。

(8)乙炔瓶使用时必须装设专用减压器,减压器与瓶阀的连接应可靠,不得漏气。

(9)乙炔瓶内气体不得用尽,必须保留不小于 98 kPa 的压强。

(10)严禁含铜、银、汞等的漆制器皿与乙炔瓶接触。

3. 液化石油气瓶的安全要求

(1)液化石油气瓶必须放置在室内通风良好处,室内严禁烟火,并按规定配备消防器材。

(2)气瓶冬季加温时,可用 40 ℃以下温水,严禁火烤或沸水加温。

(3)气瓶在运输、存储时必须直立放置,并加以固定,搬运时不得碰撞。

(4)气瓶不得倒置,严禁倒出残液。

(5)瓶阀管子不得漏气,丝堵、角阀丝扣不得锈蚀。

(6)气瓶不得充满液体,应留出 10%～15%的汽化空间。

(7)胶管和衬垫材料应采用耐油性材料等。

第十二章　施工现场临时用电

第一节　现场临时变电所

一、一般要求

(1)施工现场的临时变电所应为现场施工专用,不得与(低压)外电线路联络。

(2)临时变电所的进线侧额定电压不宜高于10 kV。

(3)一般施工现场的临时变电所宜采用露天或半露天形式。但重雾地区和日照强烈、最高温度高且日夜温差大的地区,以及降水量特多或者特大暴雨地区不宜采用露天变电所。

(4)对于具有三类负荷的施工现场,如临时变电所只有单回路进线,则应设置自备电源(柴油发电机组)。

(5)临时变电所的架空进线侧应装设一组容量满足要求的跌落式熔断器和一组阀型避雷器。

(6)临时变电所的电力变压器和开关电器等电气设备必须是经过检验的合格产品。

(7)临时变电所应设相应技术等级的电工值班,负责运行和维护工作。

(8)临时变电所应设置沙箱和绝缘灭火器材。

(9)对于含正式变电所的配套工程的施工现场,宜首先完工变电所工程,作为现场临时变电所,再做其他工程施工。

二、位置选择

(1)一般6～10 kV临时变电所的位置选择应根据下列要求综合考虑确定:①接近负荷中心;②进出线方便;③接近电源;④接近大容量用电设备;⑤运输方便;⑥不设在有剧烈震动的场所;⑦不设在施工可能触及的场所;⑧不设在多尘或有腐蚀介质的场所;⑨不设在污染源的下风侧;⑩不设在低洼和可能积水、溅水场所;⑪不设在有断层、滑坡、滚石、塌陷危险的场所;⑫不设在有爆炸和火灾危险的场所。

(2)露天或半露天变电所的位置选择还应注意下列条件:①不设在挑檐为燃烧体或易燃烧体的建筑物旁;②不设在耐火等级为四级的建筑物旁;③不设在容易沉积可燃粉尘、可燃纤维、灰尘或导电尘埃且严重影响变压器安全运行的场所。

三、建筑与布置

1. 室内变电所的布置要求

(1)变压器室的耐火等级应为一级。

(2)变压器室应有良好的自然通风，通风管道和通风窗应采用非燃烧材料，并应有防止雨、雪和小动物进入的措施。

(3)变压器室的排风温度不宜大于+45℃，进风和排风的温度差不宜大于15℃。

(4)变压器室内不应通过与变压器室无关的管道和明敷线路。

(5)变压器室应有防水、排水设施。

(6)变压器的外廓与变压器室墙壁和门的净距不应小于如表12-1所示数值。

表12-1　变压器外廓与变压器室墙壁和门的最小净距

项　　目	变压器容量	
	100～1000 kW	1250 kW及以上
变压器与后壁、侧壁净距(m)	0.6	0.8
变压器与门净距(m)	0.8	1.0

(7)变压器室门应向外开，并配锁。

(8)高压配电室宜单独设置。如与低压配电室合并设置，当高、低压配电装置为单列布置时，两者的净距不应小于2 m。

2. 露天或半露天变电所的布置要求

(1)变压器周围应设置高度不小于1.7 m的固定围栏，变压器外廓与围栏或建筑物外墙的净距不应小于0.8 m，围栏内不应有树木和杂草，围栏应设向外开的门，并配锁。

(2)变压器底部应高于周围地面0.3 m以上。

(3)相邻变压器外廓之间的净距不应小于1.5 m。

四、运行与维护

1. 变电所的运行

(1)变压器的负载不得超过其铭牌所规定的额定负载。

(2)变压器的温升不得超过其铭牌所规定的额定温升。

(3)变压器的并列运行应同时满足下述三个条件：①并列变压器绕组的连接组别相同；②并列变压器原、副绕组的额定电压和电压比相同；③并列变压器的阻抗电压相同。

(4)变压器的附属保护装置必须完备。

(5)变压器和油开关油箱中的绝缘油必须达到规定的油标高度。

(6)变压器地线的电气连接必须保证可靠。

(7)变电所的隔离开关不得带负载操作。

(8)当变压器容量在1000 kVA以下时，用作保护变压器的跌落式熔断器熔体的额定电流为变压器额定电流的1.5～2倍。

(9)变压器和油开关的绝缘油应按电力部门的规定,定期做简化试验。一般 10 kV 以下设备用绝缘油的简化试验应达到的标准如表 12-2 所示。

表 12-2　绝缘油的简化试验标准

试验项目	试验标准	
	新油	旧油
耐压千伏数五次平均值	30	25
水分	无	无
机械混合物	无	无
游离碳	无	无
闪点	135℃	130℃
反应	中性	中性
酸价(KOHmg/g 油)	0.05	0.04

(10)变电所的母线应涂色,一般规定 A(L_1)相涂黄色,B(L_2)相涂绿色,C(L_3)相涂红色。

(11)变电所的开关电器应遵循安全操作顺序:合闸时,先合隔离开关,后合带有灭弧装置的开关(如油开关);分闸时,按与合闸相反的顺序进行。

(12)变电所应具备下列技术资料:①电气系统操作模拟板;②设备编号及用途明细表;③高、低压系统原理接线图;④二次回路接线图;⑤值班、运行和检修人员职责条例;⑥安全操作注意事项;⑦运行、操作、事故缺陷和检修记录;⑧设备耐压试验记录、绝缘电阻测量记录、接地电阻测量记录。

(13)变电所应具备下列操作用具:①橡胶绝缘手套;②橡胶绝缘靴或绝缘站台;③橡胶绝缘垫;④绝缘拉杆;⑤验电器;⑥便携型短路接地线;⑦保护眼镜;⑧更换熔断器用的绝缘夹钳。

(14)为保障变压器经济运行,应合理投入移相电容器装置。

2. 变电所的日常维护检查项目

(1)检查变压器和油开关的瓷套管,以及其他开关电器的绝缘瓷件和架空线路的绝缘子是否清洁、有无裂纹、有无放电痕迹或其他异常现象。

(2)检查油浸变压器、油开关、充油电缆头等油浸电气设备的各密封处有无渗油、漏油现象。

(3)检查油浸变压器储油柜油面高度、油色及油表是否畅通。

(4)检查变压器、开关电器运行时的噪声和振动状况,音响和振动是否正常。

(5)检查油浸变压器的油温(顶层油温不得超过 55℃)。

(6)察看油浸变压器安全气道的玻璃是否完整。

(7)检查油浸变压器上浮子继电器的油面高度,并注意储油柜和硅胶的色变情况。

(8)检查变压器金属箱体是否可靠接地。

(9)检查发现以下情况之一时,应立即停电检修:①变压器和油开关的瓷套管以及其他开关电器的绝缘瓷件和架空线路的绝缘子有严重放电迹象或损伤；②变压器、油开关，充油电缆头等严重漏油；③变压器储油柜内油面低于最低油面线；④变压器、开关电器运行时噪声增高、音响不均匀，有爆裂声、噼啪声等发生；⑤变压器油温在运行时不断上升并超过其额定值(或限定值)；⑥变压器油色混浊，有游离碳存在；⑦变压器储油柜冒油或安全气道玻璃膜爆破。

3. 定期检修

变电所的电气设备应定期进行检修。检修必须于断电后进行，并应可靠地挂接短路接地线。

4. 检修用具和检修作业必须符合相应的安全规定

(1)检修用行灯必须采用橡皮电缆做灯线，由安全变压器供电，严禁使用自耦变压器供电，绝缘把应完好无损。

(2)检修用喷灯不得漏油、漏气，油筒油量不得超过油筒容积的 3/4。使用喷灯时，不准靠近易燃物或带电体，不准在火源附近充油或拆卸，火焰调整要适度，停用时应先灭火、后排气。

(3)高空作业用腰绳的长度应为 3.5 m，并应每年进行一次拉力试验，试验标准为：拉力 2 250 N，时间 5 min。

(4)高空作业时，地面应有监护人员，监护人员应戴安全帽。

(5)杆上作业时，应注意防止误碰裸露带电体，作业人员活动范围的外沿与高压线路的距离不得小于 1 m。

(6)严禁雷雨天气登杆作业。

第二节　线　　杆

现场内的支搭架空线路的线杆主要有水泥和木质两种。

水泥线杆无掸灰、露筋环裂和弯曲现象，横向裂纹宽度不得超过 0.2 mm，否则应更换。

木质线杆及木横担不得糟朽、劈裂，其支承处的直径应为 13 cm 以上。

电杆不得倾斜、下沉，杆子倾斜不准超过杆子梢径的 50%。

电杆根部与槽、坑、沟边沿应保持 1.5 m 以上的安全距离，距消火栓、贮水池应适当加大到 2 m 以上，必要时应采取有效的加固措施。

电杆上必须有横担和绝缘子。

第三节　安全距离

现场内配电箱主要分为固定的大配电箱和流动的小配电箱两种。从楼层中的固定箱至为手持电动工具插接的流动箱的电源接线不能很长，一般最长不得超过 30 m。用电设备至配电箱的安全距离一般应小于 5 m。在规定范围内的电源线不应随意拉伸。

施工现场内一般不得架设裸导线，架空线路与施工建筑物的水平距离一般不得小于 6 m；遇特殊情况，如因场地困难不能满足规定要求的，要采用外电防护，以保证用电安全。架空线路与地面的垂直距离一般不得小于 6 m，跨越建筑物时与其顶部的垂直距离不得小于 2.5 m。塔式起重机附近的架空线路，应在臂杆回转半径及被吊物 2 m 以外，达不到规定要求的，必须采取有效的防护措施。

施工现场中凡与供电局系统的固定线路发生因安全距离的矛盾时，要事先与供电部门协商并采取措施。在塔吊与邻街的高压线有矛盾时，也要和供电部门共同研究、制订方案，但最好在组织设计中予以考虑，避免高压触电事故发生。

第四节　接地接零保护和防雷

所有电气设备的金属外壳及与电气设备连接的金属构架必须有可靠的接零或接地保护。当外接电源时，应首先了解外接电力系统中电气设备采用何种保护，再确定采用接地转接零保护，不可盲目行事。

保护零线宜使用多股铜线，严禁使用独股铝线、单相制的零线截面与相线截面相同。三相四线制的工作零线、保护零线不少于相线截面的 1/2（使用电缆的除外），接地保护零线应与控制线匹配。

工作零线与保护零线应分开，不得将两者合为一条线；零线上不准加设开关及熔断保险，零线不得串联，电焊机、行灯变压器保护零线中间不得有接头，不准利用螺栓等当导体使用。

零线与设备及端子板连接需牢固，不得虚接，要满环 360°。无正式压接线鼻子时，线端一定要缠绕紧实，并加垫压满，压点要设在明处。端子板的每个螺丝只允许压一个设备的保护零线。

采用接零保护的单相 220 V 电气设备，应设有单独的保护零线，不得利用设备自身的工作零线兼保护零线。

高度在 20m 以上的井架、高大架子、机具及水塔、烟囱等应采取防雷措施。大模板施工中模板就位后，要及时用导线与建筑物接地线连接，其接地电阻应小于10 Ω。在郊区或平原中，附近无高大建筑物（即使高度不足 20 m）仍需设避雷保护。

塔式起重机的轨道一般应设两组接地装置；对塔线较长的轨道应每隔 20 m 补做一组接地装置，其接地电阻不大于4 Ω；现场配电箱终端应做重复接地。

第五节　电　闸　箱

电闸箱应坚固、完整，箱门应喷涂红色“电”字或其他危险标志，并编号使用。箱内禁止放置杂物，箱前严禁乱堆杂物，箱外必须有防雨措施。对于每楼层的总闸箱和类似搅拌机等机具的专人专机的闸箱在使用中要把门关严，下班或停机后要拉闸上锁。

配电盘应采用铁板或优质绝缘材料制作，木制的应包铁皮，盘面布置及一般做法应符合《电气安装工程施工图册》的要求。配电箱内已有配线要绝缘良好、排列整齐、绑扎成束并固定在盘面上，导线剥头不得过长并应压接牢固。配电箱、盘操作面操作部位不得有带电体明露。各种电气闸具如开关、熔断器、继电器应完整可靠，其额定容量应与被控制的用电设备容量相匹配。各开关、接触器等应动作灵活，其触点应接触良好，不得存在严重烧蚀等现象。箱内应设零线端子板，并装在明处。

有三个及以上回路的配电箱、盘，应装设总开关，各分路开关均应标有回路名称。各插销插座应加熔断保险，保险丝的额定电流与负荷量要匹配，三相胶盖闸只能做断路开关使用。三相设备的熔丝应一致，不得刻划，禁止用其他导体代替。

每个设备都必须有独立的开关，并且有自动切断或熔断保险的装置。动力和照明合一的流动配电箱，一般应装四极漏电开关或防零线断线的安全保护装置。

配电箱、盘在施工用电中是非常重要的检查项目，安全技术人员要经常督促电工并亲自检查各开关、熔断器的接点处是否过热变色，配线是否破损老化，各部连接点是否牢固，各仪表指示是否正常，发现缺陷及时处理。

第六节　电　焊　机

电焊机的外壳应完好，一、二次侧防护罩必须有且应牢固，电焊机下应用干燥物垫起。露天使用时要有防雨措施(即固定的小棚或罩)，且应支搭规矩。禁止采用一块贴布或铁皮往机上一披的做法。

电焊机的外壳必须有良好的接地装置。

电焊机的一次电源线长度不应大于5 m，并应穿管或用护套缆线。

电焊机的二次电源线要用接线卡子(线鼻子)连接，把线应无破损现象，禁止两焊钳绞头连接或两把线铜线绑扎不包的连接。二次电源线使用时要注意不要太长，以免有危险不易排除造成隐患。

第七节　线　　路

架空线路必须采用绝缘铜线或绝缘铝线。其中，铝线的截面面积应大于16 mm^2，铜线截面面积须大于10 mm^2。

架空线路严禁架设在树木、脚手架及其他非专用电杆上，且严禁成束架设。

架空线路的连接点要求每一档中的每一条导线只允许一个。

电缆使用时，过墙过道须设置保护管，其外附套须满足要求。电缆埋地时应在地上插有标志,以示警告。

严禁用金属裸线绑扎电缆,沿地、沿墙、沿门等处设置线路时严禁乱拉乱拽,并应架空在距地一人高以上。

电线连接需牢固并加绝缘材料绑扎,电线不得老化、破损;电线与各种机械连接要良好并绑扎固定,绝缘部分不得外露。

高层建筑施工用的动力及照明干线垂直敷设时,应采用护套缆线;当每层设有配电箱时,缆线的固定间距每层不应小于两处,直接引至最高层时,每层不应少于一处。

原则上强电不得进入在施建筑物内。遇特殊情况,要有工程技术负责人编制的方案和施工单位技术总负责人的审批意见,并报安全技术监督部门备案后方可进楼。

第八节 照　　明

施工现场的照明首先要注意其与人的密切关系,在经常有人环境中的照明,如局部照明灯、行灯、标灯等的电压规定不得超过 36 V。潮湿场所或金属管道照明不超过 12 V。

行灯电源线应使用橡套缆线,不得使用塑料软线。

行灯变压器应使用双圈的,一、二次侧均须加装保险,一次电源线应使用三芯橡胶线,其长度不应超过 3 m。行灯变压器必须有防水防雨措施。

行灯变压器金属外壳及二次线圈应接零保护。

办公室、宿舍的照明灯具,每盏应设开关控制,工作棚、场地可采取分路控制,并应使用双极开关。灯具对地面垂直距离不应低于 2.5 m,距可燃物应当保持安全距离。

固定的行灯要每楼层固定或每层间固定,手持移动的手把灯宜用插销插座连接。

第十三章　施工安全检查、验收与评价

第一节　施工现场安全检查与验收

一、施工现场安全检查

1. 安全检查的主要依据

(1)国家、地方政府的安全法律、法规及要求。

(2)上级和政府部门的检查及监督指令。

(3)公司安全管理规范、标准、制度等。

(4)施工作业的安全技术方案、安全交底等。

2. 安全检查主要要求

(1)安全检查必须坚持领导和群众相结合、自查与互查相结合、检查与整改相结合的原则。

(2)对关键部位、重要环节,项目部安全组要落实专人加强监控,每月至少进行一次专项重点检查。

(3)工程项目工地安全检查每周组织一次以上,班组安全检查每日进行。日常施工生产过程中,由各级安全监督员负责实施日常检查和监督。

(4)安全管理部门会同有关部门或有关部门会同安全管理部门,根据上级和地方政府要求,以及施工生产的需要和季节的变化,进行专业性的安全检查和不定期的安全检查。

(5)在安全检查中发现不安全因素时,必须做到"三定"(定整改措施、定整改责任人、定整改期限),并由各级安全管理人员列出明细,逐个消除。需公司和其他单位帮助的,可上报公司安全部门,请求协助解决。

(6)对查出构成事故隐患的问题,必须严格执行《事故隐患整改制度》。

(7)安全检查应与安全教育、隐患整改、违章处罚等环节相辅相成,形成有教育、有检查、有整改、有处罚的模式。

3. 安全检查重要作用

安全检查的目的是为了预知危险,发现隐患,以便提前采取有效措施,消除危险。安全检查是对施工现场的安全状况和业绩进行的日常例行检查,以随时掌握施工现场安全生产活动和结果等信息,是保证安全管理目标实现的重要手段。其重要作用主要体现在以下几个方面：

(1)发现生产工作中人的不安全行为和物的不安全状态，以及管理缺陷等问题，从而采取对策，消除不安全因素，保障安全生产。

(2)预知危险，消除危险，把伤亡事故发生频率和经济损失降至社会容许的范围内，从而达到国际同行业先进水平。

(3)增强领导和群众的安全意识，纠正违章指挥、违章作业，提高搞好安全生产的自觉性和责任感。

(4)通过安全检查，可以互相学习，总结经验，吸取教训，取长补短，有利于进一步促进安全生产工作。

(5)通过安全检查，进一步宣传、贯彻、落实安全生产方针、政策和各项安全生产规章制度。

(6)掌握安全生产动态，分析安全生产形势，为研究加强安全管理提供信息依据。

(7)通过安全检查，对施工生产中存在的不安全因素进行预测、预报和预防。

4. 安全检查主要内容

安全检查主要内容包括查思想、查制度、查隐患、查措施、查机械设备、查安全设施、查安全教育培训、查操作行为、查劳保用品使用、查伤亡事故处理等。具体来说，主要是对人的不安全意识和行为、物的不安全状态进行分析，发现不符合规定或存在隐患的设施、设备，制订有针对性的措施进行纠正处置，并跟踪复查。

安全检查主要体现在安全检查落实情况，项目安全目标的实现程序，遵守适用法律法规、规范标准和其他要求情况，生产活动是否符合施工现场安全生产保证体系文件的规定，重点部位和重大环境因素监控、措施、方案、人员、记录的落实情况等方面。

不同类型和层次的安全检查监督应有各自的内容和重点，并应按监督检查计划具体执行。一般来说，安全检查主要包括以下内容：

(1)专业性安全检查。项目部所在的公司每季度应对临时用电、脚手架、危险物品、消防设施、起重机具、机运车辆、防尘防毒用品及器具等分别进行专业性安全检查。

(2)公司级安全检查的内容。①安全教育、培训情况；②安全管理体系运行情况；③岗位安全职责履行情况；④是否达到标准化工地要求；⑤消防管理是否落实到位；⑥安全计划、措施的制订和实施情况；⑦各类机具设备、设施和安全防护设施是否完好无损；⑧施工生产现场直接作业环节安全规章制度的执行情况；⑨各类安全见证资料的记录情况，台账管理情况；⑩项目部安全日活动和安全讲话是否按规定进行，是否有记录；⑪节假日前后或节假日加班施工期间，是否开展检查和落实人员管理；⑫各类事故是否按“四不放过”的原则进行处理，是否有隐瞒不报情况；⑬施工现场、生活基地的环境和秩序是否存在不安全因素和事故隐患，以及整改情况；⑭根据季节变化，防雷、降暑降温、防火、防台风、防汛、防冻保温、防滑等措施的落实情况。

(3)工程项目安全检查的内容。①消防设施是否完好无损。②是否达到文明施工要求。③各岗位、各部门的安全责任制是否落实。④检查班组是否进行自检、互检和交接检。⑤工程项目安全保证体系是否建立、运转。⑥各类机具、设施和安全防护设施是否完好无损。⑦检查班组和有关人员是否切实落实安全技术措施。⑧本周是否有违章违纪、未遂事故、事故的发生，以及处理情况。⑨针对影响安全施工的季节性因素所采取的防范措施。⑩检查工程项目施工作业环境和秩序是否存在不安全因素，以及不安全因素的整改情况。⑪安全日活动和安全讲话是否按规定进行，是否有针对性，是否有记录；管理人员参加班组安全活动有无评语及签到。

(4)班组安全检查的内容。①工具、设备是否完好无损；②安全技术措施是否落实到施工作业中；③施工作业环境是否整洁安全，使用是否规范；④劳动保护用品配备是否齐全，使用是否规范。

5. 安全检查的主要形式

安全检查形式多样：按不同的检查组织，可分为国家、各级政府组织的检查，部、委组织的行业检查和企业组织的自行检查；从具体进行的方式出发，可分为定期检查、专业检查、达标检查、季节检查、经常性检查和验收检查等。工程项目部常见的安全检查形式主要有以下几个方面：

(1)由安全管理小组成员、安全专兼职人员和安全值日人员进行日常的安全检查。

(2)由安全管理小组、职能部门人员、专职安全员和专业技术人员对电气、机械设备、脚手架、登高设施等专项设施设备、高处作业、用电安全、消防保卫进行专项安全检查。

(3)对塔机等起重设备、井架、龙门架、脚手架、电气设备、吊篮、现浇混凝土模板及支撑等设施设备在安装搭设完成后进行安全验收、检查。

(4)季节变化前由安全生产管理小组和安全专职人员、安全值日人员等组织季节劳动保护安全检查。

(5)工地(项目)每周或每旬由主要负责人带队组织定期安全大检查。

(6)生产施工班组每天上班前由班组长和安全值日人员组织班前安全检查。

6. 安全检查的组织和管理

(1)班组。班组各岗位的安全检查及日常管理应由各班组长按照作业分工组织实施。

(2)专职安全员。在施工生产过程中，由专职安全管理人员负责进行经常性的安全检查及日常管理。

(3)项目部。项目部负责按月或按季节及节假日组织的安全检查，由项目部安全管理部门协助项目经理组织成立检查组，对本项目工程的安全管理情况进行检查。

(4)公司。公司负责按月或按季节及节假日组织的安全检查，由公司各部门(处、科)协助公司安全部门主管经理组织成立检查组，对公司安全管理情况进行检查。

7. 安全检查的基本程序

(1)安全检查范围和内容的确定。公司安全检查的范围和内容，应根据施工生产的实际情况和安全管理的具体需求进行确定，主要包括以下几个方面：公司的检查范围和内容，应由公司各部门或科室提出建议，安全主管经理审批确定；各项目分公司的检查范围和内容，由本项目安全管理部门提出建议，主管经理审批确定。

(2)安全检查的实施。①召开首次会议，由检查组组长介绍检查的目的、范围和时间安排，确定检查的方法、程序和陪检人员；②按照检查计划规定及经受检单位确认的检查范围、内容和时间安排，进行现场安全管理情况和安全内部管理资料的检查，并及时记录安全检查的结果；③在现场检查的基础上，对检查收集到的客观依据、材料汇总核实后，进行分析评价，确定整改项目，签发隐患整改通知单，并由受检单位有关人员签字确认；④召开末次会议，由检查组组长介绍检查情况，宣布检查结论，确定隐患整改时间、整改人和复查时间。

(3)安全检查结果通报。公司级安全检查由公司安全检查组组长指定专人草拟检查情况通报，报主管领导签准后下发、上报；项目级安全检查，由项目专职安全员草拟检查情况通报，经项目经理签准后下发分包队或作业班组。

8. 工程项目安全检查的实施

在建筑工程施工项目生产过程中，为了及时发现安全事故隐患，排除施工中的不安全因素，纠正违章作业，监督安全技术措施的执行，堵塞漏洞，防患于未然，必须对安全生产中易发生事故的主要环节、部位、工艺完成情况等，由专门专业安全生产管理机构进行全过程的动态监督检查，以不断改善劳动条件，防止工伤事故、设备事故的发生。安全检查的要求主要有以下几点：

(1)在进行各种安全检查前都应有明确的检查项目和检查目的、内容及检查标准、重点环节、关键部位。对于一些有相同内容的大面积或数量多的项目可采取系统观感和一定数量测点相结合的检查方法。要求采用检测工具进行检查，用数据说话。不仅要对现场管理人员和操作人员是否有违章指挥和违章作业行为进行检查，而且还应进行“应知应会”抽查，以彻底了解管理人员及操作人员的安全素质。

(2)及时发现问题、解决问题，对检查出来的安全隐患及时进行处理。

(3)检查人员可以当场指出施工过程中发生的违章指挥、违章作业行为，并责令就地解决、立即改正。

(4)要认真、全面、系统地进行定性、定量分析，要进行详细的安全评价，以使受检单位能根据安全评价研究对策，进行整改和加强管理。

(5)在安全检查过程中发现的安全隐患必须登记，以作为整改的备查依据，提供安全动态分析，根据隐患记录和安全动态分析，指导安全管理的决策。

(6)应对安全检查中发现的安全隐患发出整改通知书，以引起整改单位重视。发现有即发性事故危险的隐患，检查人员应责令立即停工整改。

(7)整改部位整改完成后要及时通知有关部门派专人进行复查，应待复查整改合格后，方可进行销案。整改工作主要包括隐患登记、整改、复查、销案等。

(8)要认真、详细地填写检查记录,特别要具体记录安全隐患具体细节,如隐患的部位、危险性程度及处理意见等,采用"安全检查评分表"的,应记录每项扣分的原因。

(9)被检查单位应高度重视安全隐患问题,对被查出的安全隐患,应立即组织人员制定整改方案,按照"三定"(即定整改人、定整改期限、定整改措施)原则,把整改工作落到实处。

(10)大范围、全面性的安全检查,应明确检查内容、检查标准及检查要求,并根据检查要求配备力量。检查时要明确检查负责人,抽调专业人员参加,并明确分工。

9. 安全设施、设备检查验收要点

(1)特种作业人员须经有关部门培训考核合格,审定发证,并持证上岗。

(2)中小型机械使用前,应由机管员、安全员、施工员负责检查,并填写书面验收记录,合格挂牌后方可使用。

(3)临时用电设施、装置,在通电前必须经电气负责人、安全员验收合格后,方可通电使用,并做好验收记录。

(4)大型机械设备必须持有建设行政主管部门核发的有效许可证(严禁无证单位承接任务),安装完毕须经公司安全部门、动力设备部门、施工现场的安全员、机管员、电气负责人共同组织验收,由公司安全部门签发验收记录,并经机械检测中心检测合格后方能使用。

(5)施工现场所有的临边、洞口、通道等安全防护设施在搭设前,必须按专项技术方案由技术员、施工员对架子工进行安全技术交底。搭设完毕后,应由技术员、施工员和安全员共同参加验收,不合格的安全设施必须整改,符合要求后方可投放使用。每次验收都须做好验收记录。

(6)井架搭设前,应由施工员、技术员按专项施工技术方案进行井架搭设安全技术交底,待接受人领会安全交底内容并签字确认后,方可搭设。井架搭设完毕后,经企业与项目部安全员、项目技术负责人共同参加验收,做好验收记录,挂上验收合格牌后,方可使用。

10. 安全检查记录

(1)省、自治区、直辖市建设厅(建委)、总公司(集团)和企业(分公司)的三级定期建筑施工安全检查应按国家现行《建筑施工安全检查标准》(JGJ59—2011)执行。

(2)分公司、工程处、施工队、项目管理单位的安全生产检查可参照《建筑施工安全检查标准》(JGJ59—2011)的内容执行。

(3)各类经常性安全检查及季节、节假日安全检查记录可在相应的工作日志上记载。

(4)脚手架和井架(龙门架)的搭设、大型机械设备安装、施工用电线路架设等专检、自检及交接验收检查记录应用专用表格。

二、现场施工安全验收

1. 验收原则

现场施工安全验收必须坚持“验收合格才能使用”的原则。

2. 验收的范围

(1)各类脚手架、井字架、龙门架、堆料架。

(2)临时设施及沟槽支撑与支护。

(3)支搭好的水平安全网和立网。

(4)临时电气工程设施。

(5)各种起重机械、路基轨道、施工电梯及其他中小型机械设备。

(6)安全帽、安全带和护目镜、绝缘手套、绝缘靴等个人防护用品。

3. 验收程序

(1)脚手架杆件、扣件、安全网、安全帽、安全带以及其他个人防护用品,必须有出厂证明或验收合格的单据,由技术负责人、工长、安全员、材料保管人员共同审验。

(2)各类脚手架、堆料架、井字架、龙门架和支搭的安全网、立网由项目经理或技术负责人申报支搭方案并牵头,会同工程部和安全主管部门进行检查验收。

(3)临时电气工程设施,由安全主管部门牵头,会同电气工程师、项目经理、方案制定人、工长、安全员进行检查验收。

(4)起重机械、施工用电梯由安装单位和使用工地的负责人牵头,会同有关部门检查验收。

(5)路基轨道由工地申报铺设方案,工程部和安全主管部门共同验收。

(6)工地使用的中小型机械设备,由工地技术负责人和工长牵头,会同工程部进行检查验收。

(7)所有验收工作必须办理书面验收手续,否则无效。

4. 隐患控制与处理

(1)项目经理部应对存在隐患的安全设施、过程和行为进行控制,组装完毕后应进行检查验收,确保不合格设施不使用、不合格物资不放行、不合格过程不通过。

(2)检查中发现的隐患应进行登记,作为整改的备查依据,同时作为提供安全动态分析的重要信息渠道。如多数单位安全检查都发现同类型隐患,则说明这类隐患是“通病”;若某单位在安全检查中反复出现某类隐患,则说明其整改不彻底,形成“顽症”。应根据检查隐患记录分析,制定指导安全管理的预防措施。

(3)安全检查中若查出隐患,则应发出隐患整改通知单。对存在即发性事故危险的隐患,检查人员应责令停工,被查单位必须立即进行整改。

(4)对于违章指挥、违章作业行为,检查人员可以当场指出,立即纠正。

(5)被检查单位对查出的隐患应立即研究制定整改方案,组织实施整改。按照“五定”(即定整改责任人、定整改措施、定整改完成时间、定整改完成人、定整改验收人)原则限期完成整改,并报上级检查部门备案。

(6)事故隐患的处理方式。主要有以下几个方面:①停止使用、封存;②指定专人进行整改以达到规定要求;③进行返工,以达到规定要求;④对有不安全行为的人员进行教育或处罚;⑤对不安全生产的过程重新组织。

(7)整改完成后,项目经理部安监部门应先对存在隐患的安全设施、安全防护用品整改效果进行验证,再及时通知企业主管部门等有关部门派员进行复查验证,经复查整改合格后,即可销案。

第二节　施工安全检查评价标准

一、施工安全检查分类与评价方法

1. 检查分类

(1)对建筑施工中易发生伤亡事故的主要环节、部位和工艺等的完成情况做安全检查评价时,应采用检查评分表的形式,分为安全管理、文明工地、脚手架、基坑工程与模板支架、高处作业、施工用电、物料提升机与施工升降机、塔式起重机与起重吊装、施工机具等分项检查评分表和一张检查评分汇总表。

(2)在安全管理、文明施工、脚手架、高处作业基坑工程与模板支架、施工用电、物料提升机与施工升降机、塔式起重机、起重吊装等 9 类 18 张检查评分表中,分别设立了保证项目和一般项目。其中,保证项目应是安全检查的重点和关键。

2. 检查评分方法

建筑施工安全检查评分表中的保证项目应全数检查。各评分表的评分应符合下列规定:

(1)分项检查评分表和检查评分汇总表的满分分值应为 100 分,评分表的实得分值应为各检查项目所得分值之和。

(2)评分应采用扣减分值的方法,扣减分值总和不得超过该检查项目的应得分值。

(3)当按分项检查评分表评分时,若保证项目中有一项未得分或保证项目小计得分不足 40 分,则此分项检查评分表不应得分。

(4)检查评分汇总表中各分项项目实得分值应按下式计算:

$$A_1=\frac{B\times C}{100}$$

式中,A_1——汇总表各分项项目实得分值;

B——汇总表中该项应得满分值;

C——该项检查评分表实得分值。

(5)当评分遇有缺项时,分项检查评分表或检查评分汇总表的总得分值应按下式计算：

$$A_2=\frac{D}{E}\times 100$$

式中，A_2——遇有缺项时总得分值；

D——实查项目在该表中的实得分值之和；

E——实查项目在该表中的应得满分值之和。

(6)脚手架、物料提升机与施工升降机、塔式起重机与起重吊装项目的实得分值，应为所对应专业的分项检查评分表实得分值的算术平均值。

3. 检查评定等级

(1)应按汇总表的总得分和分项检查评分表的得分情况，将建筑施工安全检查评定划分为"优良""合格""不合格"三个等级。

(2)建筑施工安全检查评定的等级划分应符合下列规定。①优良：分项检查评分表无零分，汇总表得分值在80分以上；②合格：分项检查评分表无零分，汇总表得分值在80分以下，70分及以上；③不合格：当汇总表得分值不足70分时或有一分项检查评分表得零分时。

(3)对建筑施工安全检查评定的等级为"不合格"的项目，必须限期整改。

二、检查评分表计分内容

1. 汇总表内容

"建筑施工安全检查评分汇总表"是对各项检查结果的汇总，主要包括安全管理、文明施工、脚手架、基坑工程与模板支架、高处作业、施工用电、物料提升与施工升降机、塔式起重机、起重吊装、施工机具等10项内容。施工安全检查有关人员利用该表所得分作为对施工现场安全生产情况进行安全评价的依据。

(1)安全管理。主要是对施工安全管理中的日常工作进行考核。管理不善是造成施工中伤亡事故的主要原因之一。事故分析认为，事故大多不是因技术问题解决不了造成的，而是因违章所致的。所以，应做好日常的安全管理工作，并保存记录，为检查人员提供对该工程安全管理工作的确认资料。

(2)文明施工。根据现行国家标准《建设工程施工现场消防安全技术规范》(GB50720—2011)和《建筑施工现场环境与卫生标准》(JGJ146—2005)的规范要求，施工现场不但应做到遵章守纪、安全生产，而且还应做到文明施工、整齐有序，将施工现场由过去的"脏""乱""差"变为施工企业文明的"窗口"。

(3)脚手架。①落地式脚手架。包括从地面搭起的各种高度的钢管扣件式脚手架和碗扣式脚手架。②悬挑式脚手架。包括从地面、楼板或墙体上用立杆斜挑的脚手架，以及提供一个层高的使用高度的外挑式脚手架和高层建筑施工分段搭设的多层悬挑式脚手架。③门型脚手架。是指以定型的门型框架为基本构件的脚手架。门型脚手架由门型框架、水平梁、交叉支撑组成基本单元，这些基本单元相互连接，逐层叠回，左右伸展，构成整体门型脚手架。④挂脚手架。是指悬挂在建筑结构预埋件上的钢架,并在两片钢架之间铺设脚手板提供作业的脚手架。⑤吊篮脚手架。是指将预制组装的吊篮挂在挑梁上,挑梁与建筑结构固定,吊篮通过手(电)动葫芦钢丝绳带动,进行升降作业。⑥附着式升降脚手架。是指将脚手架附着在建筑结构上,并利用自身设备使架体升降。附着式升降脚手架可以分段提升也可以整体提升,也称"整体提升脚手架"或"爬架"。

(4)基坑工程及模板支架。近年来,施工伤亡事故中坍塌事故比例增大,其中以在开挖基坑时未按地质情况设置安全边坡、做好固壁支撑,以及拆模时楼板混凝土未达到设计强度、模板支撑未经设计验算造成的坍塌事故较多。

(5)高处作业要求。在施工过程中,必须对易发生事故的部位采取可靠的防护措施或补充措施,同时按不同作业条件佩戴和使用相应的个人防护用品。

(6)施工用电。是针对施工现场在工程建设过程中的临时用电制定的,主要强调必须按照临时用电施工组织设计施工,有明确的保护系统,符合三级配电两级保护要求,做到"一机、一闸、一漏、一箱",线路架设符合规定。

(7)物料提升机与施工升降机。施工现场使用的物料提升机和人货两用电梯是垂直运输的主要设备。物料提升机由于目前尚未定型,多由企业自己设计制作使用,所以存在着设计制作不符合规范规定的现象,使用管理随意性较大的情况。人货两用电梯虽然是由厂家生产的,但也存在在组装、使用及管理等方面不合规范的隐患。所以实际施工前,必须按照规范及有关规定,对这两种设备进行认真检查,严格管理,防止发生事故。

(8)塔式起重机。塔式起重机因其高度高、幅度大等特点而被大量用于建筑工程施工中。塔式起重机虽可以同时解决垂直及水平运输问题,但由于其作业环境和条件复杂多变,在组装、拆除及使用中存在一定的危险性,若使用、管理不善则易发生倒塔事故造成人员伤亡。所以,塔式起重机组装、拆除必须由具有资格的专业队伍承担,使用前应进行试运转检查,使用中应严格按规定要求进行作业。

(9)起重吊装。是指建筑工程中的结构吊装和设备安装工程。起重吊装是专业性强且危险性较大的工作,在施工前必须做专项施工方案,并进行试吊。

(10)施工机具。种类较多,施工现场除使用大型机械设备外,也大量使用中小型机械和机具。这些机具虽然体积较小,但仍有危险性,且因其量多面广,故有必要进行规范,否则也易造成事故。

2. 分项检查表结构

分项检查表的结构形式一般分为两类。一类是自成整体的系统(如脚手架、施工用电等检查表中列出的各检查项目之间有内在的联系),按其结构重要程度的大小,对其系统的安全检查情况起到制约的作用。这类检查评分表中通常把影响安全的关键项目列为保证项目,其他项目列为一般项目。另一类是各检查项目之间无相互联系的逻辑关系,没有列出保证项目,如施工机具检查表等。

在检查表中列在保证项目中的各项对系统的安全与否起着关键作用,为了突出这些项目的作用，特别规定了保证项目的评分原则，即遇有保证项目中有一项不得分或保证项目小计得分不足40分时，此检查不得分。

(1)安全管理检查评分表。是对施工单位安全管理工作的评价。检查的项目主要包括安全生产责任制、施工组织设计及专项施工方案、安全技术交底、安全检查、安全教育、应急救援。一般项目应包括分包单位安全管理、持证上岗、生产安全事故处理、安全标志。通过调查分析，发现约有90%的事故不是技术解决不了的，而是由于管理不善，没有安全技术措施，缺乏安全技术知识，不做安全技术交底，安全生产责任不落实，违章指挥、违章作业等造成的。因此，表中把管理工作中的关键部分列为“保证项目”，保证项目能够做好，整体的安全工作也就有了一定的保证。

(2)文明施工检查评分表。是对施工现场文明施工的评价。检查的项目包括现场围挡、封闭管理、施工场地、材料管理、现场办公与住宿、现场防火等。一般项目应包括综合治理、公示标牌、生活设施、社区服务等。

(3)脚手架检查评分表。分扣件式钢管脚手架、碗扣式钢管脚手架、悬挑式脚手架、门式钢管脚手架、承插型盘扣式钢管脚手架、悬挑式脚手架、高处作业吊篮、附着式升降脚手架、满堂脚手架共9项内容。近年来，从脚手架上坠落的事故已占建筑施工中高处坠落事故的50%以上。脚手架上的事故的发生如能得到控制，则高坠事故就可以大量减少。按照安全系统工程学的原理，将近年来发生的事故用事故树的方法进行分析发现，问题主要出现在脚手架倒塌和脚手架上缺少安全防护措施等方面。从两方面考虑，找到引起倒塌和缺少防护的基本原因，因此确定了检查项目，按每分项在总体结构中的重要程度及因其缺陷而引起伤亡事故的频率，确定了相应检查项目分值。

(4)基坑工程安全检查评价表。是对施工现场基坑支护工程的安全评价。基坑工程检查评定保证项目应包括施工方案、基坑支护、降排水、基坑开挖、坑边荷载、安全防护等，一般项目应包括基坑监测、支撑拆除、作业环境、应急预案等。

(5)模板支架安全检查评分表。是对施工过程中模板工作的安全评价。模板支架检查评定保证项目主要包括施工方案、支架基础、支架构造、支架稳定、施工荷载、交底与验收等，一般项目主要包括杆件连接、底座与托撑、构配件材质、支架拆除等。

(6)高处作业检查评定项目应包括安全帽、安全网、安全带、临边防护、洞口防护、通道口防护、攀登作业、悬空作业、移动式操作平台、悬挑式物料钢平台等。

(7)施工用电检查评分表。是对施工现场临时用电情况的评价。检查的保护项目应包括外电防护、接地与接零保护系统、配电线路、交配箱和开关箱等，一般项目应包括配电室与配电装置、现场照明、用电档案等。临时用电也是一个独立的子系统，各部件之间相互联系、相互制约。但从事故分析来看，发生伤亡事故的原因不完全是相互制约的，而是哪里有隐患哪里就存在着发生事故的危险，根据发生伤亡事故的原因分析定出了检查项目。其中，由于施工碰触高压线造成的伤亡事故占30%，供电线在工地随意拖拉、破皮漏电造成的触电事故占16%，现场照明不使用安全电压造成的触电事故占15%。如能将这三类事故控制住，则触电事故发生率就可大幅度下降。因此，把这三项内容作为检查的重点。在临时用电系统中，保护零线和重复接地是保障安全的关键环节，但在事故的分析中往往容易被忽略，为了强调它的重要性也将它列为保证项目。检查项目中的扣分标准是根据施工现场的通病及其危害程度、发生事故的概率确定的。

(8)物料提升机检查评分表。是对物料提升机的设计制作、搭设和使用情况的评价。物料提升机检查评定保证项目应包括安全装置、防护设施、附墙架与缆风绳、钢丝绳、安拆、验收与使用等，一般项目应包括基础与导轨架、动力与传动、通信装置、卷扬机操作棚、避雷装置等。龙门架、井字架是近几年建筑施工中主要的垂直运输工具，也是事故发生的主要部位。每年发生的单次死亡3人以上的重大伤亡事故中，属于龙门架与井字架上的就占50%，事后分析发现，事故发生主要由于选择缆风绳不当或缺少限位保险装置所致。因此检查表中把这些项目都列为保证项目，扣分标准是按事故直接原因、现场存在的通病及其危害程度确定的。龙门架与井字架的安装和拆除过程中极易发生倒塌事故，这个过程在检查表中没有列出，可由各地自选补充。但应注意的是，龙门架与井字架所使用的缆风绳一定要使用钢丝绳，任何情况下都不能用麻绳、棕绳、再生绳、8号铅丝及钢盘代替。

(9)施工升降机检查评分表。是对施工现场外用电梯的安全状况及使用管理的评价。施工升降机检查评定保证项目应包括安全装置、限位装置、防护设施、附墙架、钢丝绳、滑轮与对重、安拆、验收与使用等，一般项目应包括导轨架、基础、电气安全、通信装置等。

(10)塔式起重机检查评分表。是对塔式起重机使用情况的评价。塔式起重机检查评定保证项目应包括载荷限制装置、行程限位装置、保护装置、吊钩、滑轮、卷筒与钢丝绳、多塔作业、安拆、验收与使用等，一般项目应包括附着、基础与轨道、结构设施、电气安全等。现在，由于高层和超高层建筑的增多，塔式起重机的使用也逐渐普遍。塔式起重机在运行中因为力矩、超高、变幅、行走、超载等限位装置不足、失灵、不配套、不完善因素造成的倒塔事故时有发生，因此将这些项目列为保证项目，并且增大了力矩限位器的分值，以促使各单位在使用塔式起重机时保证其齐全有效，便于控制由于超载开车造成的倒塔事故。塔式起重机在安装和拆除中也曾发生过多起倾翻事故，检查表中也将它列出。

(11)起重吊装安全检查评分表。是对施工现场起重吊装作业和起重吊装机械的安全评价。起重吊装检查评定保证项目应包括施工方案、起重机械、钢丝绳与地锚、索具、作业环境、作业人员等，一般项目应包括起重吊装、高处作业、构件码放、警戒监护等。

(12)施工机具检查评分表。是对施工中使用的平刨、圆盘锯、手持电动工具、钢筋机械、电焊机、搅拌机、气瓶、翻斗车、潜水泵、振捣器、桩工机械等施工机具安全状况的评价。